山西省冰雹的中尺度特征及风险区划

李　强　苗爱梅　柳　琼　王洪霞　张丽梅　等著

气象出版社
China Meteorological Press

内 容 简 介

本书利用山西省1980—2018年的冰雹日数、冰雹站次数、冰雹直径和冰雹持续时间及伴随的雷暴大风等历史资料以及灾情数据、地理信息、社会经济、河网密度、地质灾害易发分区等资料,对山西省冰雹灾害进行了综合风险区划;在分项评估指标的基础上采用模糊综合关联度模型计算,建立了山西省冰雹灾害评估模型;对山西省316例冰雹个例进行了中尺度天气分析和数值模拟,分月分型建立了"山西省冰雹特征物理量指标体系和中尺度概念模型"。本书内容包括:山西省冰雹的气候特征及趋势变化;山西省冰雹的中尺度特征及概念模型;冰雹的多普勒天气雷达回波特征;冰雹典型个例中尺度分析;冰雹灾害风险区划;冰雹灾害风险评估等。

本书内容丰富,信息量大,实用性强,可作为冰雹强对流预报预警、风险区划、风险评估的培训用书和预报员业务应用的参考书。

图书在版编目(CIP)数据

山西省冰雹的中尺度特征及风险区划 / 李强等著
. -- 北京 : 气象出版社,2023.5
ISBN 978-7-5029-7970-6

Ⅰ. ①山… Ⅱ. ①李… Ⅲ. ①冰雹-气象灾害-研究
-山西 Ⅳ. ①P426.64

中国国家版本馆CIP数据核字(2023)第083464号

山西省冰雹的中尺度特征及风险区划
Shanxisheng Bingbao de Zhongchidu Tezheng ji Fengxian Quhua

出版发行:气象出版社

地　　址:北京市海淀区中关村南大街46号	邮政编码:100081
电　　话:010-68407112(总编室)　010-68408042(发行部)	
网　　址:http://www.qxcbs.com	**E-mail**:qxcbs@cma.gov.cn
责任编辑:邵　华　宋　祎　熊廷南	终　审:张　斌
责任校对:张硕杰	责任技编:赵相宁
封面设计:艺点设计	
印　　刷:北京建宏印刷有限公司	
开　　本:787 mm×1092 mm　1/16	印　张:20.25
字　　数:482 千字	
版　　次:2023 年 5 月第 1 版	印　次:2023 年 5 月第 1 次印刷
定　　价:138.00 元	

《山西省冰雹的中尺度特征及风险区划》
编写组

组　长：李　强　　苗爱梅

副组长：柳　琼　　王洪霞　　张丽梅

成　员：张华明　　朱春雷　　屈志勇　　邱贵强

　　　　张莉萍　　王　琪　　李彦萌　　胡俊青

　　　　景　哲　　韩　敢　　王高芳　　尹亚楠

前　言

近年来,全球气候持续变暖,极端天气事件频繁发生,特别是冰雹、短历时强降水、雷暴大风等强对流天气的发生,造成的影响和损失越来越大。如:2016年6月23日15时左右,强龙卷冰雹灾害造成江苏省盐城市阜宁县、射阳县99人死亡,846人住院治疗,30000人紧急转移安置。此次龙卷冰雹特别重大灾害成为2016年中国十大自然灾害之一。再如,2016年6月13—14日山西省、河北省自西北向东南遭受大风、冰雹等强对流天气袭击,山西省69个县(市)、河北省80个县(市)出现强雷暴,山西省45个县(市)、河北省18个县(市)出现雷暴大风,最大风力达11级,山西省6个县(市)、河北省4个县(市)出现冰雹,其中山西省长治市境内出现历史罕见的大冰雹(长治市区出现直径60 mm的大冰雹),众多车辆的玻璃和车身被砸毁,果树、农作物和蔬菜大棚受损严重,楼顶家用太阳能热水设备被砸穿。此次强对流天气给山西省和河北省的航空、供电、商业、建筑及农业等部门造成了巨大损失。由于冰雹天气过程具有突发性强、持续时间短、致灾性强等特点,常常造成巨大的经济损失和人员伤亡,因而给防灾减灾决策和抗灾救灾部署工作造成极大的困难。

目前,冰雹短时预报准确率低,临近预警提前量小,预报预警服务远不能满足社会需求。为了缓解冰雹强对流天气预报预警水平与社会经济发展需求不相适应的矛盾,笔者经过数十年的研究撰写了《山西省冰雹的中尺度特征及风险区划》一书。

本书利用山西省1980—2018年109个国家气象站39年的冰雹及其伴随的雷暴大风和灾情、地理信息、社会经济、河网密度、地质灾害易发分区等数据资料,对山西省冰雹进行了气候特征及趋势变化分析;采用层次分析、加权综合评价等方法,在对致灾因子危险性、孕灾环境敏感性、承灾体易损性、防灾减灾能力4个因子进行区划分析的基础上,对山西省冰雹进行了综合风险区划;在分项评估指标的基础上采用模糊综合关联度模型计算,并叠加综合风险区划成果,建立了山西省冰雹灾害评估模型;对有新型监测资料以来(2001—2018年)的316个冰雹个例进行了中尺度天气分析和数值模拟,分月分型建立了"山西省冰雹特征物理量指标体系和中尺度概念模型"。特征物理量指标体系和中尺度概念模型的建立可为突发性冰雹的预报预警提供预警思路和参考,本书收集的多源监测数据可为进一步的深入研究提供数据和技术支撑。

本书共6章,第1章山西省冰雹的气候特征及趋势变化;第2章山西省冰雹的中尺度特征及概念模型;第3章冰雹的多普勒天气雷达回波特征;第4章冰雹典型个例中尺度分析;第5章山西省冰雹风险区划;第6章冰雹灾害风险评估。

本书出版的价值和意义在于对山西省冰雹灾害的防御重点由被动转为主动,由"灾后救援"转移到"灾前防御",获得不可估量的社会经济效益。本书可作为山西省冰雹强对流天气预报预警的培训教材,提升预报员对山西省冰雹强对流天气的预报预警能力。

由于时间有限,本书不足之处在所难免,敬请读者批评指正。

作者
2023 年 2 月于太原

图例说明

→	200 hPa显著气流	◤◢	地面冷锋	700	700 hPa温舌
→	200 hPa急流	▲▲▲	500 hPa温度槽	500	500 hPa温舌
→	500 hPa显著气流	▲▲▲	700 hPa温度槽		雷暴区
→	500 hPa急流	▲▲▲	850 hPa温度槽		短历时强降水落区
→	700 hPa显著气流	●●●	500 hPa温度脊	●	短历时强降水落点
→	700 hPa急流	●●●	700 hPa温度脊		≥7级的大风
→	850 hPa显著气流	●●●	850 hPa温度脊	⬦	冰雹
→	850 hPa急流	●●●●	地面温度脊		

200 hPa显著气流
200 hPa急流
500 hPa显著气流
500 hPa急流
700 hPa显著气流
700 hPa急流
850 hPa显著气流
850 hPa急流
▭○▭ 500 hPa干侵入特征线
▭○▭ 700 hPa干侵入特征线
▭○▭ 850 hPa干侵入特征线
〰️ 地面干线
– – – 500 hPa T-T_d 等值线
– – – 700 hPa T-T_d 等值线
– – – 850 hPa T-T_d 等值线
── 500 hPa 槽
═══ 700 hPa 切变线
═══ 850 hPa 切变线
═══ 自动站极大风速切变线

地面冷锋
▲▲▲ 500 hPa温度槽
▲▲▲ 700 hPa温度槽
▲▲▲ 850 hPa温度槽
●●● 500 hPa温度脊
●●● 700 hPa温度脊
●●● 850 hPa温度脊
●●●● 地面温度脊
── × ── 500 hPa辐合线
── × ── 700 hPa辐合线
── × ── 850 hPa辐合线
── × 地面辐合线
── K指数等值线
── SI指数等值线
── – ── 850 hPa与500 hPa温差
500 ┴┴┴┴ 500 hPa干舌
700 ┴┴┴┴ 700 hPa干舌
850 ┴┴┴┴ 850 hPa干舌
850 ┴┴┴┴ 850 hPa湿舌

700 700 hPa温舌
500 500 hPa温舌
雷暴区
短历时强降水落区
短历时强降水落点
≥7级的大风
冰雹

目　录

第1章　山西省冰雹的气候特征及趋势变化

山西省是中国雹灾较为严重的省份。山西省冰雹灾害具有范围广、雹期长、频次高、雹粒大、成灾重的特点。山西省冰雹灾害平均每年造成的受灾面积占其总耕地面积的 4.5%。

根据对山西省 1980—2018 年共 39 年的降雹资料统计,降雹伴有短时局地大雨或暴雨产生的占总降雹天气的 34%,伴有瞬间大风的占总降雹天气的 28%;飑线上发生的冰雹大多同时有强降水或瞬间大风出现。它们对工农业生产、交通运输、建筑设施以及人民的生命财产等都具有极大的破坏性。因此,冰雹是山西省重要的灾害性天气之一。

1.1　冰雹的定义

冰雹是从对流云中降落到地面的坚硬球状、锥状或形状不规则的固态降水。冰雹是出不透明的雹核和透明的冰层,或由透明的冰层与不透明冰层相间组成的。常见的冰雹如豆粒大小,但也有如鸡蛋大小或更大的,有时是几个冰粒的融合体。

1.2　资料来源

按照观测规范,1 d 内只要出现冰雹天气,无论次数多少和时间长短均记为 1 个降雹日。本书统计分析的降雹日均为基于台站的站次雹日,即若某日 1 次冰雹过程有数个台站均出现冰雹,则每个台站均记录为 1 个降雹日。

①月报表资料,即台站观测资料,记录了台站及周边的冰雹发生情况,包含冰雹发生的起止时间、冰雹的最大直径、平均重量、伴随灾害基本情况以及造成的损失等数据。山西省 109 个国家气象站 1980—2018 年的降雹日资料来自山西省气象信息中心。

②历史灾情数据来自《中国气象灾害大典(山西卷)》(中国气象局,2005)、山西省各地冰雹灾害的记录以及山西省灾害普查数据库灾情数据,此外,还有山西省民政厅 1980—2018 年灾情统计数据及 2020 年全国自然灾害普查数据等。

1.3　方法

冰雹的统计主要采用了趋势系数、气候倾向率及归一化等方法。根据 Yu et al.(2007)的分析方法,归一化的表达式如下:

$$D_a(h) = \left[\frac{R_a(h)}{\frac{1}{24}\sum_{i=1}^{24} R_a(i)} - 1 \right] \tag{1.1}$$

(1.1)式中,某一时间 h 出现的冰雹由 $R_a(h)$ 表示,表征冰雹事件的日循环过程由 $D_a(h)$ 表示,它反映的是冰雹偏离平均态的程度。$D_a(h)>0$ 时,表示在某时间 h 的降雹高于平均值,数值越大表示偏离的程度越大,反之亦然。$D_a(h)=0$ 时,表示在某一时间 h 出现的冰雹为平均值,若 24 h 内的任一时间 h,$D_a(h)$ 都等于 0,表示冰雹没有日变化特征。

1.4　冰雹的年际变化特征

冰雹频次用降雹日数来分析。统计数据表明:1980—1985 年,冰雹发生日数变化为上升趋势(图 1.1),1985—2018 年,冰雹发生日数变幅较大且呈明显的减少趋势(图 1.1)。1985 年、1990 年是 39 年间冰雹的多发年,发生日数分别达到 73 d 和 68 d,2018 年冰雹发生日数最少为 14 d。

1980—1985 年,冰雹站次数呈增多趋势(图 1.2),1985—2018 年山西省冰雹站次数整体呈减少趋势(图 1.2)。冰雹最多年有 255 站次(1985 年),最少年为 19 站次(2018 年)。

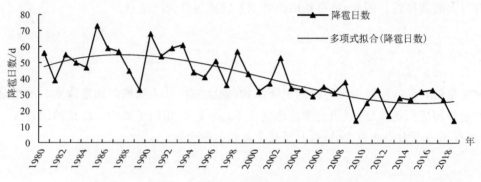

图 1.1　1980—2018 年山西省总降雹日数年际变化

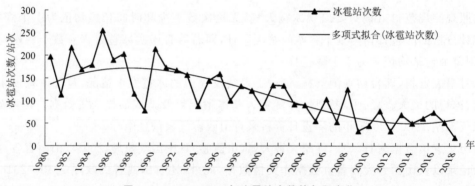

图 1.2　1980—2018 年冰雹站次数的年际变化

1.5　冰雹频率平均每 10 年变化的百分数

从每 10 年冰雹平均出现日数及段间差值和变化百分比看(表 1.1),1990—1999 年与 1980—1989 年相比无增减变化,其他时段均为减少趋势;从段间差值看,S_{12} 段与 S_{11} 段比较、S_{13} 段与 S_{12} 段比较、S_{14} 段与 S_{13} 段比较,冰雹日数的变化频率分别为 0%、-34.63% 和 -22.02%,如果以冰雹平均日数最多的 S_{11} 段或 S_{12} 段与最少的 S_{14} 段相比,则减少了 49.03%。

表 1.1　山西省 109 个国家气象站冰雹总日数分阶段平均值及时段间差值和百分比

冰雹出现的时间段	平均日数/d	段间差值 ΔS_1/d	百分比/%
1980—1989 年	51.4	$S_{12}-S_{11}=0.0$	0.0
1990—1999 年	51.4	$S_{13}-S_{12}=-17.8$	−34.63
2000—2009 年	33.6	$S_{14}-S_{13}=-7.4$	−22.02
2010—2018 年	26.2	$S_{14}-S_{11}=-25.2$	−49.03

注:S_{11} 代表 1980—1989 年段,S_{12} 代表 1990—1999 年段,S_{13} 代表 2000—2009 年段,S_{14} 代表 2010—2018 段。

从每 10 年冰雹总站次数分阶段平均值及段间差值和百分比看(表 1.2),1990—1999 年、2000—2009 年、2010—2018 年均为减少趋势;从段间差值看,S_{12} 段与 S_{11} 段比较,S_{13} 段与 S_{12} 段比较,S_{14} 段与 S_{13} 段比较,冰雹站次数的变化频率分别为 −15.15%、−38.05% 和 −40.91%,如果以冰雹站次数最多的 S_{11} 段与最少的 S_{14} 段相比,则减少了 68.94%。

表 1.2　山西省 109 个国家气象站冰雹总站次数分阶段平均值及段间差值和百分比

冰雹出现的时间段	平均站次数/站次	段间差值 ΔS_1/站次	百分比/%
1980—1989 年	171.6	$S_{12}-S_{11}=-26.0$	−15.15
1990—1999 年	145.6	$S_{13}-S_{12}=-55.4$	−38.05
2000—2009 年	90.2	$S_{14}-S_{13}=-36.9$	−40.91
2010—2018 年	53.3	$S_{14}-S_{11}=-118.3$	−68.94

注:S_{11} 代表 1980—1989 年段,S_{12} 代表 1990—1999 年段,S_{13} 代表 2000—2009 年段,S_{14} 代表 2010—2018 段。

1.6　冰雹的月和日分布特征

1.6.1　冰雹的月分布特征

由表 1.3 可知,一年当中,冰雹一般出现在 4—10 月,3 月最早(最早出现在 3 月 7 日,如:1991 年 3 月 7 日临猗县出现冰雹),11 月最晚(最晚出现在 11 月 16 日,如:1993 年 11 月 16 日乡宁县出现冰雹)。6—8 月,冰雹出现的频次最高,其次是 5 月和 9 月;6 月平均降雹日数为 10.26 d,位于各月平均降雹日数之最(表 1.3);成灾冰雹主要发生在 6—8 月。

表 1.3　山西省各月平均降雹日数

月份	1	2	3	4	5	6	7	8	9	10	11	12
降雹日数/d	0.00	0.00	0.33	1.79	4.90	10.26	9.69	7.74	4.95	1.34	0.05	0.00
占百分比/%	0.00	0.00	0.00	0.01	0.14	0.38	0.30	0.12	0.05	0.00	0.00	0.00

1.6.2　冰雹的日分布特征

图 1.3 是用 2001—2018 年 316 次冰雹天气统计出的日内逐时出现频率。图 1.3 表明,1 日内冰雹频次为单峰型,峰值出现在 16:00(北京时,下同)和 17:00;1 日内 02:00—08:00 无冰雹出现,即 02:00—08:00 出现冰雹的频率为零。

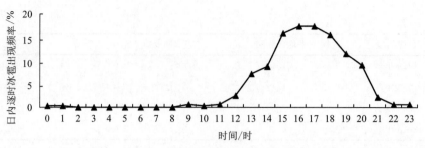

图 1.3　冰雹日内逐时出现频率(316 次冰雹过程)

1.7　年均冰雹频次空间分布和冰雹频次变化趋势空间分布特征

1980—2018 年,山西省年均降雹频次具有北部多于南部、山区多于盆地、东部山区多于西部山区,在同一经度范围内,年均冰雹频次具有随纬度的增加而增加,随海拔高度的升高而增加的空间分布特征(图 1.4a)。

1980—2018 年,山西省 88.9% 的县(市)年冰雹发生频次为减少趋势,3.8% 的县(市)为增多趋势,7.3% 的县(市)无变化;冰雹发生频次增多的县(市)主要位于山西省临汾市的西南部和运城市的西北部以及运城市的东部区域;冰雹发生频次减少较明显的县(市)主要位于山西省的北部区域、阳泉市的东部和晋中市的东山、吕梁中部的局部区域;冰雹发生频次减少最明显的县(市)主要位于大同市的南部、朔州市的东部以及忻州市的东部区域(图 1.4b)。

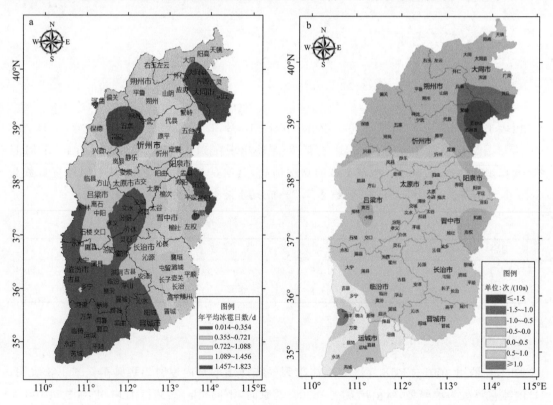

图 1.4　1980—2018 年山西省年平均冰雹日数空间分布(a)、冰雹出现频次变化趋势空间分布(b)

注:图 1.4b 中,单位:次/(10a),负值区(冷色调区)通过了 95% 的显著性检验。

第 2 章　山西省冰雹的中尺度特征及概念模型

2.1　资料与方法

2.1.1　资料

中尺度天气分析和概念模型建立及高低空流型配置资料使用的是 2001—2018 年冰雹发生前 6 h 1 次的 NCEP(美国国家环境预报中心)再分析场和冰雹发生前 1 h 的 Laps 资料,空间分辨率分别为 $0.5° \times 0.5°$ 和 3 km×3 km,时间分辨率分别为 6 h 和 1 h;冰雹发生起止时间内对应的云顶黑体亮温使用的是与冰雹发生最接近时刻的葵花 8 号和 FY-2C 卫星资料,时间分辨率分别为 10 min 和 30 min;多普勒大气雷达组合反射率因子使用的是山西省及周边 14 部多普勒天气雷达(太原、大同、临汾、长治、石家庄、延安、榆林、鄂尔多斯、三门峡、郑州、濮阳、西安、张家口、呼和浩特)的观测资料,时间分辨率为 6 min;地面自动气象站资料为 2007—2018 年 12 年的资料,时间分辨率为 1 min。

2.1.2　方法

(1)系统分类方法

系统分类方法主要采用了聚类分析中的系统树方法和统计分析方法。

(2)中尺度天气分析方法

① 选取距冰雹发生最近时刻的 NCEP 再分析资料、地面自动气象站资料;

② 寻找冰雹高空和地面对应的中尺度天气系统;

③ 绘制特征物理量阈值等值线;

④ 根据中尺度天气系统演变规律和影响机理,按照山西省中尺度天气分析技术规范绘制综合分析图。

2.2　中尺度天气系统及其定义

常见的中尺度天气系统有以下几种:雷暴高压、中高压(脊)、中低压(槽)、尾低压、冷锋、飑线、气压跳跃线、中尺度切变线、中尺度天气辐合线、中尺度涡旋、龙卷气旋等。

中尺度天气系统的发生和发展,与一定的大尺度天气条件及地理环境等有关,如飑线中约有 70%以上在冷锋锋前或冷锋附近。中尺度天气系统以在冷锋附近、低气压区及暖区中发生较多,尤其是暖舌顶端。中尺度天气系统常发生于对流性不稳定,低空潮湿而中高空干燥,低层有较强的偏南或暖湿气流,高空有冷空气等情况下。在冷空气中亦有中尺度天气系统,并可移入暖区,这类中尺度天气系统可越过冷锋继续向前推进。

中尺度天气系统的水平尺度一般为 15～300 km,其中,中高压、中低压等天气系统出现初期的直径 10～100 km,后期可扩展到 200～300 km,大的可达 500 km。个别的中尺度槽及飑线或气压跳跃线等其长度达几百以至上千千米。其垂直尺度,不超过 5 km,系中低空的天气系统。在中低压天气系统的分析中发现,中低压天气系统最强时其垂直尺度可高达 700 hPa,其他时间则不到 700 hPa,中低压天气系统到 700 hPa 层时大为减弱,到 400 hPa 层完全消失。雷暴高压的冷中心到 1670 m 高度消失,地面中尺度低压到 850 hPa 几乎完全消失。

本书采用 Orlanski(1975)对 MCS(Mesoscale Convective System,中尺度对流系统)划分标准,即按尺度大小将中尺度对流系统(MCS)划分为 α 中尺度天气系统($M_\alpha CS$)、β 中尺度天气系统($M_\beta CS$)和 γ 中尺度天气系统($M_\gamma CS$),水平尺度分别为 200～2000 km、20～200 km 和 2～20 km。

2.2.1 α 中尺度天气系统

采用聚类分析中的系统树方法,对 1980—2018 年 500 hPa 高度场和风场、地面气压场进行聚类分析,获得影响山西省冰雹的 α 中尺度天气系统主要包括:西风槽、蒙古冷涡、东北冷涡、横槽、副热带高压(简称副高)与西风槽、副高与蒙古冷涡、副高与东北冷涡、中空急流、地面冷锋等。

2.2.2 β 中尺度天气系统

采用聚类分析中的系统树方法,对 1980—2018 年 700 hPa 高度场和风场、850 hPa 高度场和风场、地面气压场、地面自动气象站气压场和极大风速风场进行聚类分析,获得影响山西省冰雹的 β 中尺度天气系统主要有:暖式切变线、冷式切变线、气流辐合区、干线、地面自动气象站极大风速风场中尺度切变线和中尺度涡旋及中尺度辐合线等。

(1)暖式切变线

规定 700 hPa 或 850 hPa 在 33°～42°N、105°～115°E 区域内,由西南风与东南风或偏东风与偏南风之间形成的切变线为影响山西省的暖式切变线。暖式切变线为西南风或偏南风占主导地位,往往自南向北移动,性质类似于暖锋,在山西省较为常见。

(2)冷式切变线

规定 700 hPa 或 850 hPa 在 33°～42°N、105°～115°E 区域内生成或由上游移入该区域的西北风与西南风或偏北风与西南风形成的切变线为影响山西省的冷式切变线。冷式切变线偏北风占主导地位,常自北向南或自西北向东南方向移动,性质类似于冷锋,在山西省最为常见。

(3)气流辐合区

指对流层低层(对于山西省主要包括 700 hPa 和 850 hPa)不同方向风的汇合处,有时表现为气流渐近线。

(4)干线(露点锋)

指对流层中低层或地面露点温度的不连续线(露点锋)。根据干线对山西省冰雹的影响方式,分为移动性干线(干侵入)和暖性干线两类。

①干侵入

对流层中低层由北向南(或由西北向东南,或由西向东)的干空气侵入的过程。

②暖性干线

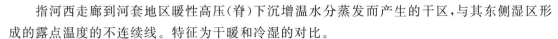

指河西走廊到河套地区暖性高压(脊)下沉增温水分蒸发而产生的干区,与其东侧湿区形成的露点温度的不连续线。特征为干暖和冷湿的对比。

(5)地面极大风速风场切变线和辐合线及涡旋

由于山西省地形复杂,地面自动气象站逐时瞬间风场资料风向杂乱无章,无法获得边界层风场真正的辐散与辐合,对冰雹的落区预报没有很好的指示意义,而经过处理后的极大风速风场资料则对冰雹落区预报有很好的指示意义。

2.2.3　γ中尺度天气系统

从多普勒天气雷达回波分析,山西省冰雹生成的 γ 中尺度天气系统主要包括:中气旋、显著中层径向辐合(MARC)、钩状回波、弓状回波、低层径向速度大值区、前沿反射率因子梯度大的移动较快的飑线、最大反射率因子超过 50 dBZ 的雷暴,尤其是移动速度较快的雷暴系统(移动速度大于 10 m·s^{-1})等。

(1)中气旋

中气旋是对流风暴中的小尺度涡旋,直径≤10 km,它能生成多达 60 个的旋风。中气旋是多普勒天气雷达的一种速度导出产品,中气旋常常造成龙卷、冰雹、雷暴大风等灾害性天气,带来巨大的经济损失。

根据成熟中气旋的概念模型,在靠近地面附近的大气边界层内,中气旋的径向速度特征为辐合式气旋性旋转,再上面一些是纯粹的气旋性旋转,在中上层为气旋式旋转辐散,上层为纯粹辐散。

中气旋的出现标志着超级单体回波的形成,一般比降雹时间有不同程度的提前,它对冰雹的短时临近预报有较强的指示意义。

中气旋的强度:12 m·s^{-1}≤旋转速度<15 m·s^{-1} 为弱的中气旋,15 m·s^{-1}≤旋转速度<19 m·s^{-1} 为中等强度的中气旋,旋转速度≥19 m·s^{-1} 为强的中气旋(俞小鼎 等,2006)。

(2)显著中层径向辐合(MARC)

一般在多普勒天气雷达回波图上,50~100 km 的距离圈内,反射率因子达 50 dBZ 或以上,径向速度达 20 m·s^{-1} 的 γ 中尺度辐合线。

(3)钩状回波

在平面位置显示器上,从强雷暴回波的一侧伸出的形如钩状的回波称为钩状回波。钩状回波是超级单体风暴的 1 个主要特征,通常出现在低层有界弱回波区的右侧或右后侧(PPI 图上),形如钩状。旋转上升气流眼墙周围的回波随环境气流而移动,在移动中偏离气流方向移出主要回波时,就形成了钩状回波。

钩状回波钩的部位往往是强回波中心,故是云中主要的大粒子降落区。由于钩的尺度一般是几千米到十几千米,所以钩部回波强度梯度特别大。一般都产生冰雹,并伴有雷暴大风,有时甚至还会出现龙卷。

钩状回波的钩内或钩的周围是下击暴流(对流风暴发展到成熟阶段后,其中雷暴云中冷性下降气流能达到相当大的强度,到达地面形成外流,并带来雷暴大风,这种在地面引起灾害性风的向外暴流的局地强下降气流称为下击暴流)出现的位置。

(4)弓状回波

弓状回波是指快速运动的、向前凸起的、形如弓的强对流回波。它通常伴随下击暴流、冰

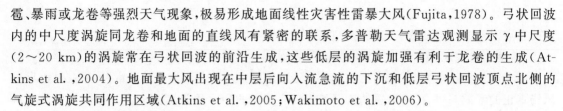

雹、暴雨或龙卷等强烈天气现象,极易形成地面线性灾害性雷暴大风(Fujita,1978)。弓状回波内的中尺度涡旋同龙卷和地面的直线风有紧密的联系,多普勒天气雷达观测显示 γ 中尺度(2～20 km)的涡旋常在弓状回波的前沿生成,这些低层的涡旋加强有利于龙卷的生成(Atkins et al.,2004)。地面最大风出现在中层后向入流急流的下沉和低层弓状回波顶点北侧的气旋式涡旋共同作用区域(Atkins et al.,2005;Wakimoto et al.,2006)。

(5)低层径向速度大值区

一般在多普勒天气雷达回波图上,50 km 的距离圈内,径向速度≥20 m·s^{-1} 的径向速度区域被称为低层径向速度大值区。通常在 50 km 的距离圈内径向速度增加到 15～20 m·s^{-1}时,13～40 min 后出现冰雹并伴有雷暴大风的概率为 67%(太原 CC 多普勒天气雷达 16 年资料统计结果)。

(6)前沿反射率因子梯度大的移动较快的飑线

飑线是线状的中尺度对流系统(MCS),其水平尺度为 150～300 km,生命期一般为 4～10 h。飑线是强对流天气中破坏性最强的,沿飑线经常可见大风、强雷暴、强降水和冰雹等天气现象,有时还伴有下击暴流或龙卷。

飑线尺度一般为 α 中尺度系统或 β 中尺度系统,但最容易产生冰雹或雷暴大风的位置是前沿反射率因子梯度大的移动快的形如弓状回波的位置。

(7)最大反射率因子超过 50 dBZ 的雷暴

最大反射率因子超过 50 dBZ 的雷暴,尤其是移动速度较快的雷暴系统(大于 10 m·s^{-1})。

另外,湿舌、温度槽、温度脊、地面辐合线、中尺度切变线、中高压、中低压等中尺度天气系统与常用概念一致。

2.3 冰雹特征物理量阈值的统计

对 2001—2018 年 316 例冰雹的特征物理量阈值统计发现,以最大值作为临界值空报率太大,以最小值作为临界值漏报率太大,用平均值作为临界值又空又漏,历史回报率都低。因此,对冰雹典型个例按月、分型计算了每个特征物理量值在历史个例中出现的范围和出现的概率。当某一特征物理量的某个值历史概括率≥80%,且历史回报率(用历史概括率≥80%的特征物理量的值去预报历史冰雹的准确率)也在 80% 以上时,确定该值为此特征物理量的阈值。

2.4 冰雹概念模型建立

用聚类分析对各层客观分型后,进行高低空流型配置分析,最后对山西省 316 例冰雹进行中尺度天气分析(个例少的增加数值模拟),按照高低空流型配置、物理量场阈值建立的冰雹概念模型共有 7 型。分别为:前倾槽型(高层系统超前低层系统)、后倾槽型(高层系统落后低层系统)、低空暖式切变线型(700 hPa 或 850 hPa 西南风与东南风形成的切变线)、低空冷式切变线型(700 hPa 或 850 hPa 偏北风与偏南风形成的切变线)、横槽型(东北冷涡后部由东北风与西北风形成的横向切变)、副高与低空冷式切变线型(在 110°～120°E 5880 gpm 线北抬至 35°～39°N 区间、且在 700 hPa 或 850 hPa 高度上有偏北风与偏南风形成的切变线)、西北气流

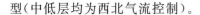

型(中低层均为西北气流控制)。

2.4.1　前倾槽型

该型共有 3 站以上冰雹 158 例。

2.4.1.1　前倾槽 I 型

(1)流型配置

500 hPa 槽超前 700 hPa 冷式切变线、700 hPa 冷式切变线又超前 850 hPa 冷式切变线(图 2.1a),形成大气动力不稳定,中层冷空气叠加在低层暖湿空气之上,导致中低空层结热力不稳定(图 2.1a);对流层中低层有干侵入线配合,地面自动气象站极大风速风场有 β 中尺度切变线和辐合线或有 β 中尺度(或 γ 中尺度)涡旋活动;500 hPa 或 700 hPa 温度槽与 850 hPa 温度脊共存,低层湿度较大,中层有干舌,高层反气旋辐散区与低层西南或偏南气流(一般达不到急流标准)耦合。

(2)触发机制

位于 500 hPa 槽与 850 hPa 冷式切变线之间不稳定区的 700 hPa 和 850 hPa 干侵入线及地面干线、700 hPa 或 850 hPa 冷式切变线、地面自动气象站极大风速风场中尺度切变线或涡旋,触发不稳定区对流发展。

(3)冰雹落区

冰雹位于 500 hPa 槽后与 850 hPa 冷式切变线前之间的不稳定区,或是 700 hPa 冷式切变线后与 850 hPa 冷式切变线前的不稳定区域,并与表 2.1 特征物理量阈值相重叠的区域内。低层干侵入线 0~50 km、500 hPa 温度槽 0~50 km 范围内,地面自动气象站极大风速风场切变线或涡旋附近 10 km 以及多普勒天气雷达中层径向辐合(MARC)的径向速度 ≥25 m·s^{-1}的区域,云顶亮温 ≤230 K 与多普勒天气雷达组合反射率因子 ≥50 dBZ 相对应的位置。7—8 月,0 ℃层高度 ≤4.5 km,4—6 月、9 月,0 ℃层高度 ≤3.9 km 时常有冰雹出现。此型影响下触发大冰雹的概率为 97%(根据近 18 年历史资料统计)。

表 2.1　前倾槽型冰雹特征物理量阈值

特征物理量	月份			
	4—5	6	7—8	9
K 指数/℃	16	24	26	25
SI 指数/℃	1	−1	−1	−1
CAPE/(J·kg^{-1})	3	127	200	68
dt85/℃	26	28	26	28
500 hPa 的 $T-T_d$/℃	35	30	24	10
700 hPa 的 $T-T_d$/℃	13	12	12	8
850 hPa 的 $T-T_d$/℃	8	8	7	7
云顶亮温/K	230	225	230	225
组合反射率因子/dBZ	45	45	45	50
0 ℃层高度/km	3.7	3.9	4.5	3.6
−20 ℃层高度/km	6.3	6.9	8.3	6.7

注:表中 dt85 为 850 hPa 温度与 500 hPa 温度之差,以下类同。

2.4.1.2 前倾槽Ⅱ型

（1）流型配置

500 hPa槽超前700 hPa冷式切变线、700 hPa冷切变线又超前850 hPa冷式切变线（图2.1b），形成大气动力不稳定，中层无明显冷空气，低层有弱冷空气活动，中低空热力条件不利于对流发展（图2.1b）；对流层中低层有干侵入线配合，地面有干线配合，地面自动气象站极大风速风场有β中尺度切变线和辐合线活动；低层湿度较大，中层有干舌，中低层处于上干下湿不稳定状态。

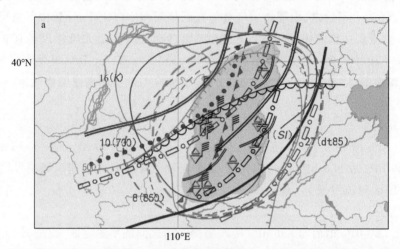

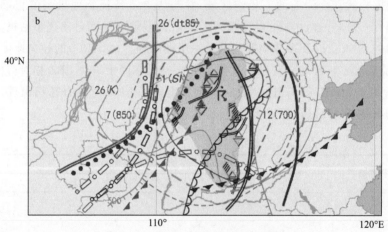

图 2.1　前倾槽型冰雹天气概念模型

（a）前倾槽Ⅰ型，（b）前倾槽Ⅱ型

注：图中7(850)表示850 hPa的 $T - T_d = 7 ℃$，以下类同。

（2）触发机制

位于500 hPa槽或位于700 hPa冷式切变线与850 hPa冷式切变线之间不稳定区的500 hPa干侵入线及地面干线、700 hPa或850 hPa冷式切变线、850 hPa温度槽、地面自动气象站极大风速风场中尺度切变线，触发不稳定区对流发展。

（3）冰雹落区

冰雹位于700 hPa冷式切变线后与850 hPa冷式切变线前的不稳定区域，并与表2.1特征物理量阈值相重叠的区域内。850 hPa温度槽0～50 km、中层干侵入线 0～100 km、700 hPa

冷式切变线 0～80 km 范围内,地面自动气象站极大风速风场切变线附近 10 km 以及多普勒天气雷达中层径向辐合(MARC)的径向速度≥27 m·s⁻¹ 的区域,云顶亮温≤230 K 与多普勒天气雷达组合反射率因子≥45 dBZ 相对应的位置。7—8 月,0 ℃ 高度≤4.5 km,4—5 月、6 月、9 月,0 ℃ 高度≤3.9 km 时,常常有冰雹出现。此型影响下触发冰雹的直径一般在 10 mm 以下(根据近 18 年历史资料统计)。

2.4.2　后倾槽型

该型共有 3 站以上冰雹 38 例。

(1)流型配置

500 hPa 槽落后 700 hPa 和 850 hPa 冷式切变线,系统配置为后倾结构(图 2.2);500 hPa 温度槽叠加在 700 hPa 和 850 hPa 温度脊之上,导致中低层大气层结不稳定,低层湿度较大,中层有干舌,500 hPa 干侵入线和 850 hPa 干侵入线、地面干线、850 hPa 冷式切变线均位于 700 hPa 冷式切变线前不稳定区。地面自动气象站极大风速风场有 β 中尺度切变线和辐合线活动(图 2.2)。

(2)触发机制

位于 700 hPa 冷式切变线前不稳定区的 500 hPa 干侵入线和 850 hPa 干侵入线、地面干线、850 hPa 冷式切变线、地面自动气象站极大风速风场中尺度切变线,触发不稳定区对流发展。

(3)冰雹落区

冰雹主要位于 850 hPa 冷式切变线与 700 hPa 冷式切变线之间,或 700 hPa 冷式切变线与 500 hPa 槽之间,并与表 2.2 特征物理量阈值相重叠的区域内。850 hPa 干侵入线 0～50 km、500 hPa 干侵入线 0～50 km、地面干线 0～50 km 范围内,地面自动气象站极大风速风场中尺度切变线 10 km 附近以及多普勒天气雷达低层径向速度大值区径向风速≥19 m·s⁻¹ 相重叠的区域,云顶亮温≤235 K 与多普勒天气雷达组合反射率因子≥40 dBZ 相对应的位置。7—8 月 0 ℃ 层高度≤4.1 km,4—5 月 0 ℃ 层高度≤2.6 km,6 月和 9 月 0 ℃ 层高度≤3.7 km。此型影响下触发的冰雹,直径一般在 8 mm 以下,历史个例中没有出现过超过 8 mm 直径的冰雹(根据近 18 年历史资料统计)。

表 2.2　后倾槽型冰雹特征物理量阈值

特征物理量	月份			
	4—5	6	7—8	9
K 指数/℃	4	26	31	24
SI 指数/℃	6	1	0	−1
CAPE/(J·kg⁻¹)	31	9	341	2
dt85/℃	28	25	25	24
500 hPa 的 $T-T_d$/℃	20	16	23	19
700 hPa 的 $T-T_d$/℃	17	13	6	7
850 hPa 的 $T-T_d$/℃	10	9	6	3
云顶亮温/K	235	235	230	230
组合反射率因子/dBZ	40	45	45	45
0 ℃ 层高度/km	2.6	3.7	4.1	3.7
−20 ℃ 层高度/km	6.0	6.9	7.4	7.0

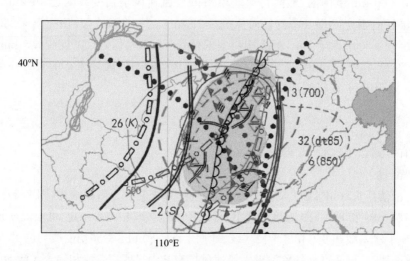

图 2.2　后倾槽型冰雹天气概念模型

2.4.3　低空暖式切变线型

该型共有 3 站以上冰雹 38 例。

（1）流型配置

500 hPa 温度槽叠加在 850 hPa 西南暖平流显著气流区和地面温度脊之上，中层干冷、低层较暖较湿，导致中低层大气不稳定，850 hPa 暖式切变线、500 hPa 干侵入线、500 hPa 温度槽、地面自动气象站极大风速风场中尺度切变线均位于 850 hPa 干侵入线前不稳定区。地面自动气象站极大风速风场有 β 中尺度切变线和辐合线活动（图 2.3）。

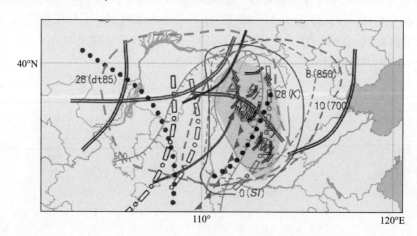

图 2.3　低空暖式切变线型冰雹天气概念模型

（2）触发机制

位于 850 hPa 干侵入线前不稳定区的 500 hPa 干侵入线和温度槽、850 hPa 暖式切变线、地面自动气象站极大风速风场中尺度切变线或中尺度涡旋，触发不稳定区对流发展。

（3）冰雹落区

冰雹主要位于 500 hPa 干侵入线与 850 hPa 干侵入线之间不稳定区，并与表 2.3 特征物理量阈值相重叠的区域内,500 hPa 温度槽和干侵入线 0～50 km,850 hPa 暖式切变线 0～50 km 范围内,地面自动气象站极大风速风场中尺度切变线 10 km 附近以及多普勒天气雷达低层径向速度大值区径向风速≥18 m·s^{-1} 相重叠的区域,云顶亮温≤225 K 与多普勒天气雷达组合反射率因子≥45 dBZ 相对应的位置。6—8 月 0 ℃层高度≤4.5 km,4—5 月 0 ℃层高度≤3.6 km。此型影响下触发的冰雹,直径一般是 5～18 mm,历史个例中没有出现过超过20 mm 直径的大冰雹(根据近 18 年历史资料统计)。

表 2.3　低空暖式切变线型冰雹特征物理量阈值

特征物理量	月份		
	4—5	6	7—8
K 指数/℃	20	22	28
SI 指数/℃	1	0	0
CAPE/(J·kg^{-1})	4	569	11
dt85/℃	28	26	28
500 hPa 的 $T-T_d$/℃	30	20	16
700 hPa 的 $T-T_d$/℃	15	17	14
850 hPa 的 $T-T_d$/℃	10	8	5
云顶亮温/K	220	225	225
组合反射率因子/dBZ	50	45	45
0 ℃层高度/km	3.6	4.1	4.5
−20 ℃层高度/km	6.7	7.0	7.5

2.4.4　低空冷式切变线型

该型共有 3 站以上的冰雹 38 例。

(1)流型配置

500 hPa 西北干冷平流叠加在 700 hPa 和 850 hPa 及地面温度脊之上,500 hPa 干侵入线超前 700 hPa 和 850 hPa 干侵入线,中低层大气不稳定,850 hPa 冷式切变线、500 hPa 和850 hPa 干侵入线及地面干线位于 700 hPa 干侵入线前不稳定湿区,低层湿度较大,中层有干舌,地面自动气象站极大风速风场有 β 中尺度切变线和辐合线或 β 中尺度(或 γ 中尺度)涡旋活动(图 2.4)。

(2)触发机制

位于 700 hPa 干侵入线前不稳定湿区的 850 hPa 冷式切变线、500 hPa 和 850 hPa 干侵入线及地面干线、地面自动气象站极大风速风场 β 中尺度切变线或 γ 中尺度涡旋,触发对流发展。

(3)冰雹落区

冰雹主要位于 700 hPa 干侵入线与 500 hPa 干侵入线之间不稳定湿区,并与表 2.4 特征物理量阈值相重叠的区域内,850 hPa 冷式切变线 0～50 km、500 hPa 和 850 hPa 干侵入线0～50 km、地面干线 0～50 km 范围内,地面自动气象站极大风速风场中尺度切变线 10 km 附近以及多普勒天气雷达低层径向速度大值区径向风速≥18 m·s^{-1} 相重叠的区域,云顶亮温

≤228 K 与多普勒天气雷达组合反射率因子≥45 dBZ 相对应的位置。6—8 月 0 ℃层高度≤4.6 km,4—5 月和 9 月 0 ℃层高度在 3.7~3.9 km。此型影响下触发的冰雹,50%的概率冰雹直径为 12~19 mm,30%的概率会出现直径 20 mm 以上的大冰雹,只有 20%的概率冰雹直径在 10 mm 以下(根据近 18 年历史资料统计)。

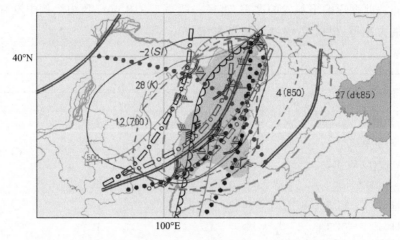

图 2.4 低空冷式切变线型冰雹天气概念模型

表 2.4 低空冷式切变线型冰雹特征物理量阈值

特征物理量	月份			
	4—5	6	7—8	9
K 指数/℃	12	25	28	26
SI 指数/℃	3	0	−1	−1
CAPE/$(\mathrm{J \cdot kg^{-1}})$	0	462	828	10
dt85/℃	27	27	30	29
500 hPa 的 $T-T_d$/℃	10	17	26	16
700 hPa 的 $T-T_d$/℃	19	12	10	6
850 hPa 的 $T-T_d$/℃	9	10	8	8
云顶亮温/K	220	228	218	220
组合反射率因子/dBZ	45	50	45	50
0 ℃层高度/km	3.9	4.0	4.6	3.7
−20 ℃层高度/km	6.7	7.0	7.9	6.8

2.4.5 横槽型

该型共有 3 站以上冰雹 32 例。

(1)流型配置

500 hPa 横槽、700 hPa 横向冷式切变线、850 hPa 横向冷式切变线呈前倾结构,500 hPa 温度槽叠加在 850 hPa 暖区和地面温度脊之上导致中低层大气不稳定,850 hPa 横向冷式切变线、700 hPa 横向冷式切变线、500 hPa 干侵入线、地面干线均位于 700 hPa 干侵入线前不稳定区,地面自动气象站极大风速风场有中尺度切变线或中尺度涡旋(图 2.5)。

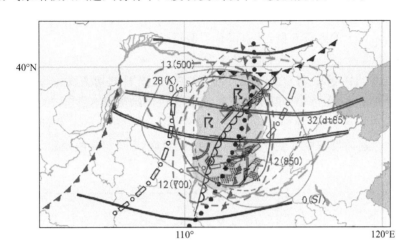

图 2.5　横槽型冰雹天气概念模型

(2)触发机制

位于 700 hPa 干侵入线前不稳定区的中层干侵入线、地面干线、低层横向冷式切变线、地面自动气象站极大风速风场中尺度切变线或涡旋在横槽南压过程中触发对流发展。

(3)冰雹落区

冰雹主要位于 700 hPa 干侵入线与 500 hPa 干侵入线之间不稳定区,并与表 2.5 特征物理量阈值相重叠的区域内,500 hPa 温度槽 0～50 km、地面干线 0～50 km、低层横向冷式切变线 0～50 km 范围内,地面自动气象站极大风速风场中尺度切变线 10 km 附近,云顶亮温≤235 K 与多普勒天气雷达组合反射率因子≥45 dBZ 相对应的位置,多普勒天气雷达低层径向速度≥18 m·s^{-1} 的区域。6—8 月,0 ℃ 高度≤4.5 km,4—5 月和 9 月,0 ℃ 高度≤3.1 km 时,常有冰雹出现。此型影响下,触发的冰雹,75% 的概率冰雹直径在 20 mm 以下,25% 的概率会出现直径 20 mm 以上的大冰雹(根据近 18 年历史资料统计)。

表 2.5　横槽型冰雹特征物理量阈值

特征物理量	月份			
	4—5	6	7—8	9
K 指数/℃	28	28	29	26
SI 指数/℃	−1	0	−1	2
CAPE/(J·kg^{-1})	180	298	80	290
dt85/℃	28	28	28	28
500 hPa 的 $T-T_d$/℃	10	24	13	6
700 hPa 的 $T-T_d$/℃	10	12	8	6
850 hPa 的 $T-T_d$/℃	8	10	12	8
云顶亮温/K	210	220	235	225
组合反射率因子/dBZ	55	45	45	45
0 ℃层高度/km	2.8	4.0	4.5	3.1
−20 ℃层高度/km	5.2	7.0	7.5	6.3

2.4.6 副高与低空冷式切变线型

该型共有 2 站以上的冰雹 6 例,其中仅有 1 例超过 3 站。

(1)流型配置

在 500 hPa 的 5840 gpm 与 5880 gpm 线附近,700 hPa 冷式切变线超前 850 hPa 冷式切变线,700 hPa 温度槽叠加在 850 hPa 温度脊之上,使得大气层结更加不稳定,700 hPa 或 850 hPa 冷式切变线、850 hPa 干侵入线、地面干线均位于 5880 gpm 与 5840 gpm 之间的不稳定区,地面自动气象站极大风速风场有中尺度切变线或中尺度涡旋,700 hPa 西南急流将水汽向不稳定区域输送(图 2.6)。

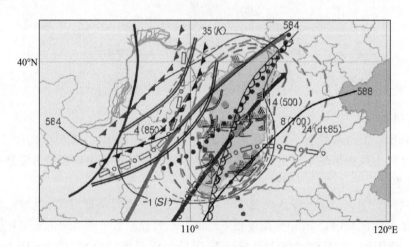

图 2.6 副高与低空冷式切变线型冰雹天气概念模型

(2)触发机制

位于 5880 gpm 与 5840 gpm 之间不稳定区的 700 hPa 冷式切变线、850 hPa 干侵入线、地面干线、地面自动气象站极大风速风场中尺度切变线,在副高东移南压过程中触发不稳定区对流发展。

(3)冰雹落区

冰雹主要位于 700 hPa 冷式切变线与副高特征线(5880 gpm 线)之间的不稳定区域,并与表 2.6 左侧特征物理量阈值相重叠的区域内,地面干线 0～50 km、700 hPa 急流轴 0～50 km、850 hPa 干侵入线 0～50 km 范围内,地面自动气象站极大风速风场中尺度切变线 10 km 附近,云顶亮温≤220 K 与多普勒天气雷达组合反射率因子≥45 dBZ 相对应的位置,多普勒天气雷达显著中层径向辐合(MARC)的径向速度≥25 m·s^{-1} 的位置。此型影响下,7—8 月,0 ℃高度≤4.7 km 时,触发的冰雹站数≤5 站,冰雹直径≤8 mm,历史个例中未出现过直径 20 mm 以上的大冰雹(根据近 18 年历史资料统计)。但有低空急流配合时常常有短历时强降水出现。

表 2.6 副高与低空冷式切变线型(左)和西北气流型(右)冰雹特征物理量阈值

特征物理量	7—8 月	特征物理量	7—8 月
K 指数/℃	35	K 指数/℃	24

续表

特征物理量	7—8 月	特征物理量	7—8 月
SI 指数/℃	-1	SI 指数/℃	0
CAPE/(J・kg^{-1})	623	CAPE/(J・kg^{-1})	306
dt85/℃	24	dt85/℃	21
500 hPa 的 $T-T_d$/℃	14	500 hPa 的 $T-T_d$/℃	27
700 hPa 的 $T-T_d$/℃	8	700 hPa 的 $T-T_d$/℃	15
850 hPa 的 $T-T_d$/℃	4	850 hPa 的 $T-T_d$/℃	8
云顶亮温/K	220	云顶亮温/K	225
组合反射率因子/dBZ	45	组合反射率因子/dBZ	45
0 ℃层高度/km	4.7	0 ℃层高度/km	4.2
-20 ℃层高度/km	7.7	-20 ℃层高度/km	7.0

2.4.7　西北气流型

该型共有 3 站以上冰雹 6 例。

（1）流型配置

中低层为一致的西北气流控制。500 hPa 与 700 hPa 及 850 hPa 温度槽叠加在地面温度脊之上，500 hPa 和 700 hPa 强劲的西北气流与等温线垂直，冷平流很强，地面处于冷锋前暖区，温度脊较为强盛，使得中低层大气层结不稳定，700 hPa 和 850 hPa 干侵入线及地面干线、700 hPa 温度槽均位于地面冷锋前不稳定区，地面自动气象站极大风速风场有中尺度切变线活动（图 2.7）。

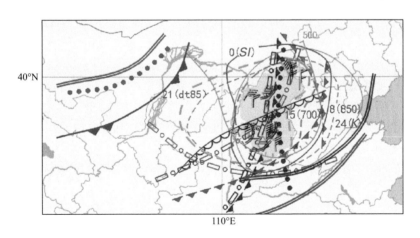

图 2.7　西北气流型冰雹天气概念模型

（2）触发机制

位于地面冷锋前不稳定区的 700 hPa 和 850 hPa 干侵入线及地面干线、700 hPa 温度槽、地面自动气象站极大风速风场中尺度切变线，触发不稳定区的对流发展。

（3）冰雹落区

冰雹位于地面冷锋前不稳定区，与表 2.6 右侧特征物理量阈值相重叠的区域内，700 hPa 干侵入线和温度槽 0～50 km、地面温度脊线 0～50 km、地面干线 0～100 km 范围内，地面自动气象站极大风速风场中尺度切变线 10 km 附近，云顶亮温≤225 K 与多普勒天气雷达组合反射率因子≥45 dBZ 相对应的位置。多普勒天气雷达低层径向速度≥25 m·s^{-1} 的位置。7—8 月 0 ℃层高度≤4.2 km 时，常常伴有冰雹出现。此型影响下，触发的冰雹直径一般在 10 mm 以下，仅有 14％概率会出现直径 20 mm 以上的大冰雹（根据近 18 年历史资料统计）。

2.5　天气型及阈值特点

（1）天气型出现特点

316 例山西省典型冰雹个例中，前倾槽型、后倾槽型、低空暖式切变线型、低空冷式切变线型、横槽型、副高与低空冷式切变线型、西北气流型，分别占冰雹典型个例总数的 50.0％、12.03％、12.03％、12.03％、10.13％、1.9％、1.9％。前倾槽型是山西省春、夏、秋季冰雹的主要流型配置，后倾槽型、低空暖式切变线型、低空冷式切变线型出现的概率相当，而副高与低空冷式切变线型受季风影响仅出现在 7—8 月，西北气流型因受春季和秋季水汽条件的制约也仅出现在 7—8 月。

（2）物理量阈值特点

①共性

不稳定条件：前倾槽型、后倾槽型、低空暖式切变线型、低空冷式切变线型，4—5 月的 K 指数阈值明显低于 6—9 月的 K 指数阈值。后倾槽型，4—5 月的 dt85 明显高于 6—9 月，说明发生在春季的后倾槽型冰雹不稳定条件，850 hPa 与 500 hPa 的温差起主导作用。

0 ℃层和−20 ℃层高度：4—8 月，0 ℃层和−20 ℃层高度呈现增高趋势，8—9 月 0 ℃层和−20 ℃层高度呈现降低趋势。因此，判断强对流天气过程是否伴有冰雹出现时，需用分月、分型确定阈值。

②差异

在 7—8 月，前倾槽型（K≥26 ℃）和西北气流型（K≥24 ℃）的 K 指数明显低于其他类型，而后倾槽型、暖式切变线型、西北气流型的 SI 指数（SI≤0 ℃）低于其他类型；后倾槽型和西北气流型的 0 ℃层高度（≤4.1 km 和≤4.2 km）和−20 ℃层的高度（≤7.4 km 和≤7.0 km）明显低于其他类型。

第3章 冰雹的多普勒天气雷达回波特征

3.1 高悬的强回波

对有 RHI 显示的 81 次冰雹过程分析发现,降雹前 20～30 min,当反射率因子≥45 dBZ,回波顶高 H≥10 km 时,可能产生冰雹,个别的回波顶高 H≥9 km 时就产生冰雹;15 次大冰雹强反射率因子区达到－20 ℃层高度附近及以上,反射率因子≥45 dBZ 强回波顶高 H≥9 km,回波顶高达到 13～17 km。反射率因子越强,核心区值越大,高度越高,降雹的直径也越大,产生持续时间较长的大冰雹的可能性很大,灾情也更重(图 3.1)。

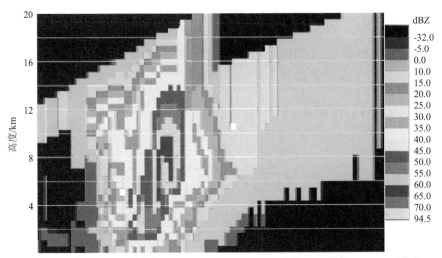

左端点: (距离: 33.9 km,方位角: 42.9°)　　　右端点: (距离: 82.9 km,方位角: 43.9°)

图 3.1　太原多普勒天气雷达 2006 年 7 月 13 日 18 时 33 分雷暴反射率因子垂直剖面图

3.2 垂直累积液态水含量(VIL)的异常大值

垂直累积液态水含量(VIL)是多普勒天气雷达的导出产品,是判断强降水、冰雹等灾害性天气的工具之一。产品特征分析表明,冰雹天气的垂直累积液态水含量(VIL)可以达到很高,降雹时一般是 45～82 kg·m^{-2},最大可达 82 kg·m^{-2},且垂直累积液态水含量(VIL)高值维持时间越长,冰雹维持时间就越长。如 2004 年 7 月 3 日榆次大冰雹过程,15:07—17:51,VIL值均大于 45 kg·m^{-2};16:53,VIL 值达到了 82.3 kg·m^{-2}(图 3.2)。

距多普勒天气雷达 40～130 km,VIL 值大于 35 kg·m^{-2} 就可能出现冰雹。由于多普勒天气雷达扫描静锥区的缘故,在距多普勒天气雷达 50 km 以内 VIL 值是过低估计的。当 VIL 值达

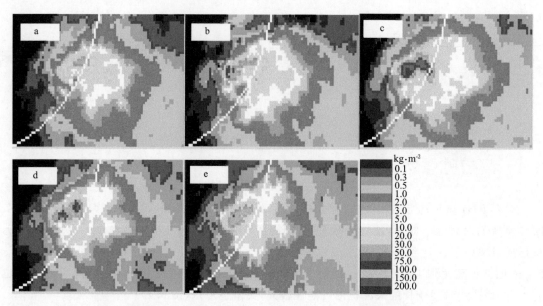

图 3.2　太原多普勒天气雷达 2004 年 7 月 3 日垂直累积液态水含量(VIL)演变图
(a)16:43,(b)16:48,(c)16:53,(d)16:58,(e)17:04(图像放大了 4 倍)

到 20 kg·m^{-2} 就可能产生冰雹,个别的如 2003 年 7 月 21 日,尖草坪 VIL 最大值 10 kg·m^{-2},
(反射率因子≥45 dBZ,回波顶高达到 7.0 km)出现了 58.1 mm·h^{-1} 的暴雨,同时伴随有
13 mm 的冰雹。

统计山西省 563 次冰雹过程发现,各月降雹的平均 VIL 值不同,其中 6—8 月的平均 VIL
值最大(图 3.3)。

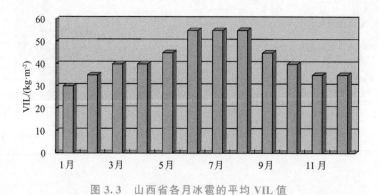

图 3.3　山西省各月冰雹的平均 VIL 值

3.3　超级单体有界弱回波区(BWER)

在中等到强垂直风切变环境中的多单体风暴中,低层回波强度梯度在低层入流一侧最大,
风暴顶偏向低层高反射率因子梯度一侧,中层大于 20 dBZ 的回波向低层入流一侧伸展,悬垂
于低层弱回波之上,形成弱回波区(WER)和高层回波悬挂。当风暴加强到超级单体阶段,其
上升气流变成基本竖直时,回波顶移过低层高反射率因子的高梯度区而位于 1 个持续的有界
弱回波区 BWER(图 3.4～图 3.8)之上,传统上称为穹窿,BWER 是被中层悬垂回波所包围的

弱回波区,它是包含云粒子但不包含降水粒子的强上升气流区。当反射率因子垂直剖面图像中风暴出现有界弱回波区或弱回波区时,则可以发布冰雹预警(图 3.4～图 3.8)。

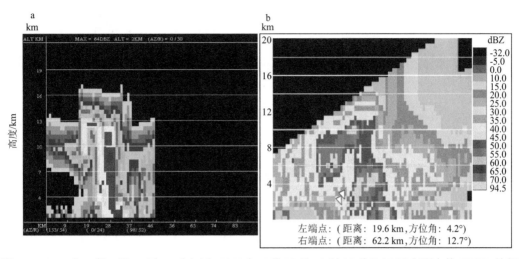

图 3.4　2004 年 7 月 3 日 17 时 14 分(a)和 2008 年 6 月 28 日 18 时 33 分(b)RHI 剖面上的 BWER 特征

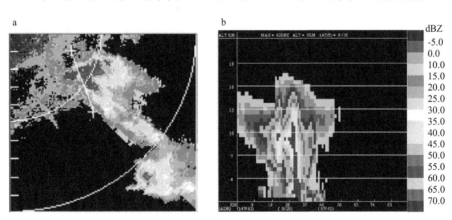

图 3.5　太原多普勒天气雷达 2004 年 7 月 3 日 16 时 58 分反射率因子(a)和沿低层
入流方向反射率因子垂直剖面图(b) BWER 特征

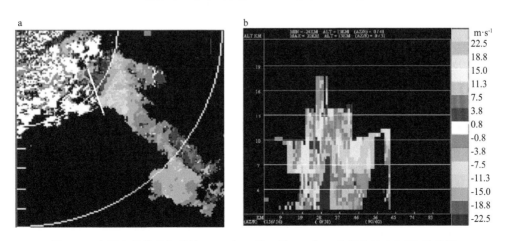

图 3.6　太原多普勒天气雷达 2004 年 7 月 3 日 16 时 58 分径向速度(a)和沿低层
入流方向径向速度垂直剖面图 (b)BWER 特征

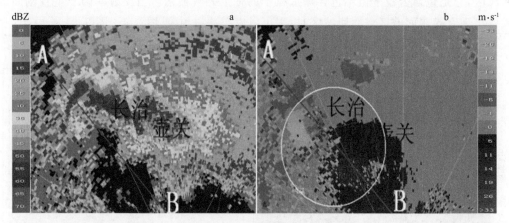

图 3.7　长治多普勒天气雷达 2016 年 6 月 13 日 15 时 56 分反射率因子(a)和径向速度(b)BWER 特征

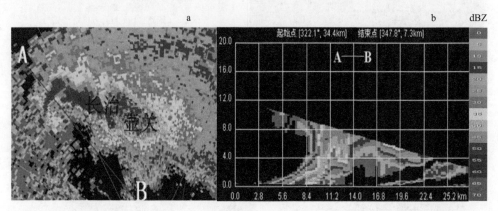

图 3.8　长治多普勒天气雷达 2016 年 6 月 13 日 15 时 56 分反射率因子(a) 和沿 A—B 线的垂直剖面(b)BWER 特征

3.4　三体散射(TBSS)

　　三体散射回波是包含大的水凝结物对多普勒天气雷达米(Mie)散射(普通降水粒子为瑞利散射)所引起的,是由于冰雹(强回波中心)和地面的反射使电磁波传播距离变长而产生的异常回波信号,是多普勒天气雷达回波假象,三体散射也称为"火焰回波"或"雹钉"。C 波段(波长 5 cm)的多普勒天气雷达容易探测到 TBSS 特征,但它可能是由大雨滴而不仅仅是冰雹造成。

　　分析发现,出现三体散射现象是大冰雹存在的充分条件,但不是必要条件。在 2002—2018 年收集到的 316 例冰雹个例中,218 例在降雹前 10～40 min 出现了三体散射现象,其对应的多普勒天气雷达反射率因子为 50～68 dBZ,三体散射现象对于 C 波段多普勒天气雷达一般出现在 4.3°～9.9°仰角高度上。统计分析表明,仰角越高三体散射出现时间越早,业务中可将 4.3°～9.9°仰角作为三体散射现象的重点监测角度。大同 CB 多普勒天气雷达 4.3°仰角反应三体散射现象更好,而太原、长治、临汾等地的 CC 多普勒天气雷达则是 6.0°～9.9°仰角高度上监测到的三体散射现象更好(图 3.9)。因此,三体散射现象在预报业务中可作为冰雹预报的指标。观测时出现三体散射现象对预报员来说非常容易识别,而观测到三体散射出现大冰雹(大于 20 mm 的冰雹)的概率很大,TBSS 的预警时效一般在 10～40 min。当反射率因子大于 65 dBZ 时,要注意观测三体散射回波。

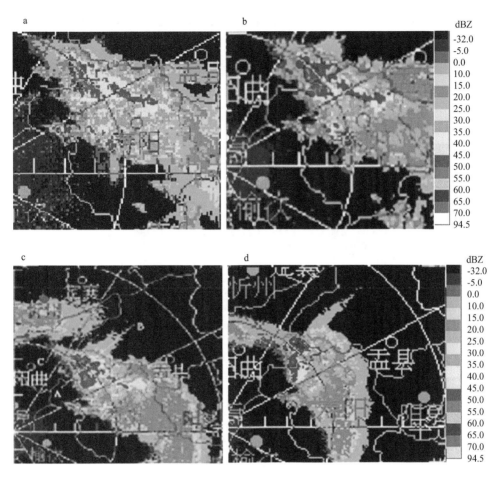

图 3.9　2006 年 7 月 13 日 16 时 40 分太原 CC 多普勒天气雷达不同仰角基本反射率因子 TBSS 特征
(a)2.4°仰角,(b)4.3°仰角,(c)6.0°仰角,(d)9.9°仰角

3.5　回波顶特征

春季,冰雹云的回波顶高一般为 6～7 km,与夏季冰雹云回波顶高相比明显偏低;夏季冰雹云回波顶高在 8 km 以上的概率可达 79%,回波顶高在 10 km 以上的概率为 55%,与其对应的最大反射率因子可达 55～70 dBZ;秋季冰雹云回波顶高一般在 8～9 km(表 3.1)。

3.6　"V"形缺口(C 波段多普勒天气雷达)

成熟雹云在地面上有降雹和强降水,冰雹造成多普勒天气雷达回波强烈衰减,使回波在远离多普勒天气雷达一侧出现"V"形缺口,称为"V"形回波缺口(图 3.10)。其特点是:①"V"型顶端对着多普勒天气雷达站;②中缝线平行于多普勒天气雷达径向扫描线;③远离多普勒天气雷达站的一侧有"V"形弱降水回波区;④冰雹出现在"V"形缺口顶端的强回波区。

表 3.1　各个季节冰雹云初始回波和回波顶高及最大反射率因子和回波形状

季节	初始回波强度 /dBZ	冰雹直径 /mm	回波顶高 6~7 km 出现概率/%	回波顶高 8~9 km 出现概率/%	回波顶高 10~17 km 出现概率/%	最大反射率 因子/dBZ	回波形状出 现概率/%
春季	30	4~7	100	0	0	45~55	块状 81,带 状(弓形)19
夏季	40~54	4~60	21	24	55	55~70	块状 28,带 状(弓形、钩 状、指状)72
秋季	35	4~20	23	77	0	45~55	块状 31,带 状(弓形)69

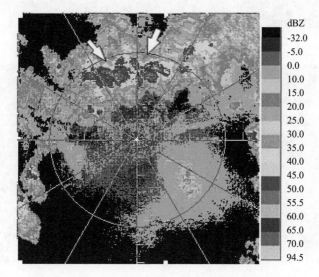

图 3.10　2008 年 6 月 8 日 18 时 33 分太原 CC 多普勒天气雷达 1.5°仰角
飑线雹暴"V"形缺口回波

由图 3.11 和图 3.12 可以看到,大同 CB 多普勒天气雷达 2013 年 6 月 4 日 18 时 07 分,从 6.0°仰角到 0.5°仰角都能明显观测到"V"形缺口回波;沿着"V"形缺口回波方向做基本反射率因子的垂直剖面可以明显看到反射率因子达 60 dBZ 的回波墙,在径向速度垂直剖面图上,6 km 以下为径向速度辐合区,6~9 km 为径向速度辐散区,表征风暴在发展加强。

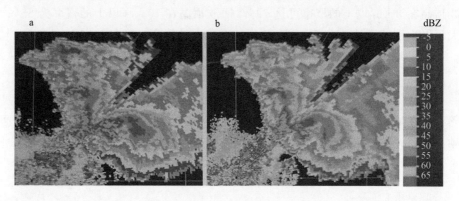

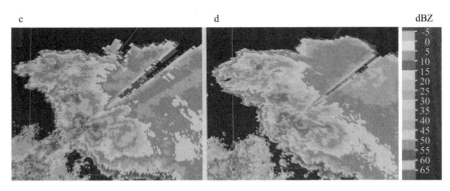

图 3.11　2013 年 6 月 4 日 18 时 07 分大同 CB 多普勒天气雷达不同仰角基本反射率因子
(a)0.5°,(b)3.4°,(c)4.3°,(d)6.0°

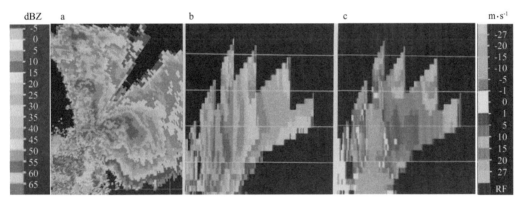

图 3.12　2013 年 6 月 4 日 18 时 07 分大同 CB 多普勒天气雷达 (a)0.5°仰角基本反射率因子,
(b)沿"V"形缺口径向的反射率因子垂直剖面,(c)沿"V"形缺口径向的径向速度垂直剖面

3.7　钩状回波

　　旋转上升气流眼墙周围的回波随环境气流而移动,在移动中偏离气流方向移出主要回波时,就形成了钩状回波。这种雹云回波在多普勒天气雷达观测中较少见,一旦形成,就会造成严重灾害。

　　钩状回波(图 3.13)位于雹云回波主体右后侧,左侧是弱回波区,这里是雹云中强上升气流在低层进入的地方。钩的部位往往是强回波中心,故是云中主要的大粒子降落区。由于钩的尺度一般是几千米到十几千米,所以钩部回波强度梯度特别大。钩状回波是超级单体风暴的 1 个主要特征,而超级单体一般都产生冰雹天气,有时甚至还会出现龙卷。

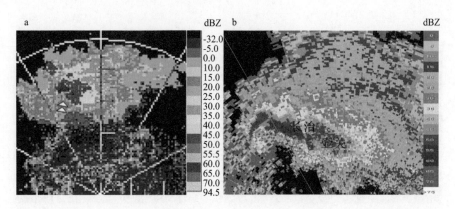

图 3.13　2005 年 8 月 26 日 18 时 41 分太原 CC 多普勒天气雷达(a)1.5°仰角钩状回波，
(b)2016 年 6 月 13 日 15 时 56 分长治 CC 多普勒天气雷达 1.5°仰角钩状回波

3.8　指状回波

指状回波是指冰雹云回波边缘(多位于后缘)上出现的手指状突起(图 3.14)。所谓指状回波,必须是经衰减后仍是强回波区的指状形态。

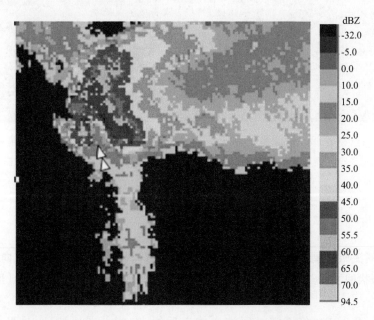

图 3.14　2006 年 7 月 12 日 17 时 22 分太原 CC 多普勒天气
雷达 1.5°仰角雹暴云指状回波

指状回波常常是由 1~2 个尺度小但强度强、发展快的单体并入原先存在的大单体后形成的。它的特点是在指状回波部位以及指根处回波强度和强度梯度最大,地面降雹一般就在该部位,出现指状回波一般对应大的冰雹。

3.9　中气旋

在太原(2002—2018 年)、长治(2010—2018 年)、临汾(2010—2018 年)、大同(2006—2018 年)4 部多普勒天气雷达监测范围内出现的 294 个冰雹日对应的多普勒天气雷达径向速度图上,54 次出现中气旋,198 次径向速度图上出现正负速度对且有较强的辐合,42 次径向速度图上只有正速度或只有负速度,但速度值很大,甚至出现速度模糊。对于中小尺度的正负速度对,要密切关注它的发展演变情况,由于中气旋形成之前首先观测到的是中小尺度的正负速度对,如果观测到中小尺度的正负速度对的速度值在增大,将有可能形成中气旋,并可能带来剧烈灾害性天气(图 3.15,图 3.16)。

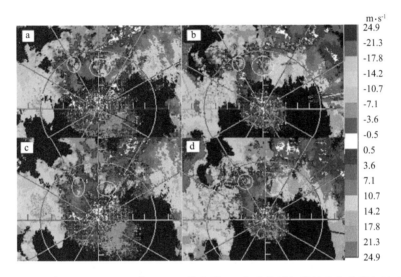

图 3.15　2008 年 6 月 28 日 18 时 23—33 分太原 CC 多普勒天气雷达中气旋径向速度特征
(a)18 时 23 分 2.4°仰角,(b)18 时 23 分 4.3°仰角,(c)18 时 33 分 2.4°仰角,(d)18 时 33 分 4.3°仰角

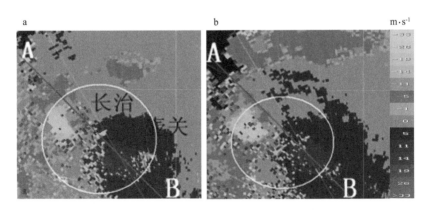

图 3.16　2016 年 6 月 13 日 15 时 56 分长治 CC 多普勒天气雷达
0.5°仰角(a)和 2.4°仰角(b)中气旋径向速度

第4章 冰雹典型个例中尺度分析

4.1 前倾槽型冰雹中尺度分析

4.1.1 2004年6月16日13—20时

实况描述:2004年6月16日13—20时,受前倾槽过境影响,山西省82个县(市)出现雷暴天气,其中16个县伴有冰雹,分别出现在神池县(13:47)、隰县(16:09—16:23)、万荣县(16:44—16:54)、夏县(17:24—17:25)、沁源县(17:35—18:03)、灵石县(17:45—17:49)、汾西县(17:45—17:47)、古县(17:50—17:51)、霍州县(18:02—18:05)、临县(18:01—18:08)、方山县(18:23—18:26)、高平县(18:41—18:47)、长子县(18:50—18:58)、壶关县(19:05—19:13)、文水县(19:08—19:15)、陵川县(19:10—19:14),冰雹最大直径为24 mm,16:44—16:54出现在万荣县;23个县(市)伴有7~11级雷暴大风。

主要影响系统:500 hPa槽、500 hPa和700 hPa及850 hPa温度槽、500 hPa和700 hPa及850 hPa干侵入线、700 hPa和850 hPa冷式切变线、700 hPa温度脊。

系统配置:500 hPa槽超前700 hPa和850 hPa冷式切变线,中低层大气层结不稳定,500 hPa和700 hPa干侵入线、700 hPa冷式切变线、850 hPa温度槽均位于850 hPa干侵入线前不稳定湿区,地面自动气象站极大风速风场有中尺度切变线。

触发机制:500 hPa和700 hPa干侵入线、700 hPa冷式切变线、850 hPa温度槽、地面自动气象站极大风速风场中尺度切变线。见图4.1~图4.5及表4.1。

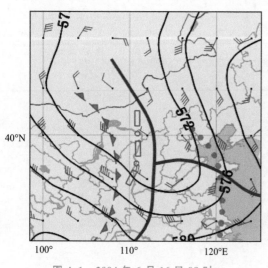

图4.1 2004年6月16日08时
500 hPa高度场和风场

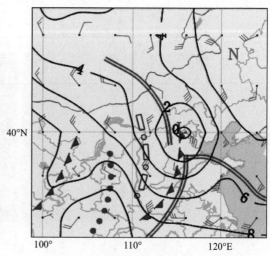

图4.2 2004年6月16日08时
700 hPa风场和温度场

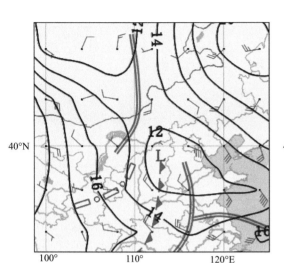

图 4.3　2004 年 6 月 16 日 08 时
850 hPa 风场和温度场

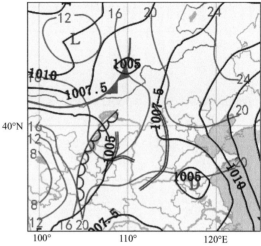

图 4.4　2004 年 6 月 16 日 08 时
地面气压场和温度场

注:图中高度场单位为 dagpm,风场单位为 m·s^{-1},温度场单位为℃,地面气压场单位为 hPa,以下类同。

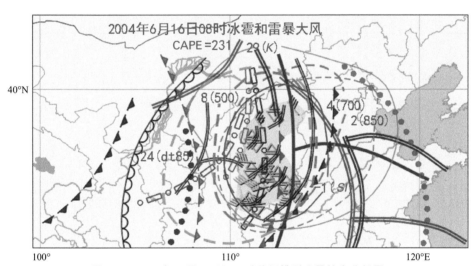

图 4.5　2004 年 6 月 16 日 08 时前倾槽型冰雹综合分析图

表 4.1　2004 年 6 月 16 日 08 时冰雹中尺度天气系统表

系统	500 hPa	700 hPa	850 hPa	地面
干线	干侵入线	干侵入线	干侵入线	—
温度槽	有	有	有	—
温度脊	—	有	—	—
湿舌	—	有	有	—
干舌	—	—	—	—
暖式切变线辐合区	—	—	—	—

续表

系统	500 hPa	700 hPa	850 hPa	地面
冷式切变线辐合区	—	有	有	—
槽线	有	—	—	—
急流	—	—	—	—
显著气流	—	—	—	—
地面中尺度切变线	—	—	—	有(提前 7 h)
径向速度场中尺度辐合线	—	—	—	径向速度≥15 m·s^{-1}

冰雹落区：冰雹位于 850 hPa 干侵入线与 500 hPa 槽之间不稳定湿区，700 hPa $T-T_d \leqslant 4$ ℃、850 hPa $T-T_d \leqslant 2$ ℃、500 hPa $T-T_d \leqslant 8$ ℃、$K \geqslant 29$ ℃、$SI \leqslant -1$ ℃、dt85≥24 ℃相重叠的区域内，500 hPa 和 700 hPa 干侵入线 0～50 km、850 hPa 温度槽 0～50 km、500 hPa 槽 0～50 km 范围内，地面自动气象站极大风速风场中尺度切变线 20 km 附近、云顶亮温≤225 K 与多普勒天气雷达组合反射率因子≥55 dBZ 相对应的位置。见图 4.5 及表 4.2。

表 4.2 2004 年 6 月 16 日 08 时冰雹特征物理量表

特征物理量	数值
K 指数/℃	29
SI 指数/℃	−1
CAPE/(J·kg^{-1})	231
dt85/℃	24
500 hPa 的 $T-T_d$/℃	8
700 hPa 的 $T-T_d$/℃	4
850 hPa 的 $T-T_d$/℃	2
云顶亮温/K	225
组合反射率因子/dBZ	55
0 ℃层高度/km	3.1
−20 ℃层高度/km	6.8

4.1.2 2004 年 6 月 17 日 13—20 时

实况描述：2004 年 6 月 17 日 12—20 时，受前倾槽过境影响，山西省 78 个县(市)出现雷暴天气，其中 8 个县(市)伴有冰雹，分别出现在太原市南郊(13:04—13:05)、阳高县(14:28—14:33)、山阴县(14:50—14:51)、石楼县(16:37—16:41)、兴县(16:52—16:56)、太谷县(17:34—17:36)、平遥县(17:52—17:54)、五台山(17:54—17:57)，冰雹最大直径为 8 mm，14:28—14:33 出现在阳高县；15 个县(市)伴有 7～10 级雷暴大风。

主要影响系统:500 hPa 槽、500 hPa 温度槽、500 hPa 和 700 hPa 及 850 hPa 干侵入线、地面干线、700 hPa 和 850 hPa 冷式切变线、700 hPa 和 850 hPa 温度脊。

系统配置:500 hPa 槽超前 700 hPa 和 850 hPa 冷式切变线,500 hPa 温度槽叠加在 700 hPa 和 850 hPa 温度脊之上,中低层大气层结不稳定,500 hPa 和 700 hPa 干侵入线、地面干线均位于 500 hPa 温度槽前不稳定湿区,地面自动气象站极大风速风场有中尺度切变线。

触发机制:500 hPa 和 700 hPa 干侵入线、地面干线、地面自动气象站极大风速风场中尺度切变线。见图 4.6～图 4.10 及表 4.3。

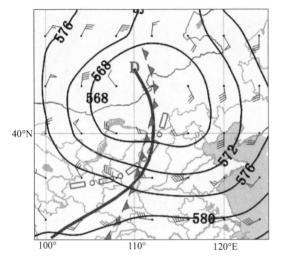

图 4.6　2004 年 6 月 17 日 08 时
500 hPa 高度场和风场

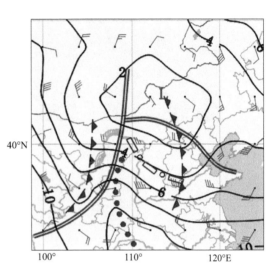

图 4.7　2004 年 6 月 17 日 08 时
700 hPa 风场和温度场

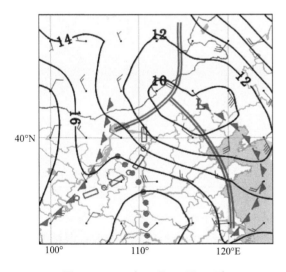

图 4.8　2004 年 6 月 17 日 08 时
850 hPa 风场和温度场

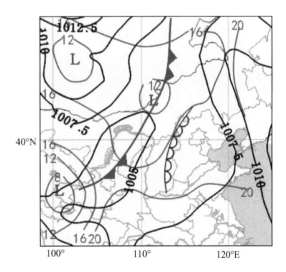

图 4.9　2004 年 6 月 17 日 08 时
地面气压场和温度场

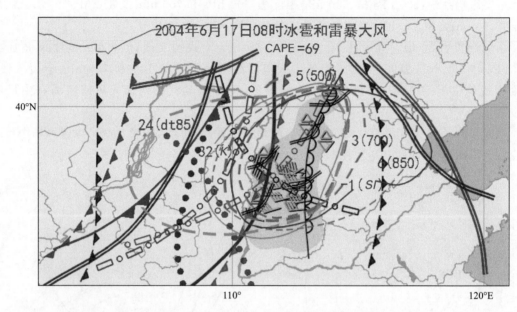

图 4.10　2004 年 6 月 17 日 08 时蒙古冷涡前倾槽型冰雹综合分析图

表 4.3　2004 年 6 月 17 日 08 时冰雹中尺度天气系统表

系统	500 hPa	700 hPa	850 hPa	地面
干线	干侵入线	干侵入线	干侵入线	干线
温度槽	有	—	—	—
温度脊	—	有	有	—
湿舌	—	有	—	—
干舌	—	—	—	—
暖式切变线辐合区	—	—	—	—
冷式切变线辐合区	—	有	有	冷锋
槽线	有	—	—	—
急流	—	—	—	—
显著气流	—	—	—	—
地面中尺度切变线	—	—	—	有(提前 6 h)
径向速度场中尺度辐合线	—	—	—	径向速度≥15 m·s⁻¹

　　冰雹落区:冰雹位于 850 hPa 干侵入线前不稳定湿区,700 hPa $T-T_d$≤3 ℃、850 hPa $T-T_d$≤6 ℃、500 hPa $T-T_d$≤5 ℃、K≥32 ℃、SI≤−1 ℃、dt85≥24 ℃相重叠的区域内,500 hPa 和 700 hPa 干侵入线 0～50 km、地面干线 0～50 km 范围内,地面自动气象站极大风速风场中尺度切变线 10 km 附近、云顶亮温≤235 K 与多普勒天气雷达组合反射率因子≥45 dBZ 相对应的位置。见图 4.10 及表 4.4。

表 4.4　2004 年 6 月 17 日 08 时冰雹特征物理量表

特征物理量	数值
K 指数/℃	32
SI 指数/℃	-1
CAPE/(J·kg^{-1})	69
dt85/℃	24
500 hPa 的 $T-T_d$/℃	5
700 hPa 的 $T-T_d$/℃	3
850 hPa 的 $T-T_d$/℃	6
云顶亮温/K	235
组合反射率因子/dBZ	45
0 ℃ 层高度/km	3.1
-20 ℃ 层高度/km	6.2

4.1.3　2004 年 6 月 20 日 12—20 时

实况描述:2004 年 6 月 20 日 12—20 时,受前倾槽过境影响,山西省 79 个县(市)出现雷暴天气,其中 5 个县伴有冰雹,分别出现在和顺县(12:43—13:28)、盂县(12:50—12:59)、昔阳县(14:32—14:33)、左权县(17:36—17:39)、山阴县(19:18),冰雹最大直径为 18 mm,12:43—13:28 出现在和顺县;16 个县(市)伴有 7～10 级雷暴大风。

主要影响系统:500 hPa 槽、500 hPa 温度槽、500 hPa 和 700 hPa 及 850 hPa 干侵入线、地面干线、850 hPa 冷式切变线、700 hPa 和 850 hPa 及地面温度脊。

系统配置:700 hPa 冷式切变线超前 850 hPa 冷式切变线,500 hPa 温度槽叠加在 700 hPa 和 850 hPa 温度脊之上,中低层大气层结不稳定,850 hPa 冷式切变线、500 hPa 干侵入线和地面干线均位于 500 hPa 温度槽前不稳定区,地面自动气象站极大风速风场有中尺度切变线。

触发机制:850 hPa 冷式切变线、500 hPa 干侵入线和地面干线、地面自动气象站极大风速风场中尺度切变线。见图 4.11～图 4.15 及表 4.5。

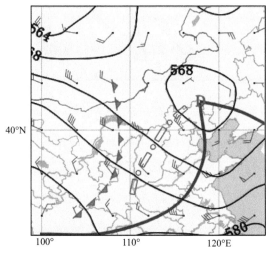

图 4.11　2004 年 6 月 20 日 08 时
500 hPa 高度场和风场

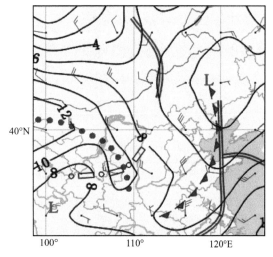

图 4.12　2004 年 6 月 20 日 08 时
700 hPa 风场和温度场

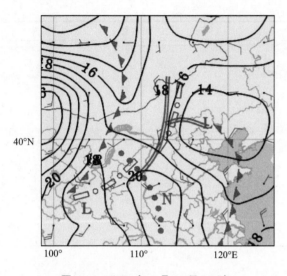

图 4.13　2004 年 6 月 20 日 08 时
850 hPa 风场和温度场

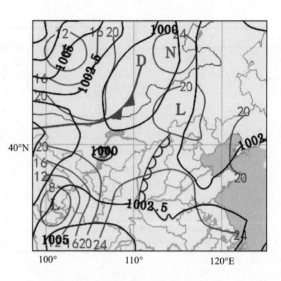

图 4.14　2004 年 6 月 20 日 08 时
地面气压场和温度场

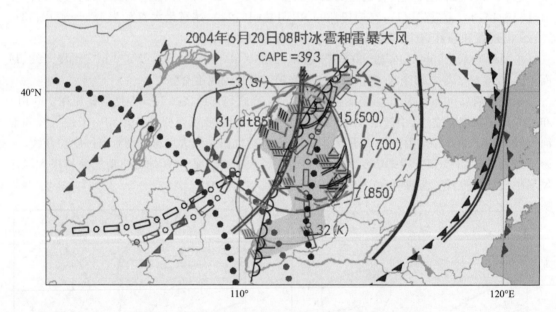

图 4.15　2004 年 6 月 20 日 08 时前倾槽型冰雹综合分析图

表 4.5　2004 年 6 月 20 日 08 时冰雹中尺度天气系统表

系统	500 hPa	700 hPa	850 hPa	地面
干线	干侵入线	干侵入线	干侵入线	干线
温度槽	有	—	—	—
温度脊	—	有	有	有
湿舌	—	—	—	—
干舌	有	—	—	—

续表

系统	500 hPa	700 hPa	850 hPa	地面
暖式切变线辐合区	—	—	—	—
冷式切变线辐合区	—	—	有	—
槽线	有	—	—	—
急流	—	—	—	—
显著气流	—	—	—	—
地面中尺度切变线	—	—	—	有(提前 9 h)
径向速度场中尺度辐合线	—	—	—	径向速度≥16 m·s^{-1}

冰雹落区:冰雹位于 850 hPa 冷式切变线前不稳定区,700 hPa $T-T_d$≤9 ℃,850 hPa $T-T_d$≤7 ℃,500 hPa $T-T_d$≤15 ℃,K≥32 ℃,SI≤−3 ℃,dt85≥31 ℃相重叠的区域内,500 hPa 干侵入线 0～100 km、地面干线 0～50 km 范围内,地面自动气象站极大风速风场中尺度切变线 10 km 附近、云顶亮温≤225 K 与多普勒天气雷达组合反射率因子≥50 dBZ 相对应的位置。见图 4.15 及表 4.6。

表 4.6 2004 年 6 月 20 日 08 时冰雹特征物理量表

特征物理量	数值
K 指数/℃	32
SI 指数/℃	−3
CAPE/(J·kg^{-1})	393
dt85/℃	31
500 hPa 的 $T-T_d$/℃	15
700 hPa 的 $T-T_d$/℃	9
850 hPa 的 $T-T_d$/℃	7
云顶亮温/K	225
组合反射率因子/dBZ	50
0 ℃层高度/km	3.9
−20 ℃层高度/km	6.9

4.1.4 2004 年 6 月 22 日 13—20 时

实况描述:2004 年 6 月 22 日 13—20 时,受前倾槽过境影响,山西省 55 个县(市)出现雷暴天气,其中 4 个县(市)伴有冰雹,分别出现在忻州市(15:15—15:20)、长子县(15:32—15:56,16:43—16:44)、高平县(17:13—17:23)、灵丘县(18:46—18:49),冰雹最大直径为 24 mm,17:13—17:23 出现在高平县;10 个县(市)伴有 7～10 级雷暴大风。

主要影响系统:500 hPa 槽、500 hPa 和 850 hPa 温度槽、500 hPa 和 700 hPa 及 850 hPa 干侵入线、地面干线、700 hPa 和 850 hPa 冷式切变线、700 hPa 和 850 hPa 及地面温度脊。

系统配置:700 hPa 冷式切变线超前 850 hPa 冷式切变线,500 hPa 温度槽叠加在 700 hPa 和 850 hPa 温度脊之上,中低层大气层结不稳定,700 hPa 和 850 hPa 冷式切变线、700 hPa 及 850 hPa 干侵入线和地面干线均位于 500 hPa 干侵入线前不稳定区,地面自动气象站极大风速风场有中尺度切变线。

触发机制:700 hPa 和 850 hPa 冷式切变线、700 hPa 及 850 hPa 干侵入线和地面干线、地面自动气象站极大风速风场中尺度切变线。见图 4.16～图 4.20 及表 4.7。

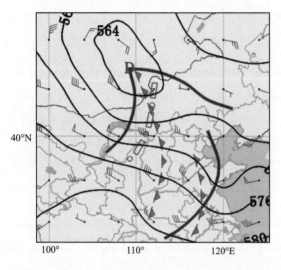

图 4.16　2004 年 6 月 22 日 08 时
500 hPa 高度场和风场

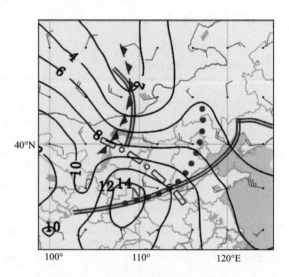

图 4.17　2004 年 6 月 22 日 08 时
700 hPa 风场和温度场

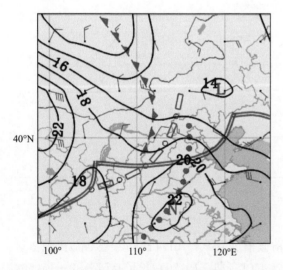

图 4.18　2004 年 6 月 22 日 08 时
850 hPa 风场和温度场

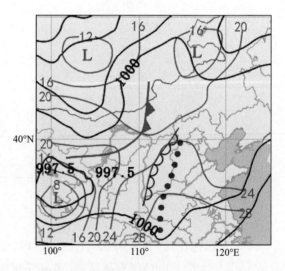

图 4.19　2004 年 6 月 22 日 08 时
地面气压场和温度场

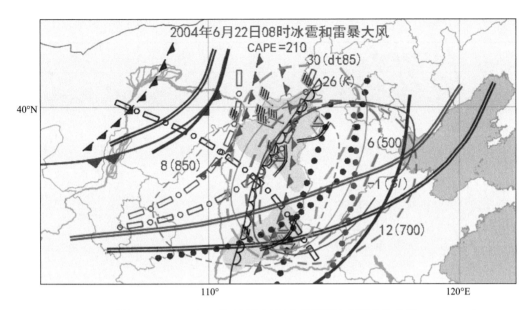

图 4.20　2004 年 6 月 22 日 08 时前倾槽型冰雹综合分析图

表 4.7　2004 年 6 月 22 日 08 时冰雹中尺度天气系统表

系统	500 hPa	700 hPa	850 hPa	地面
干线	干侵入线	干侵入线	干侵入线	干线
温度槽	有	—	有	—
温度脊	—	有	有	有
湿舌	—	—	—	—
干舌	—	—	—	—
暖式切变线辐合区	—	—	—	—
冷式切变线辐合区	—	有	有	—
槽线	有	—	—	—
急流	—	—	—	—
显著气流	—	—	—	—
地面中尺度切变线	—	—	—	有（提前 7 h）
径向速度场中尺度气旋	—	—	—	径向速度≥19 m·s^{-1}

冰雹落区：冰雹位于 500 hPa 干侵入线前不稳定区，700 hPa $T-T_d$≤12 ℃、850 hPa $T-T_d$≤8 ℃、500 hPa $T-T_d$≤6 ℃、K≥26 ℃、SI≤-1 ℃、dt85≥30 ℃ 相重叠的区域内，700 hPa 冷式切变线 0～50 km、地面干线 0～50 km 范围内，地面自动气象站极大风速风场中尺度切变线 10 km 附近、云顶亮温≤225 K 与多普勒天气雷达组合反射率因子≥55 dBZ 相对应的位置。见图 4.20 及表 4.8。

表 4.8 2004 年 6 月 22 日 08 时冰雹特征物理量表

特征物理量	数值
K 指数/℃	26
SI 指数/℃	-1
CAPE/(J·kg^{-1})	210
dt85/℃	30
500 hPa 的 $T-T_d$/℃	6
700 hPa 的 $T-T_d$/℃	12
850 hPa 的 $T-T_d$/℃	8
云顶亮温/K	225
组合反射率因子/dBZ	55
0 ℃层高度/km	4.0
-20 ℃层高度/km	6.8

4.1.5 2004 年 7 月 3 日 13—20 时

实况描述:2004 年 7 月 3 日 13—20 时,受蒙古冷涡底部前倾槽过境影响,山西省 66 个县(市)出现雷暴天气,其中 9 个县(市)和 1 个区伴有冰雹,分别出现在左权县(16:15—16:37)、天镇县(16:20—16:23)、榆次市榆次区(16:40—20:00)、岢岚县(17:05—17:09)、原平县(17:13—17:15)、五台山(17:34—17:38)、寿阳县(17:35—17:50)、五台县(17:47—17:54)、武乡县(18:44—18:49)、太原北郊(19:47—19:53),冰雹最大直径为 37 mm,16:40—17:38 出现在榆次市榆次区;35 个县(市)伴有 7~11 级雷暴大风。

主要影响系统:500 hPa 槽、500 hPa 温度槽、500 hPa 和 700 hPa 及 850 hPa 干侵入线、地面干线、700 hPa 和 850 hPa 冷式切变线、700 hPa 和 850 hPa 及地面温度脊。

系统配置:700 hPa 冷式切变线超前 850 hPa 冷式切变线,500 hPa 温度槽叠加在 700 hPa 和 850 hPa 温度脊之上,中低层大气层结不稳定,500 hPa 和 850 hPa 干侵入线及地面干线均位于 850 hPa 冷式切变线前不稳定区,地面自动气象站极大风速风场有中尺度切变线。

触发机制:500 hPa 和 850 hPa 干侵入线及地面干线、地面自动气象站极大风速风场中尺度切变线。见图 4.21~图 4.30 及表 4.9。

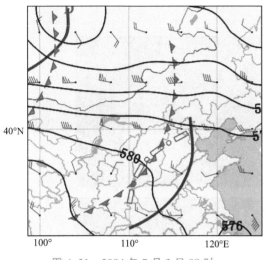

图 4.21　2004 年 7 月 3 日 08 时
500 hPa 高度场和风场

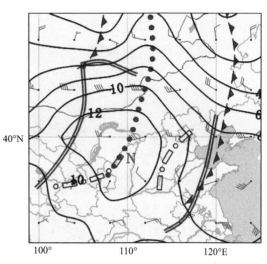

图 4.22　2004 年 7 月 3 日 08 时
700 hPa 风场和温度场

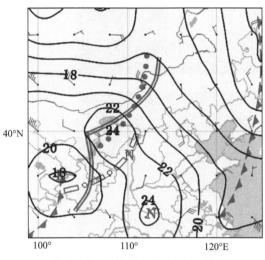

图 4.23　2004 年 7 月 3 日 08 时
850 hPa 风场和温度场

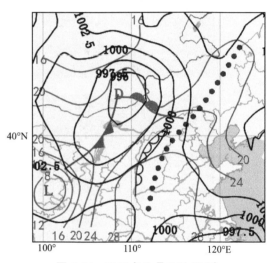

图 4.24　2004 年 7 月 3 日 08 时
地面气压场和温度场

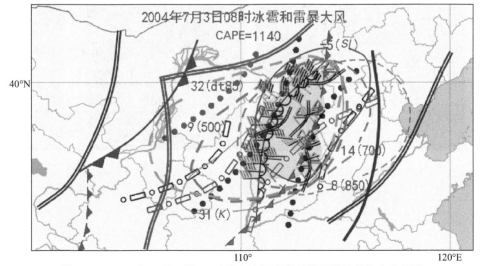

图 4.25　2004 年 7 月 3 日 08 时蒙古冷涡底部前倾槽型冰雹综合分析图

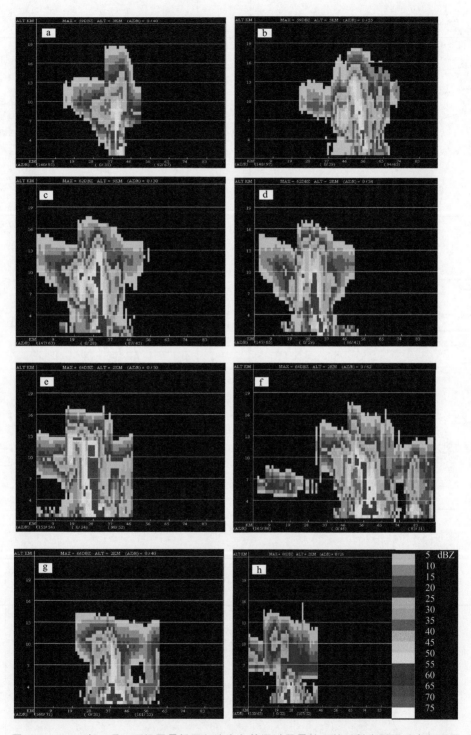

图 4.26 2004 年 7 月 3 日沿风暴低层入流方向并通过风暴核心的反射率因子垂直剖面图
(a)15：12、(b)15：37、(c)16：53、(d)16：58、(e)17：14、(f)17：30、(g)17：51、(h)17：56

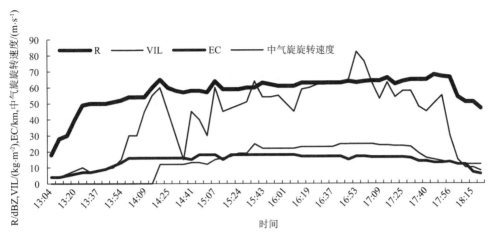

图 4.27　2004 年 7 月 3 日 R、VIL、EC 及中气旋旋转速度随时间的演变

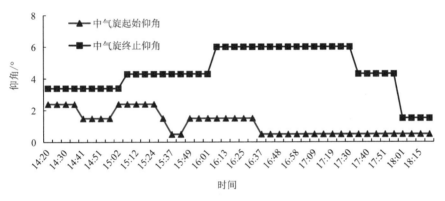

图 4.28　2004 年 7 月 3 日中气旋的演变

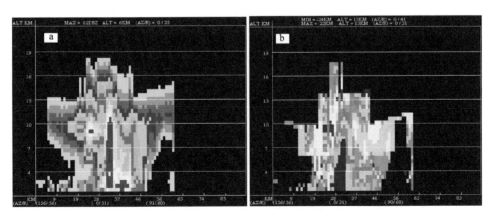

图 4.29　2004 年 7 月 3 日 16:53 超级单体(中气旋)的
垂直剖面图 (a)反射率因子,(b)径向速度

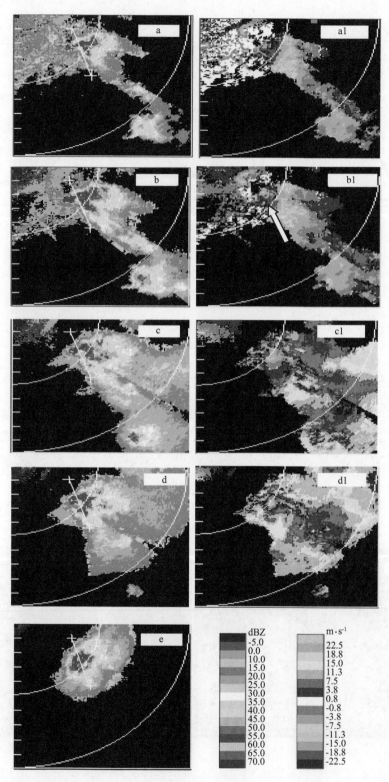

图 4.30　2004 年 7 月 3 日 16:53 反射率因子 (a)0.5°,(b)1.5°,(c)4.3°,(d)6.0°,
(e)9.9°和径向速度(a1)0.5°,(b1)1.5°,(c1)4.3°,(d1)6.0°(图像放大了 2 倍)

表 4.9　2004 年 7 月 3 日 08 时冰雹中尺度天气系统表

系统	500 hPa	700 hPa	850 hPa	地面
干线	干侵入线	干侵入线	干侵入线	干线
温度槽	有	—	—	—
温度脊	—	有	有	有
湿舌	—	—	—	—
干舌	—	—	—	—
暖式切变线辐合区	—	—	—	—
冷式切变线辐合区	—	有	有	—
槽线	有	—	—	—
急流	—	—	—	—
显著气流	—	—	—	—
地面中尺度切变线	—	—	—	有(提前 7 h)
径向速度场中尺度气旋	—	—	—	径向速度≥24 m·s^{-1}

冰雹落区：冰雹位于 850 hPa 干侵入线前不稳定区，700 hPa $T-T_d \leqslant 14$ ℃、850 hPa $T-T_d \leqslant 8$ ℃、500 hPa $T-T_d \leqslant 9$ ℃、$K \geqslant 31$ ℃、$SI \leqslant -5$ ℃、dt85≥32 ℃相重叠的区域内，500 hPa 温度槽 0～50 km、地面温度脊 0～50 km、地面干线 0～50 km 范围内，地面自动气象站极大风速风场中尺度切变线 10 km 附近、云顶亮温≤220 K 与多普勒天气雷达组合反射率因子≥55 dBZ 相对应的位置。见图 4.25 及表 4.10。

表 4.10　2004 年 7 月 3 日 08 时冰雹特征物理量表

特征物理量	数值
K 指数/℃	31
SI 指数/℃	−5
CAPE/(J·kg^{-1})	1140
dt85/℃	32
500 hPa 的 $T-T_d$/℃	9
700 hPa 的 $T-T_d$/℃	14
850 hPa 的 $T-T_d$/℃	8
云顶亮温/K	220
组合反射率因子/dBZ	55
0 ℃层高度/km	4.4
−20 ℃层高度/km	7.4

4.1.6　2004 年 7 月 4 日 13—20 时

实况描述：2004 年 7 月 4 日 13—20 时，受蒙古冷涡底部前倾槽过境影响，山西省 84 个县

(市)出现雷暴天气,其中 3 个县伴有冰雹,分别出现在清徐县(13:30—13:32,13:48—13:49)、神池县(16:34—16:36)、平鲁县(17:14—17:16),冰雹最大直径为 12 mm,13:30—13:32 出现在清徐县;26 个县(市)伴有 7～10 级雷暴大风。

主要影响系统:500 hPa 槽、500 hPa 和 850 hPa 温度槽、500 hPa 和 700 hPa 及 850 hPa 干侵入线、地面干线、700 hPa 和 850 hPa 冷式切变线、850 hPa 暖式切变线、700 hPa 和地面温度脊。

系统配置:850 hPa 冷式切变线超前地面冷锋,500 hPa 和 850 hPa 温度槽分别叠加在 700 hPa 和地面温度脊之上,中低层大气层结不稳定,850 hPa 暖式切变线和温度槽及地面干线均位于 850 hPa 冷式切变线前不稳定区,地面自动气象站极大风速风场有中尺度切变线。

触发机制:850 hPa 暖式切变线和温度槽及地面干线、地面自动气象站极大风速风场中尺度切变线。见图 4.31～图 4.35 及表 4.11。

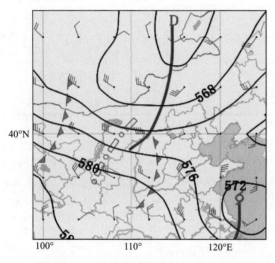

图 4.31　2004 年 7 月 4 日 08 时
500 hPa 高度场和风场

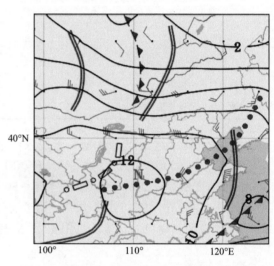

图 4.32　2004 年 7 月 4 日 08 时
700 hPa 风场和温度场

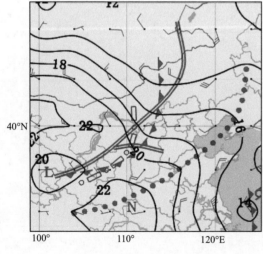

图 4.33　2004 年 7 月 4 日 08 时
850 hPa 风场和温度场

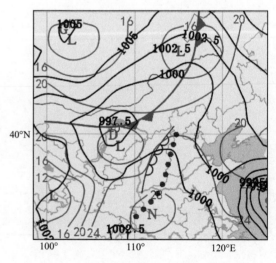

图 4.34　2004 年 7 月 4 日 08 时
地面气压场和温度场

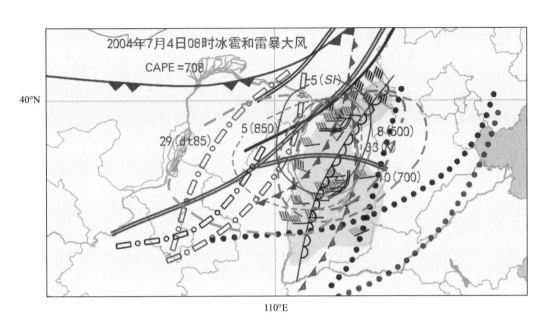

图 4.35　2004 年 7 月 4 日 08 时蒙古冷涡底部前倾槽型冰雹综合分析图

表 4.11　2004 年 7 月 4 日 08 时冰雹中尺度天气系统表

系统	500 hPa	700 hPa	850 hPa	地面
干线	干侵入线	干侵入线	干侵入线	干线
温度槽	有	—	有	—
温度脊	—	有	—	有
湿舌	—	—	—	—
干舌	—	—	—	—
暖式切变线辐合区	—	—	有	
冷式切变线辐合区	—	有	有	冷锋
槽线	有	—	—	—
急流	—	—	—	—
显著气流	—	—	—	—
地面中尺度切变线				有(提前 8 h)
径向速度场中尺度气旋	—	—	—	径向速度≥14 m·s⁻¹

冰雹落区:冰雹位于 850 hPa 冷式切变线前不稳定区,700 hPa $T-T_d$≤10 ℃、850 hPa $T-T_d$≤5 ℃、500 hPa $T-T_d$≤8 ℃、K≥33 ℃、SI≤−5 ℃、dt85≥29 ℃相重叠的区域内,850 hPa 温度槽 0~50 km、地面干线 0~50 km 范围内,地面自动气象站极大风速风场中尺度切变线 10 km 附近、云顶亮温≤230 K 与多普勒天气雷达组合反射率因子≥45 dBZ 相对应的位置。见图 4.35 及表 4.12。

表 4.12　2004 年 7 月 4 日 08 时冰雹特征物理量表

特征物理量	数值
K 指数/℃	33
SI 指数/℃	−5
CAPE/(J·kg^{-1})	708
dt85/℃	29
500 hPa 的 $T-T_d$/℃	8
700 hPa 的 $T-T_d$/℃	10
850 hPa 的 $T-T_d$/℃	5
云顶亮温/K	230
组合反射率因子/dBZ	45
0 ℃层高度/km	4.5
−20 ℃层高度/km	7.3

4.1.7　2005 年 8 月 2 日 13—20 时

实况描述:2005 年 8 月 2 日 13—20 时,受前倾槽过境影响,山西省 89 个县(市)出现雷暴天气,其中 4 个县伴有冰雹,分别出现在岢岚县(13:18—13:31)、平鲁县(13:55—13:56)、平定县(15:55—16:05)、偏关县(18:09—18:11),冰雹最大直径为 18 mm,15:55—16:05 出现在平定县;15 个县(市)伴有 7~11 级雷暴大风。

主要影响系统:500 hPa 槽和温度槽、500 hPa 和 700 hPa 及 850 hPa 干侵入线、地面冷锋和暖锋、700 hPa 冷式切变线、850 hPa 温度脊和地面温度脊。

系统配置:500 hPa 槽超前 700 hPa 冷式切变线,500 hPa 温度槽叠加在 850 hPa 温度脊之上,中低层大气层结不稳定,500 hPa 和 850 hPa 干侵入线、地面暖锋均位于 700 hPa 冷式切变线前不稳定湿区。

触发机制:500 hPa 和 850 hPa 干侵入线、地面自动气象站极大风速风场中尺度切变线。见图 4.36~图 4.40 及表 4.13。

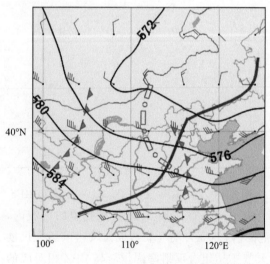

图 4.36　2005 年 8 月 2 日 08 时
500 hPa 高度场和风场

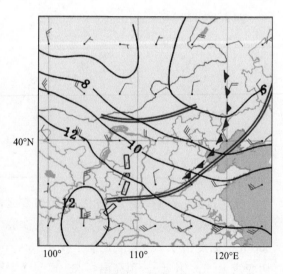

图 4.37　2005 年 8 月 2 日 08 时
700 hPa 风场和温度场

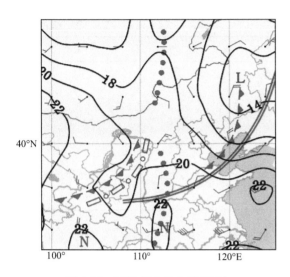

图 4.38 2005 年 8 月 2 日 08 时
850 hPa 风场和温度场

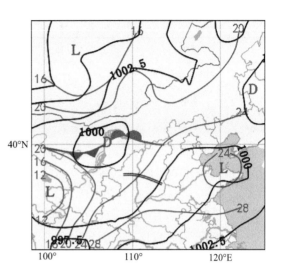

图 4.39 2005 年 8 月 2 日 08 时
地面气压场和温度场

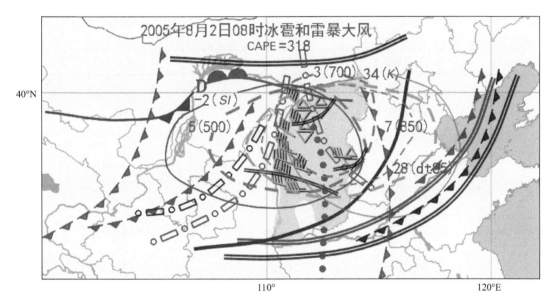

图 4.40 2005 年 8 月 2 日 08 时前倾槽型冰雹综合分析图

表 4.13 2005 年 8 月 2 日 08 时冰雹中尺度天气系统表

系统	500 hPa	700 hPa	850 hPa	地面
干线	干侵入线	干侵入线	干侵入线	—
温度槽	有	—	—	—
温度脊	—	—	有	暖区
湿舌	—	有	—	—
干舌	—	—	—	—
暖式切变线辐合区	—	—	—	—

续表

系统	500 hPa	700 hPa	850 hPa	地面
冷式切变线辐合区	—	有	有	—
槽线	有	—	—	—
急流	—	—	—	—
显著气流	—	—	—	—
地面中尺度切变线	—	—	—	有(提前 8 h)
径向速度场中尺度辐合线	—	—	—	径向速度≥17 m·s^{-1}

冰雹落区:冰雹位于 700 hPa 冷式切变线前不稳定湿区,700 hPa $T-T_d$≤3 ℃、850 hPa $T-T_d$≤7 ℃、500 hPa $T-T_d$≤5 ℃、K≥34 ℃、SI≤−2 ℃、dt85≥28 ℃ 相重叠的区域内,500 hPa 干侵入线 0～50 km、地面暖锋 0～50 km 范围内,地面自动气象站极大风速风场中尺度切变线 20 km 附近、云顶亮温≤225 K 与多普勒天气雷达组合反射率因子≥50 dBZ 相对应的位置。见图 4.40 及表 4.14。

表 4.14 2005 年 8 月 2 日 08 时冰雹特征物理量表

特征物理量	数值
K 指数/℃	34
SI 指数/℃	−2
CAPE/(J·kg^{-1})	318
dt85/℃	28
500 hPa 的 $T-T_d$/℃	5
700 hPa 的 $T-T_d$/℃	3
850 hPa 的 $T-T_d$/℃	7
云顶亮温/K	225
组合反射率因子/dBZ	50
0 ℃ 层高度/km	4.5
−20 ℃ 层高度/km	7.4

4.1.8 2006 年 5 月 18 日 13—21 时

实况描述:2006 年 5 月 18 日 13—21 时,受前倾槽过境影响,山西省 29 个县(市)出现雷暴天气,其中 3 个县(市)伴有冰雹,分别出现在沁县(13:15—13:25)、潞城市(17:55—17:57)、长治县(20:30),冰雹最大直径为 15 mm,13:15 出现在沁县;6 个县(市)伴有 7 级以上雷暴大风。

主要影响系统:500 hPa 槽、700 hPa 和 850 hPa 冷式切变线、500 hPa 和 850 hPa 温度槽、500 hPa 和 700 hPa 及 850 hPa 干侵入线、地面干线和冷锋、700 hPa 和 850 hPa 及地面温度脊。

系统配置:500 hPa 槽超前 700 hPa 和 850 hPa 冷式切变线,500 hPa 温度槽叠加在

700 hPa 温度脊之上,中低层大气层结不稳定,500 hPa 和 850 hPa 干侵入线、地面干线、地面自动气象站极大风速风场中尺度切变线均位于 500 hPa 温度槽前不稳定区。

触发机制:500 hPa 和 850 hPa 干侵入线、地面干线、地面自动气象站极大风速风场中尺度切变线。见图 4.41～图 4.45 及表 4.15。

冰雹落区:冰雹位于 500 hPa 温度槽前不稳定区,500 hPa $T-T_d \leqslant 13$ ℃、700 hPa $T-T_d \leqslant 16$ ℃、850 hPa $T-T_d \leqslant 10$ ℃、$K \geqslant 24$ ℃、$SI \leqslant -2$ ℃、dt85$\geqslant 32$ ℃ 相重叠的区域内,500 hPa 干侵入线 0～50 km、地面温度脊 0～80 km、地面干线 0～150 km 范围内,地面自动气象站极大风速风场中尺度切变线 10 km 附近、云顶亮温 $\leqslant 225$ K 与多普勒天气雷达组合反射率因子 $\geqslant 45$ dBZ 相对应的位置。见图 4.45 及表 4.16。

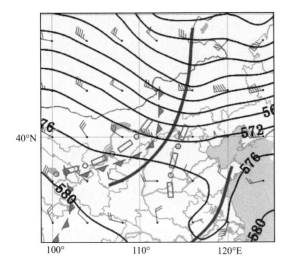

图 4.41　2006 年 5 月 18 日 08 时
500 hPa 高度场和风场

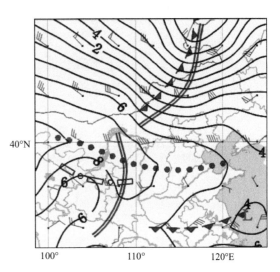

图 4.42　2006 年 5 月 18 日 08 时
700 hPa 风场和温度场

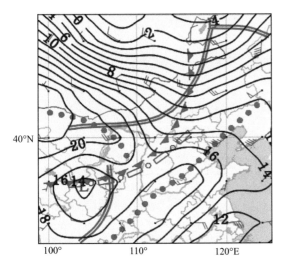

图 4.43　2006 年 5 月 18 日 08 时
850 hPa 风场和温度场

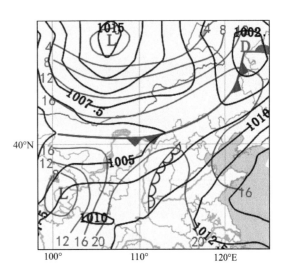

图 4.44　2006 年 5 月 18 日 08 时
地面气压场和温度场

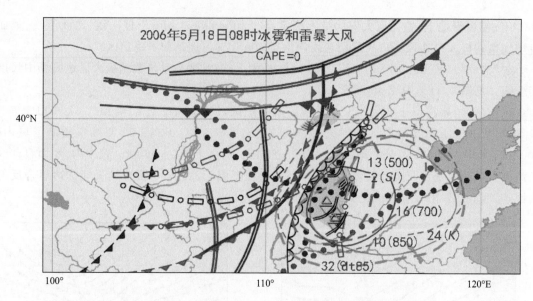

图 4.45　2006 年 5 月 18 日 08 时前倾槽型冰雹综合分析图

表 4.15　2006 年 5 月 18 日 08 时冰雹中尺度天气系统表

系统	500 hPa	700 hPa	850 hPa	地面
干线	干侵入线	干侵入线	干侵入线	干线
温度槽	有	—	有	—
温度脊	—	有	有	有
湿舌	—	—	—	—
干舌	—	有	—	—
暖式切变线辐合区	—	—	—	—
冷式切变线辐合区	—	有	有	—
槽线	有	—	—	—
急流	—	—	—	—
显著气流	—	—	—	—
地面中尺度切变线	—	—	—	有(提前 6 h)
径向速度场中尺度辐合线	—	—	—	径向速度≥16 m・s⁻¹

表 4.16　2006 年 5 月 18 日 08 时冰雹特征物理量表

特征物理量	数值
K 指数/℃	24
SI 指数/℃	−2
CAPE/$(J \cdot kg^{-1})$	0
dt85/℃	32
500 hPa 的 $T - T_d$/℃	13

特征物理量	数值
700 hPa 的 $T-T_{\mathrm{d}}$/℃	16
850 hPa 的 $T-T_{\mathrm{d}}$/℃	10
云顶亮温/K	225
组合反射率因子/dBZ	45
0 ℃层高度/km	3.7
−20 ℃层高度/km	6.1

4.1.9　2006 年 5 月 26 日 12—20 时

实况描述:2006 年 5 月 26 日 12—20 时,受前倾槽过境影响,山西省 63 个县(市)出现雷暴天气,其中 9 个县(市)伴有冰雹,分别出现在新绛县(12:10—12:11)、万荣县(12:21—12:23)、翼城县(12:42—12:47)、绛县(12:47—12:49)、运城市(13:11—13:14)、武乡县(13:17—13:20)、高平县(14:04—14:05)、潞城市(14:08—14:09)、陵川县(14:28—14:33)。冰雹最大直径为 12 mm,12:47 出现在翼城县;23 个县(市)伴有 7 级以上雷暴大风。

主要影响系统:500 hPa 槽、700 hPa 和 850 hPa 冷式切变线、500 hPa 和 700 hPa 及 850 hPa 温度槽、500 hPa 和 700 hPa 及 850 hPa 干侵入线、地面干线和冷锋、700 hPa 和地面温度脊。

系统配置:700 hPa 冷式切变线超前 850 hPa 冷式切变线和地面冷锋,低层大气层结不稳定,500 hPa 槽、700 hPa 和 850 hPa 冷式切变线、850 hPa 干侵入线、地面干线、地面自动气象站极大风速风场中尺度切变线均位于地面冷锋前不稳定区。

触发机制:500 hPa 槽、700 hPa 和 850 hPa 冷式切变线、850 hPa 干侵入线、地面干线、地面自动气象站极大风速风场中尺度切变线。见图 4.46~图 4.50 及表 4.17。

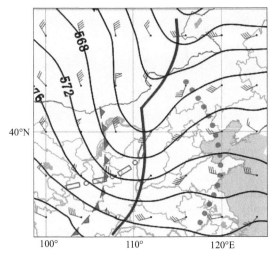

图 4.46　2006 年 5 月 26 日 08 时
500 hPa 高度场和风场

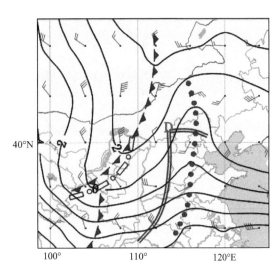

图 4.47　2006 年 5 月 26 日 08 时
700 hPa 风场和温度场

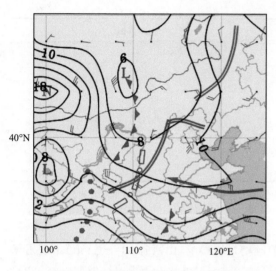

图 4.48　2006 年 5 月 26 日 08 时
850 hPa 风场和温度场

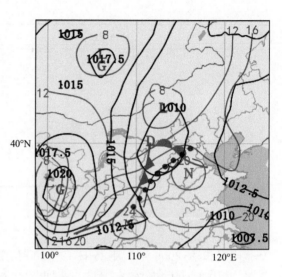

图 4.49　2006 年 5 月 26 日 08 时
地面气压场和温度场

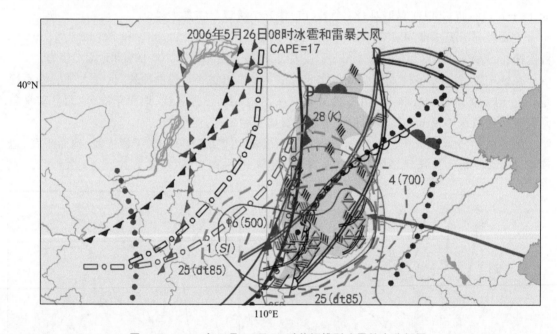

图 4.50　2006 年 5 月 26 日 08 时前倾槽型冰雹综合分析图

表 4.17　2006 年 5 月 26 日 08 时冰雹中尺度天气系统表

系统	500 hPa	700 hPa	850 hPa	地面
干线	干侵入线	干侵入线	干侵入线	干线
温度槽	有	有	有	—
温度脊	—	有	—	有
湿舌	—	有	有	—

续表

系统	500 hPa	700 hPa	850 hPa	地面
干舌	有	—	—	—
暖式切变线辐合区	—	—	—	—
冷式切变线辐合区	—	有	有	—
槽线	有	—	—	—
急流	—	—	—	—
显著气流	—	—	有	—
地面中尺度切变线	—	—	—	有(提前 7 h)
径向速度场中尺度辐合线	—	—	—	径向速度≥15 m·s^{-1}

冰雹落区:冰雹位于地面冷锋前不稳定区,500 hPa $T-T_d$≤16 ℃、700 hPa $T-T_d$≤4 ℃、850 hPa $T-T_d$≤4 ℃、K≥28 ℃、SI≤12 ℃、dt85≥25 ℃相重叠的区域内,850 hPa 冷式切变线 0~100 km、700 hPa 冷式切变线 0~50 km、地面干线 0~50 km 范围内,地面自动气象站极大风速风场中尺度切变线 10 km 附近,云顶亮温≤230 K 与多普勒天气雷达组合反射率因子≥45 dBZ 相对应的位置。见图 4.50 及表 4.18。

表 4.18 2006 年 5 月 26 日 08 时冰雹特征物理量表

特征物理量	数值
K 指数/℃	28
SI 指数/℃	1
CAPE/(J·kg^{-1})	17
dt85/℃	25
500 hPa 的 $T-T_d$/℃	16
700 hPa 的 $T-T_d$/℃	4
850 hPa 的 $T-T_d$/℃	4
云顶亮温/K	230
组合反射率因子/dBZ	45
0 ℃层高度/km	3.0
-20 ℃层高度/km	5.8

4.1.10　2006 年 6 月 24 日 12—20 时

实况描述:2006 年 6 月 24 日 12—20 时,受前倾槽影响,山西省 74 个县(市)出现雷暴天气,其中 10 个县伴有冰雹,分别出现在左云县(12:32—12:36)、河曲县(16:14—16:15)、灵丘县(16:39—16:42)、昔阳县(17:06—17:07)、文水县(17:25—17:32)、和顺县(17:27—17:49)、孝义县(18:04—18:07)、榆社县(18:09—18:10)、平遥县(18:32—18:46)、汾西县(19:11—19:13),冰雹最大直径为 12 mm,17:27 出现在和顺县;15 个县(市)伴有 7 级以上雷暴大风。

主要影响系统:500 hPa 槽、700 hPa 和 850 hPa 冷式切变线、500 hPa 和 700 hPa 及 850 hPa 温度槽、500 hPa 和 700 hPa 及 850 hPa 干侵入线、地面干线和冷锋、700 hPa 和 850 hPa 及地面温度脊。

系统配置:从 500 hPa 到地面影响系统呈前倾结构,850 hPa 温度槽叠加在地面温度脊之上,使得大气层结更加不稳定,700 hPa 冷式切变线、500 hPa 和 700 hPa 及 850 hPa 干侵入线、地面干线、地面自动气象站极大风速风场中尺度切变线均位于 850 hPa 冷式切变线前不稳定区。

触发机制:700 hPa 冷式切变线、500 hPa 和 700 hPa 及 850 hPa 干侵入线、地面干线、地面自动气象站极大风速风场中尺度切变线。见图 4.51～图 4.55 及表 4.19。

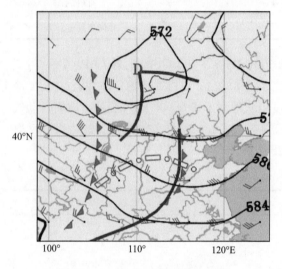

图 4.51 2006 年 6 月 24 日 08 时
500 hPa 高度场和风场

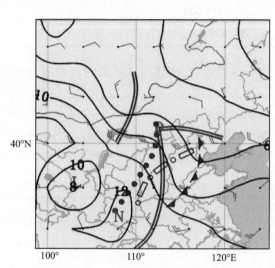

图 4.52 2006 年 6 月 24 日 08 时
700 hPa 风场和温度场

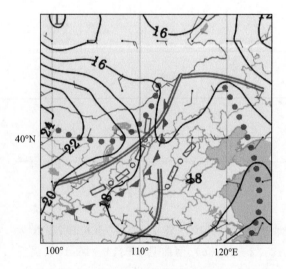

图 4.53 2006 年 6 月 24 日 08 时
850 hPa 风场和温度场

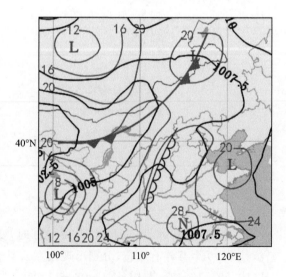

图 4.54 2006 年 6 月 24 日 08 时
地面气压场和温度场

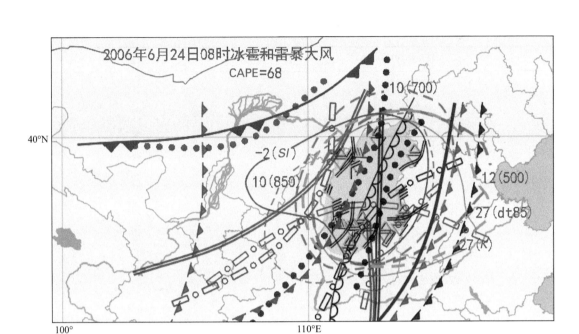

图 4.55　2006 年 6 月 24 日 08 时前倾槽型冰雹综合分析图

表 4.19　2006 年 6 月 24 日 08 时冰雹中尺度天气系统表

系统	500 hPa	700 hPa	850 hPa	地面
干线	干侵入线	干侵入线	干侵入线	干线
温度槽	有	有	有	—
温度脊	—	有	有	有
湿舌	—	—	—	—
干舌	—	—	—	—
暖式切变线辐合区	—	—	—	—
冷式切变线辐合区	—	有	有	—
槽线	有	—	—	—
急流	—	—	—	—
显著气流	—	—	—	—
地面中尺度切变线	—	—	—	有(提前 8 h)
径向速度场中尺度辐合线	—	—	—	径向速度≥14 m·s⁻¹

冰雹落区:冰雹位于 850 hPa 冷式切变线前与 500 hPa 槽后不稳定区,500 hPa $T-T_d$≤12 ℃、700 hPa $T-T_d$≤10 ℃、850 hPa $T-T_d$≤10 ℃、K≥27 ℃、SI≤−2 ℃、dt85≥27 ℃ 相重叠的区域内,700 hPa 冷式切变线 0~50 km、500 hPa 和 700 hPa 及 850 hPa 干侵入线 0~50 km、地面干线 0~50 km 范围内,地面自动气象站极大风速风场中尺度切变线 10 km 附近、云顶亮温≤225 K 与多普勒天气雷达组合反射率因子≥45 dBZ 相对应的位置。见图 4.55 及表 4.20。

表 4.20　2006 年 6 月 24 日 08 时冰雹特征物理量表

特征物理量	数值
K 指数/℃	27
SI 指数/℃	−2
CAPE/$(J \cdot kg^{-1})$	68
dt85/℃	27
500 hPa 的 $T-T_d$/℃	12
700 hPa 的 $T-T_d$/℃	10
850 hPa 的 $T-T_d$/℃	10
云顶亮温/K	225
组合反射率因子/dBZ	45
0 ℃层高度/km	4.0
−20 ℃层高度/km	6.9

4.1.11　2006 年 6 月 25 日 11—20 时

实况描述:2006 年 6 月 25 日 11—20 时,受前倾槽过境影响,山西省 98 个县(市)出现雷暴天气,其中 15 个县(市)伴有冰雹,分别出现在山阴县(11:45—11:46)、交口县(12:25—12:27)、五台县(14:02—14:10)、武乡县(14:22—14:23)、阳泉市(14:42—14:47)、平定县(14:54—15:00)、长治市(16:45—16:47)、洪洞县(16:50—17:02)、乡宁县(17:20—17:23)、汾西县(17:35—17:36)、河津县(18:01—18:11)、万荣县(18:06—18:07)、沁水县(18:57—18:59)、运城市(19:20—19:21)、夏县(19:24—19:25)。冰雹最大直径为 14 mm,18:06 出现在河津县和万荣县;28 个县(市)伴有 7 级以上雷暴大风。

主要影响系统:500 hPa 槽、700 hPa 和 850 hPa 冷式切变线、500 hPa 和 850 hPa 温度槽、500 hPa 和 700 hPa 及 850 hPa 干侵入线、地面冷锋、700 hPa 和 850 hPa 及地面温度脊。

系统配置:500 hPa 槽超前 700 hPa 和 850 hPa 冷式切变线,500 hPa 温度槽叠加在 700 hPa 温度脊之上,850 hPa 温度槽叠加在地面温度脊之上,使得大气层结更加不稳定,500 hPa 和 850 hPa 温度槽、500 hPa 和 850 hPa 干侵入线、地面自动气象站极大风速风场中尺度切变线均位于 850 hPa 冷式切变线前不稳定区。

触发机制:500 hPa 和 850 hPa 温度槽、500 hPa 和 850 hPa 干侵入线、地面自动气象站极大风速风场中尺度切变线。见图 4.56~图 4.60 及表 4.21。

冰雹落区:冰雹位于 850 hPa 冷式切变线与 850 hPa 温度脊之间,500 hPa $T-T_d \leqslant$ 10 ℃、700 hPa $T-T_d \leqslant$ 12 ℃、850 hPa $T-T_d \leqslant$ 10 ℃、$K \geqslant$ 29 ℃、$SI \leqslant$ −2 ℃、dt85 $\geqslant$ 27 ℃ 相重叠的区域内,500 hPa 温度槽 0~50 km、850 hPa 干侵入线 0~50 km、地面温度脊 0~50 km 范围内,地面自动气象站极大风速风场中尺度切变线 10 km 附近、云顶亮温 $\leqslant$ 225 K 与多普勒天气雷达组合反射率因子 $\geqslant$ 50 dBZ 相对应的位置。见图 4.60 及表 4.22。

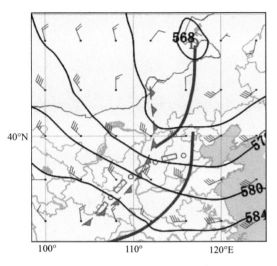

图 4.56　2006 年 6 月 25 日 08 时
500 hPa 高度场和风场

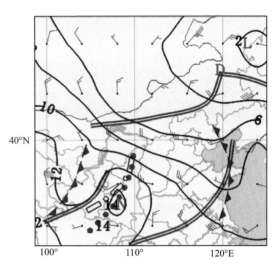

图 4.57　2006 年 6 月 25 日 08 时
700 hPa 风场和温度场

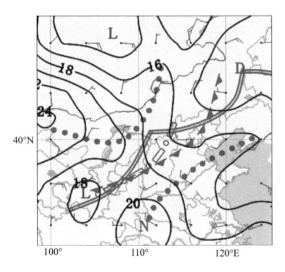

图 4.58　2006 年 6 月 25 日 08 时
850 hPa 风场和温度场

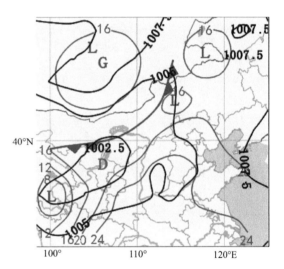

图 4.59　2006 年 6 月 25 日 08 时
地面气压场和温度场

表 4.21　2006 年 6 月 25 日 08 时冰雹中尺度天气系统表

系统	500 hPa	700 hPa	850 hPa	地面
干线	干侵入线	干侵入线	干侵入线	—
温度槽	有	—	有	—
温度脊	—	有	有	有
湿舌	—	—	—	—
干舌	—	—	—	—

系统	500 hPa	700 hPa	850 hPa	地面
暖式切变线辐合区	—	—	—	—
冷式切变线辐合区	—	有	有	—
槽线	有	—	—	—
急流	—	—	—	—
显著气流	—	—	—	—
地面中尺度切变线	—	—	—	有（提前 9 h）
径向速度场中尺度辐合线	—	—	—	径向速度≥14 m·s^{-1}

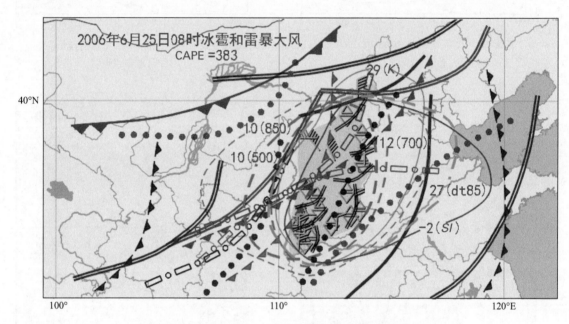

图 4.60　2006 年 6 月 25 日 08 时前倾槽型冰雹综合分析图

表 4.22　2006 年 6 月 25 日 08 时冰雹特征物理量表

特征物理量	数值
K 指数/℃	29
SI 指数/℃	−2
CAPE/(J·kg^{-1})	383
dt85/℃	27
500 hPa 的 $T-T_d$/℃	10
700 hPa 的 $T-T_d$/℃	12
850 hPa 的 $T-T_d$/℃	10

续表

特征物理量	数值
云顶亮温/K	225
组合反射率因子/dBZ	50
0 ℃层高度/km	4.0
−20 ℃层高度/km	6.6

4.1.12　2006 年 7 月 24 日 11—20 时

实况描述:2006 年 7 月 24 日 11—20 时,受前倾槽影响,山西省 73 个县(市)出现雷暴天气,其中 13 个县(市)伴有冰雹,分别出现在和顺县(11:44—11:51)、山阴县(12:03—12:04)、五台县(13:50—13:54)、原平县(14:06—14:09)、沁源县(14:31—14:35)、阳泉市(14:42—14:47)、盂县(14:55—15:09)、平定县(15:35—15:46)、襄垣县(15:44—15:58)、昔阳县(16:00—16:03)、隰县(16:57—17:01)、平顺县(17:19—17:25)、清徐县(18:03—18:12)。冰雹最大直径为 26 mm,15:46 出现在平定县;9 个县(市)伴有 7 级以上雷暴大风。

主要影响系统:500 hPa 横槽、700 hPa 和 850 hPa 冷式切变线、500 hPa 温度槽、500 hPa 和 700 hPa 及 850 hPa 干侵入线、地面干线和冷锋、700 hPa 和 850 hPa 及地面温度脊。

系统配置:500 hPa 温度槽叠加在地面温度脊之上,使得大气层结不稳定,850 hPa 冷式切变线、地面干线、地面自动气象站极大风速风场中尺度切变线均位于 500 hPa 温度槽前不稳定区。

触发机制:850 hPa 冷式切变线、地面干线、地面自动气象站极大风速风场中尺度切变线。见图 4.61~图 4.65 及表 4.23。

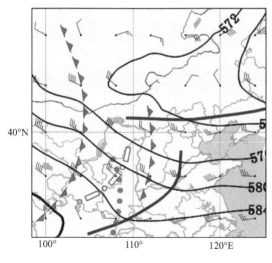

图 4.61　2006 年 7 月 24 日 08 时
500 hPa 高度场和风场

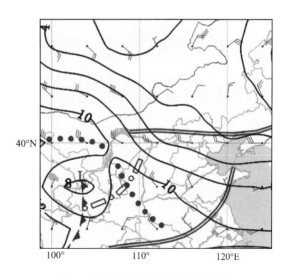

图 4.62　2006 年 7 月 24 日 08 时
700 hPa 风场和温度场

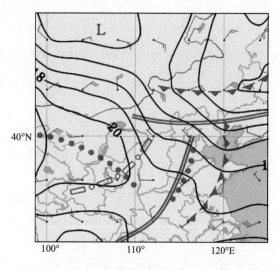

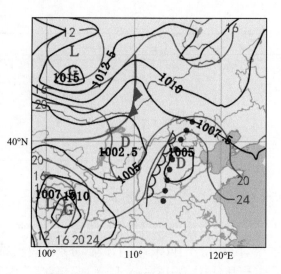

图 4.63　2006 年 7 月 24 日 08 时
850 hPa 风场和温度场

图 4.64　2006 年 7 月 24 日 08 时
地面气压场和温度场

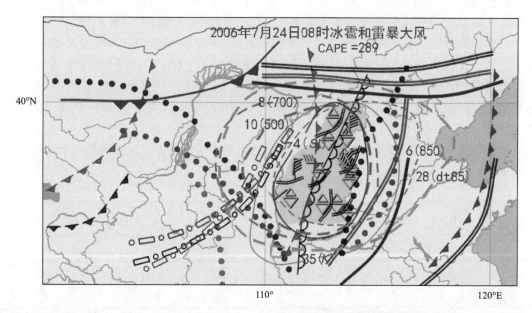

图 4.65　2006 年 7 月 24 日 08 时前倾槽型冰雹综合分析图

表 4.23　2006 年 7 月 24 日 08 时冰雹中尺度天气系统表

系统	500 hPa	700 hPa	850 hPa	地面
干线	干侵入线	干侵入线	干侵入线	干线
温度槽	有	—	—	—
温度脊	—	有	有	有
湿舌	—	—	—	—
干舌	—	—	—	—
暖式切变线辐合区	—	—	—	—

续表

系统	500 hPa	700 hPa	850 hPa	地面
冷式切变线辐合区	—	有	有	—
槽线	有	—	—	—
急流	—	—	—	—
显著气流	—	—	—	—
地面中尺度切变线	—	—	—	有(提前 10 h)
径向速度场中气旋	—	—	—	径向速度≥21 m·s^{-1}

冰雹落区:冰雹位于 850 hPa 冷式切变线与 850 hPa 干侵入线之间,500 hPa $T-T_d$≤10 ℃、700 hPa $T-T_d$≤8 ℃、850 hPa $T-T_d$≤6 ℃、K≥35 ℃、SI≤−4 ℃、dt85≥28 ℃相重叠的区域内,地面干线 0～50 km、地面温度脊 0～50 km 范围内,地面自动气象站极大风速风场中尺度切变线 10 km 附近、云顶亮温≤230 K 与多普勒天气雷达组合反射率因子≥55 dBZ 相对应的位置。见图 4.65 及表 4.24。

表 4.24　2006 年 7 月 24 日 08 时冰雹特征物理量表

特征物理量	数值
K 指数/℃	35
SI 指数/℃	−4
CAPE/(J·kg^{-1})	289
dt85/℃	28
500 hPa 的 $T-T_d$/℃	10
700 hPa 的 $T-T_d$/℃	8
850 hPa 的 $T-T_d$/℃	6
云顶亮温/K	230
组合反射率因子/dBZ	55
0 ℃层高度/km	4.4
−20 ℃层高度/km	7.5

4.1.13　2007 年 7 月 8 日 13—20 时

实况描述:2007 年 7 月 8 日 13—20 时,受前倾槽过境影响,山西省 50 个县(市)出现雷暴天气,其中 3 个县(市)伴有冰雹,分别出现在繁峙县(14:54—14:58)、保德县(15:29—15:36)、阳泉市(16:55—16:57),冰雹最大直径为 12 mm,15:29 出现在保德县,13 个县(市)伴有 7 级以上雷暴大风。

主要影响系统:500 hPa 槽、700 hPa 和 850 hPa 冷式和暖式切变线、500 hPa 温度槽、500 hPa 和 700 hPa 及 850 hPa 干侵入线、地面干线和冷锋、700 hPa 和 850 hPa 及地面温度脊。

系统配置:500 hPa 槽与 700 hPa 和 850 hPa 冷式切变线呈前倾结构,500 hPa 温度槽叠加在 700 hPa 和 850 hPa 温度脊之上,中低层大气层结不稳定,500 hPa 和 850 hPa 干侵入线、地面干线、地面自动气象站极大风速风场中尺度切变线均位于地面冷锋前不稳定区。

触发机制:500 hPa 干侵入线和 850 hPa 干侵入线、地面干线、地面自动气象站极大风速风场中尺度切变线。见图 4.66~图 4.70 及表 4.25。

冰雹落区:冰雹位于地面冷锋前不稳定区,500 hPa $T-T_d \leqslant 40$ ℃、700 hPa $T-T_d \leqslant$ 15 ℃、850 hPa $T-T_d \leqslant 8$ ℃、$K \geqslant 27$ ℃、$SI \leqslant -1$ ℃、dt85$\geqslant$26 ℃相重叠的区域内,850 hPa 干侵入线 0~50 km、500 hPa 干侵入线 0~50 km、地面干线 0~50 km、700 hPa 温度脊 0~50 km 范围内,地面自动气象站极大风速风场中尺度切变线 10 km 附近、云顶亮温$\leqslant$235 K 与多普勒天气雷达组合反射率因子$\geqslant$45 dBZ 相对应的位置。见图 4.70 及表 4.26。

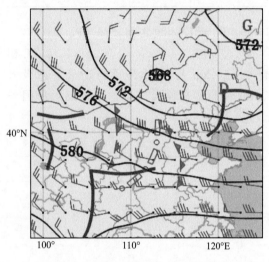

图 4.66　2007 年 7 月 8 日 08 时
500 hPa 高度场和风场

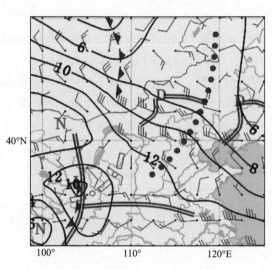

图 4.67　2007 年 7 月 8 日 08 时
700 hPa 风场和温度场

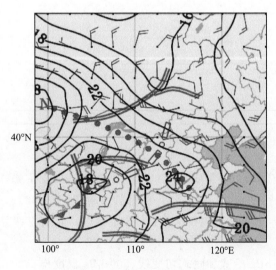

图 4.68　2007 年 7 月 8 日 08 时
850 hPa 风场和温度场

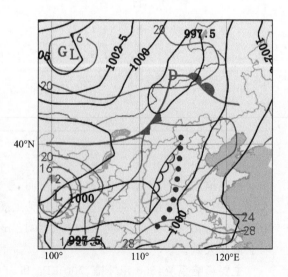

图 4.69　2007 年 7 月 8 日 08 时
地面气压场和温度场

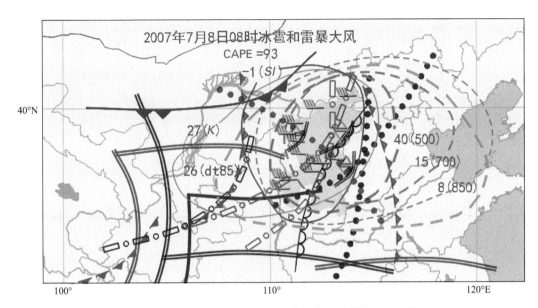

图 4.70　2007 年 7 月 8 日 08 时前倾槽型冰雹综合分析图

表 4.25　2007 年 7 月 8 日 08 时冰雹中尺度天气系统表

系统	500 hPa	700 hPa	850 hPa	地面
干线	干侵入线	干侵入线	干侵入线	干线
温度槽	有	—	—	—
温度脊	—	有	有	有
湿舌	—	—	—	—
干舌	有	有	—	—
暖式切变线辐合区	—	有	有	—
冷式切变线辐合区	—	有	有	—
槽线	有	—	—	—
急流	—	—	—	—
显著气流	—	—	—	—
地面中尺度切变线	—	—	—	有(提前 8 h)
径向速度场中尺度辐合线	—	—	—	径向速度≥16 m·s^{-1}

表 4.26　2007 年 7 月 8 日 08 时冰雹特征物理量表

特征物理量	数值
K 指数/℃	27
SI 指数/℃	−1
CAPE/(J·kg^{-1})	93
dt85/℃	26

续表

特征物理量	数值
500 hPa 的 $T-T_d$/℃	40
700 hPa 的 $T-T_d$/℃	15
850 hPa 的 $T-T_d$/℃	8
云顶亮温/K	235
组合反射率因子/dBZ	45
0 ℃层高度/km	4.2
−20 ℃层高度/km	8.3

4.1.14　2007 年 7 月 22 日 13—20 时

实况描述:2007 年 7 月 22 日 13—20 时,受前倾槽过境影响,山西省 66 个县(市)出现雷暴天气,其中 3 个县(市)伴有冰雹,分别出现在太谷县(14:56—15:08)、阳泉市(15:59—16:00)、交口县(17:50—18:03),冰雹最大直径为 4 mm,14:59 出现在太谷县,2 个县(市)伴有 7 级以上雷暴大风。

主要影响系统:500 hPa 槽、700 hPa 和 850 hPa 冷式和暖式切变线、500 hPa 温度槽、500 hPa 和 700 hPa 及 850 hPa 干侵入线、地面干线、700 hPa 和地面温度脊。

系统配置:700 hPa 冷式切变线超前 850 hPa 冷式切变线,500 hPa 温度槽叠加在 700 hPa 温度脊之上,中低层大气层结不稳定,700 hPa 干侵入线和 850 hPa 干侵入线、地面自动气象站极大风速风场中尺度切变线均位于 700 hPa 冷式切变线前不稳定区。

触发机制:700 hPa 干侵入线和 850 hPa 干侵入线、地面自动气象站极大风速风场中尺度切变线。见图 4.71~图 4.75 及表 4.27。

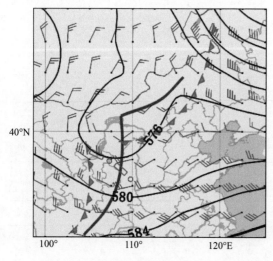

图 4.71　2007 年 7 月 22 日 08 时
500 hPa 高度场和风场

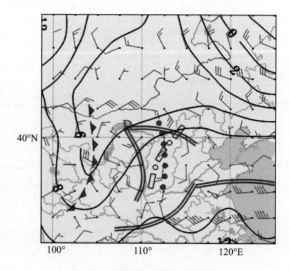

图 4.72　2007 年 7 月 22 日 08 时
700 hPa 风场和温度场

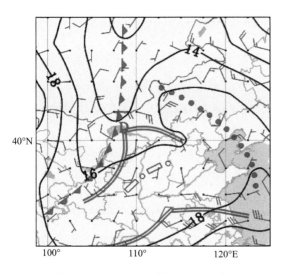

图 4.73 2007 年 7 月 22 日 08 时
850 hPa 风场和温度场

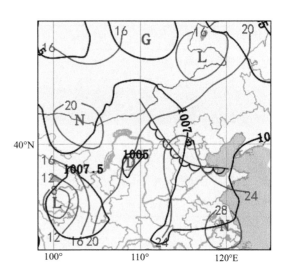

图 4.74 2007 年 7 月 22 日 08 时
地面气压场和温度场

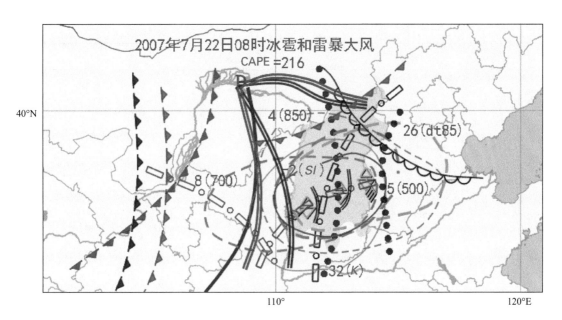

图 4.75 2007 年 7 月 22 日 08 时前倾槽型冰雹综合分析图

表 4.27 2007 年 7 月 22 日 08 时冰雹中尺度天气系统表

系统	500 hPa	700 hPa	850 hPa	地面
干线	干侵入线	干侵入线	干侵入线	干线
温度槽	有	—	—	—
温度脊	—	有	—	有
湿舌	—	—	有	—
干舌	—	—	—	—

续表

系统	500 hPa	700 hPa	850 hPa	地面
暖式切变线辐合区	—	有	有	—
冷式切变线辐合区	—	有	有	—
槽线	有	—	—	—
急流	—	—	—	—
显著气流	—	—	—	—
地面中尺度切变线	—	—	—	有(提前 7 h)
径向速度场中尺度辐合线	—	—	—	径向速度≥12 m·s⁻¹

冰雹落区:冰雹位于 700 hPa 冷式切变线前不稳定区,500 hPa $T-T_d$≤5 ℃、700 hPa $T-T_d$≤8 ℃、850 hPa $T-T_d$≤4 ℃、K≥32 ℃、SI≤−2 ℃、dt85≥26 ℃相重叠的区域内,850 hPa 干侵入线 0~50 km、700 hPa 干侵入线 0~60 km、700 hPa 温度脊 0~50 km 范围内,地面自动气象站极大风速风场中尺度切变线 10 km 附近、云顶亮温≤240 K 与多普勒天气雷达组合反射率因子≥40 dBZ 相对应的位置。见图 4.75 及表 4.28。

表 4.28 2007 年 7 月 22 日 08 时冰雹特征物理量表

特征物理量	数值
K 指数/℃	32
SI 指数/℃	−2
CAPE/(J·kg⁻¹)	216
dt85/℃	26
500 hPa 的 $T-T_d$/℃	5
700 hPa 的 $T-T_d$/℃	8
850 hPa 的 $T-T_d$/℃	4
云顶亮温/K	240
组合反射率因子/dBZ	40
0 ℃层高度/km	4.0
−20 ℃层高度/km	7.4

4.1.15 2007 年 8 月 2 日 13—20 时

实况描述:2007 年 8 月 2 日 13—20 时,受前倾槽过境影响,山西省 36 个县(市)出现雷暴天气,其中 5 个县(市)伴有冰雹,分别出现在大同县(15:46—15:50)、浑源县(16:02—16:10)、大同市(16:04—16:09)、古交市(18:45—18:46)和清徐县(19:56)。冰雹最大直径为 5 mm,16:04 出现在大同市。

主要影响系统:500 hPa 槽、700 hPa 和 850 hPa 冷式切变线、500 hPa 和 700 hPa 及

850 hPa 温度槽、500 hPa 和 700 hPa 及 850 hPa 干侵入线、地面干线和冷锋、700 hPa 和 850 hPa 及地面温度脊。

系统配置:700 hPa 冷式切变线超前 850 hPa 冷式切变线,500 hPa 温度槽叠加在 700 hPa 温度脊之上,中低层大气层结不稳定,500 hPa 和 700 hPa 及 850 hPa 干侵入线、地面干线、500 hPa 槽、地面自动气象站极大风速风场中尺度切变线均位于 850 hPa 冷式切变线前不稳定区。

触发机制:500 hPa 和 700 hPa 及 850 hPa 干侵入线、地面干线、500 hPa 槽、地面自动气象站极大风速风场中尺度切变线。见图 4.76~图 4.80 及表 4.29。

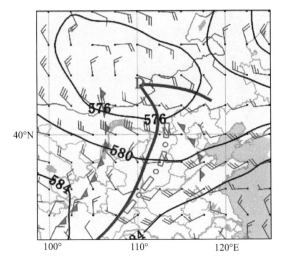

图 4.76　2007 年 8 月 2 日 08 时
500 hPa 高度场和风场

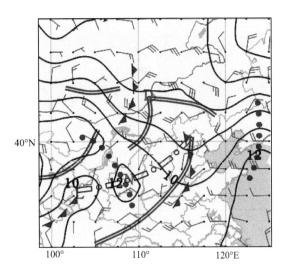

图 4.77　2007 年 8 月 2 日 08 时
700 hPa 风场和温度场

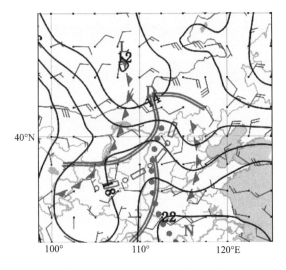

图 4.78　2007 年 8 月 2 日 08 时
850 hPa 风场和温度场

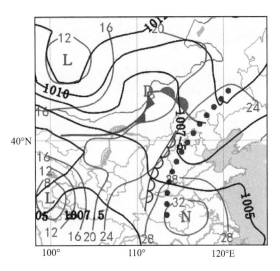

图 4.79　2007 年 8 月 2 日 08 时
地面气压场和温度场

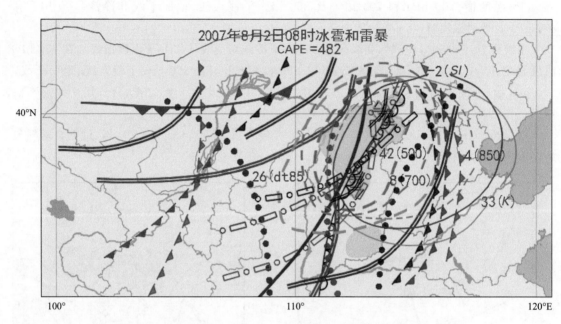

图 4.80　2007 年 8 月 2 日 08 时前倾槽型冰雹综合分析图

表 4.29　2007 年 8 月 2 日 08 时冰雹中尺度天气系统表

系统	500 hPa	700 hPa	850 hPa	地面
干线	干侵入线	干侵入线	干侵入线	干线
温度槽	有	有	有	—
温度脊	—	有	有	有
湿舌	—	—	有	—
干舌	有	—	—	—
暖式切变线辐合区	—	—	—	—
冷式切变线辐合区	—	有	有	—
槽线	有	—	—	—
急流	—	—	—	—
显著气流	—	—	—	—
地面中尺度切变线	—	—	—	有(提前 8 h)
径向速度场中尺度辐合线	—	—	—	径向速度≥11 m·s^{-1}

　　冰雹落区:冰雹位于 850 hPa 冷式切变线前不稳定区,500 hPa $T-T_d$≤42 ℃、700 hPa $T-T_d$≤8 ℃、850 hPa $T-T_d$≤4 ℃、K≥33 ℃、SI≤−2 ℃、dt85≥26 ℃相重叠的区域内,850 hPa 干侵入线 0～50 km、700 hPa 干侵入线 0～50 km、地面干线 0～50 km 范围内,地面自动气象站极大风速风场中尺度切变线 10 km 附近、云顶亮温≤240 K 与多普勒天气雷达组合反射率因子≥40 dBZ 相对应的位置。见图 4.80 及表 4.30。

表 4.30　2007 年 8 月 2 日 08 时冰雹特征物理量表

特征物理量	数值
K 指数/℃	33
SI 指数/℃	-2
CAPE/$(J \cdot kg^{-1})$	482
dt85/℃	26
500 hPa 的 $T-T_d$/℃	42
700 hPa 的 $T-T_d$/℃	8
850 hPa 的 $T-T_d$/℃	4
云顶亮温/K	240
组合反射率因子/dBZ	40
0 ℃层高度/km	4.0
-20 ℃层高度/km	8.0

4.1.16　2008 年 5 月 9 日 08—20 时

实况描述:2008 年 5 月 9 日 08—20 时,受前倾槽影响,山西省 88 个县(市)出现雷暴天气,其中 15 个县(市)伴有冰雹,分别出现在方山县(08:50—08:54,13:25—13:28)、石楼县(10:25—10:26)、祁县(10:50—10:52,11:35—11:38)、太谷(11:04—11:06)、盂县(11:12—11:14)、孝义县(11:20—11:21)、乡宁县(12:10—12:17)、平定县(12:11—12:14)、古县(12:48—12:53)、平顺县(13:08—13:13)、曲沃县(13:14—13:16)、大同市(13:15—13:19)、绛县(13:34—13:36)、夏县(15:00—15:04)、陵川县(15:09—15:14);冰雹最大直径为 8 mm,13:13 出现在平顺县;20 个县(市)伴有 7 级以上雷暴大风。

主要影响系统:500 hPa 槽、700 hPa 和 850 hPa 冷式切变线、500 hPa 和 700 hPa 及 850 hPa 温度槽、500 hPa 和 700 hPa 及 850 hPa 干侵入线、地面干线和冷锋、850 hPa 和地面温度脊。

系统配置:850 hPa 冷式切变线与地面冷锋呈前倾结构,850 hPa 温度槽叠加在地面温度脊之上,大气层结不稳定,700 hPa 和 850 hPa 干侵入线及地面干线、700 hPa 冷式切变线、850 hPa 暖式切变线、地面自动气象站极大风速风场中尺度切变线均位于地面冷锋前不稳定区。

触发机制:700 hPa 和 850 hPa 干侵入线及地面干线、700 hPa 冷式切变线、850 hPa 暖式切变线、地面自动气象站极大风速风场中尺度切变线。见图 4.81~图 4.85 及表 4.31。

冰雹落区:冰雹位于地面冷锋前不稳定区,500 hPa $T-T_d \leqslant 10$ ℃、700 hPa $T-T_d \leqslant 5$ ℃、850 hPa $T-T_d \leqslant 6$ ℃、$K \geqslant 28$ ℃、$SI \leqslant 0$ ℃、dt85$\geqslant 27$ ℃相重叠的区域内,700 hPa 和 850 hPa 干侵入线 0~50 km、700 hPa 冷式切变线 0~50 km、850 hPa 冷式切变线 0~50 km、地面干线 0~150 km 范围内,地面自动气象站极大风速风场中尺度切变线 10 km 附近,云顶亮温$\leqslant 240$ K 与多普勒天气雷达组合反射率因子$\geqslant 45$ dBZ 相对应的位置。见图 4.85 及

表 4.32。

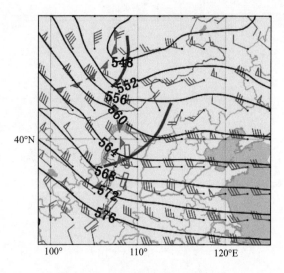

图 4.81　2008 年 5 月 9 日 08 时
500 hPa 高度场和风场

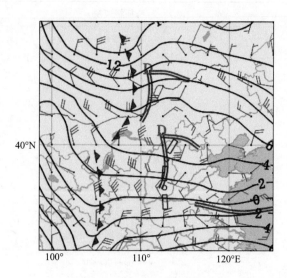

图 4.82　2008 年 5 月 9 日 08 时
700 hPa 风场和温度场

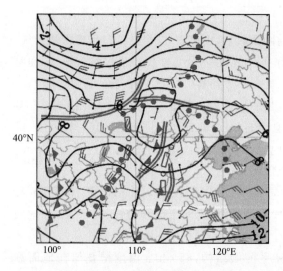

图 4.83　2008 年 5 月 9 日 08 时
850 hPa 风场和温度场

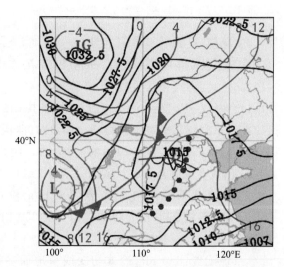

图 4.84　2008 年 5 月 9 日 08 时
地面气压场和温度场

表 4.31　2008 年 5 月 9 日 08 时冰雹中尺度天气系统表

系统	500 hPa	700 hPa	850 hPa	地面
干线	干侵入线	干侵入线	干侵入线	干线
温度槽	有	有	有	—
温度脊	—	—	有	有
湿舌	—	—	—	—

系统	500 hPa	700 hPa	850 hPa	地面
干舌	—	—	—	—
暖式切变线辐合区	—	—	有	—
冷式切变线辐合区	—	有	有	—
槽线	有	—	—	—
急流	—	—	—	—
显著气流	—	—	—	—
地面中尺度切变线	—	—	—	有（提前 8 h）
径向速度场中尺度辐合线	—	—	—	径向速度≥14 m·s⁻¹

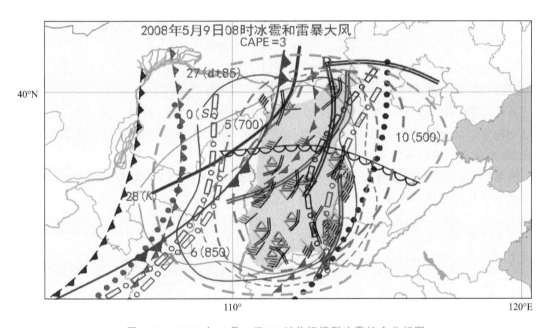

图 4.85　2008 年 5 月 9 日 08 时前倾槽型冰雹综合分析图

表 4.32　2008 年 5 月 9 日 08 时冰雹特征物理量表

特征物理量	数值
K 指数/℃	28
SI 指数/℃	0
CAPE/$(J·kg^{-1})$	3
dt85/℃	27
500 hPa 的 $T-T_d$/℃	10
700 hPa 的 $T-T_d$/℃	5

特征物理量	数值
850 hPa 的 $T-T_d$/℃	6
云顶亮温/K	240
组合反射率因子/dBZ	45
0 ℃层高度/km	3.2
−20 ℃层高度/km	5.8

4.1.17　2008 年 5 月 11 日 13—20 时

实况描述:2008 年 5 月 11 日 13—20 时,受前倾槽过境影响,山西省大部分地区出现雷暴天气,5 个县(市)伴有冰雹,分别出现在河曲县(16:50—16:57)、山阴县(18:18—18:47)、兴县(18:36—18:41)、阳泉县(19:00)和黎城县(无时间记录),冰雹最大直径为 12 mm,16:51 出现在河曲县;34 个县(市)伴有 7 级以上雷暴大风。

主要影响系统:500 hPa 槽和温度槽、500 hPa 和 700 hPa 及 850 hPa 干侵入线、地面干线、地面冷锋、700 hPa 和 850 hPa 冷式切变线、700 hPa 温度槽。

系统配置:地面冷锋、850 hPa 冷式切变线、700 hPa 冷式切变线呈前倾结构,低层大气层结不稳定,500 hPa 干舌叠加在 850 hPa 湿舌之上,地面干线位于 500 hPa 温度槽前不稳定区,地面自动气象站极大风速风场有中尺度切变线。

触发机制:地面冷锋和地面干线、500 hPa 槽和温度槽、700 hPa 及 850 hPa 干侵入线、地面自动气象站极大风速风场中尺度切变线。见图 4.86~图 4.90 及表 4.33。

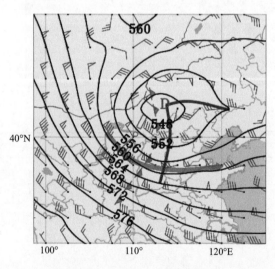

图 4.86　2008 年 5 月 11 日 08 时
500 hPa 高度场和风场

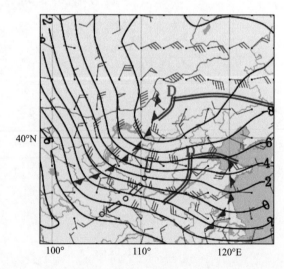

图 4.87　2008 年 5 月 11 日 08 时
700 hPa 风场和温度场

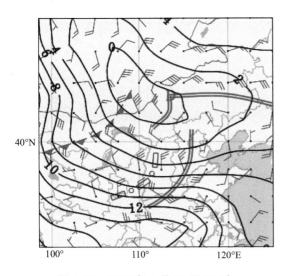

图 4.88 2008 年 5 月 11 日 08 时
850 hPa 风场和温度场

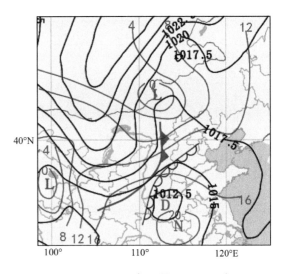

图 4.89 2008 年 5 月 11 日 08 时
地面气压场和温度场

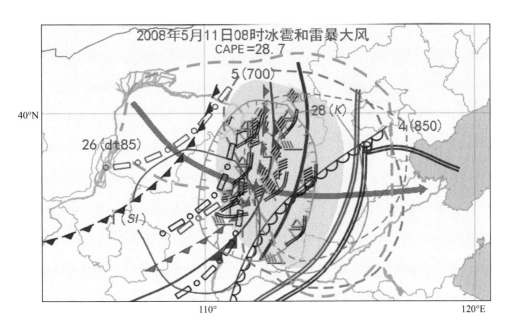

图 4.90 2008 年 5 月 11 日 08 时前倾槽型冰雹综合分析图

表 4.33 2008 年 5 月 11 日 08 时冰雹中尺度天气系统表

系统	500 hPa	700 hPa	850 hPa	地面
干线	干侵入线	干侵入线	干侵入线	干线
温度槽	有	有	—	—
温度脊	—	—	—	—
湿舌	—	有	有	—
干舌	有	—	—	—

续表

系统	500 hPa	700 hPa	850 hPa	地面
暖式切变线辐合区	—	—	—	—
冷式切变线辐合区	—	有	有	地面冷锋
槽线	有	—	—	—
急流	有	—	—	—
显著气流	—	—	—	—
地面中尺度切变线	—	—	—	有(提前 10 h)
径向速度场中尺度辐合线	—	—	—	径向速度≥13 m·s⁻¹

冰雹落区:冰雹位于 700 hPa 温度槽与 850 hPa 冷式切变线之间,850 hPa $T-T_d\leqslant$ 4 ℃、700 hPa $T-T_d\leqslant5$ ℃、500 hPa $T-T_d\leqslant13$ ℃、$K\geqslant28$ ℃、$SI\leqslant1$ ℃、dt85≥26 ℃相重叠的区域内,即 500 hPa 干舌与 850 hPa 湿舌相重叠的区域,700 hPa 和 850 hPa 干侵入线 0~50 km、地面干线 0~50 km、地面冷锋 10~100 km 范围内,地面自动气象站极大风速风场中尺度切变线 10 km 附近、云顶亮温≤230 K 与多普勒天气雷达组合反射率因子≥50 dBZ 相对应的位置。见图 4.90 及表 4.34。

表 4.34 2008 年 5 月 11 日 08 时冰雹特征物理量表

特征物理量	数值
K 指数/℃	28
SI 指数/℃	1
CAPE/(J·kg⁻¹)	28.7
dt85/℃	26
500 hPa 的 $T-T_d$/℃	13
700 hPa 的 $T-T_d$/℃	5
850 hPa 的 $T-T_d$(℃)	4
云顶亮温/K	230
组合反射率因子/dBZ	50
0 ℃层高度/km	1.7
−20 ℃层高度/km	4.6

4.1.18 2008 年 6 月 27 日 13—21 时

实况描述:2008 年 6 月 27 日 13—21 时,受前倾槽过境影响,山西省 71 个县(市)出现雷暴天气,9 个县(市)伴有冰雹,分别出现在大同市(14:44—14:45)、大同县(15:14—15:19)、广灵县(15:36)、浑源县(16:14—16:15)、天镇县(17:25—17:27)、五台山(18:05—18:09,19:15—19:22)、汾阳县(18:58—19:01)、襄垣县(19:55—20:00)平定县(20:25—

20:28);冰雹最大直径 9 mm(五台山 18:05);6 个县(市)伴有 7 级以上雷暴大风;3 个县(市)伴有短时强降水,分别出现在:榆社县、武乡县和潞城市。

主要影响系统:500 hPa 槽和温度槽、500 hPa 和 700 hPa 及 850 hPa 干侵入线、地面干线、700 hPa 和 850 hPa 冷式切变线。

系统配置:700 hPa 冷式切变线超前 850 hPa 冷式切变线,500 hPa 温度槽叠加在 850 hPa 和地面暖区之上导致中低层大气不稳定,700 hPa 和 850 hPa 干侵入线及地面干线和地面自动气象站极大风速风场中尺度切变线均位于 500 hPa 温度槽前不稳定区。

触发机制:700 hPa 和 850 hPa 干侵入线和地面干线、500 hPa 槽和 700 hPa 冷式切变线、地面自动气象站极大风速风场中尺度切变线。见图 4.91~图 4.95 及表 4.35。

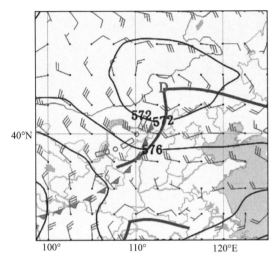

图 4.91　2008 年 6 月 27 日 08 时
500 hPa 高度场和风场

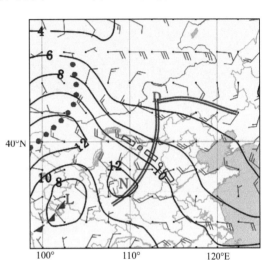

图 4.92　2008 年 6 月 27 日 08 时
700 hPa 风场和温度场

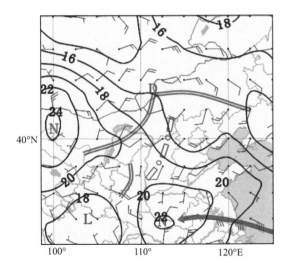

图 4.93　2008 年 6 月 27 日 08 时
850 hPa 风场和温度场

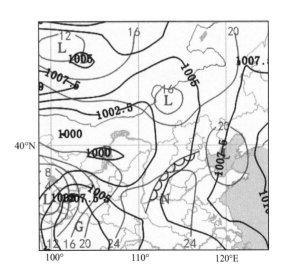

图 4.94　2008 年 6 月 27 日 08 时
地面气压场和温度场

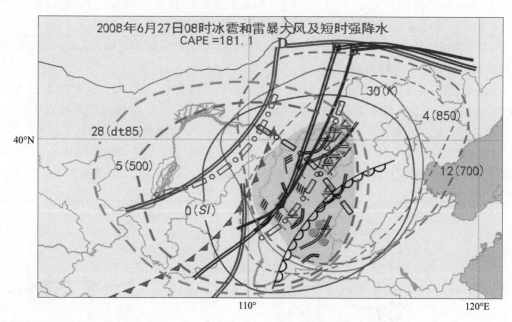

图 4.95 2008 年 6 月 27 日 08 时前倾槽型冰雹综合分析图

表 4.35 2008 年 6 月 27 日 08 时冰雹中尺度天气系统表

系统	500 hPa	700 hPa	850 hPa	地面
干线	干侵入线	干侵入线	干侵入线	干线
温度槽	有	—	—	—
温度脊	—	—	—	暖区
湿舌	—	—	有	—
干舌	—	—	—	—
暖式切变线辐合区	—	—	—	—
冷式切变线辐合区	—	有	有	—
槽线	有	—	—	—
急流	—	—	—	—
显著气流	—	—	—	—
地面中尺度切变线	—	—	—	有(提前 9 h)
径向速度场中尺度辐合线	—	—	—	径向速度≥17 m·s^{-1}

冰雹落区:冰雹位于 500 hPa 温度槽与地面干线之间,850 hPa $T-T_d$≤4 ℃、700 hPa $T-T_d$≤12 ℃、500 hPa $T-T_d$≤5 ℃、K≥30 ℃、SI≤0 ℃、dt85≥28 ℃相重叠的区域内,500 hPa 槽 0~50 km、地面干线 0~50 km、地面自动气象站极大风速风场中尺度切变线 10 km 附近、云顶亮温≤215 K 与多普勒天气雷达组合反射率因子≥45 dBZ 相对应的位置。

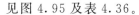

见图 4.95 及表 4.36。

表 4.36　2008 年 6 月 27 日 08 时冰雹特征物理量表

特征物理量	数值
K 指数/℃	30
SI 指数/℃	0
CAPE/$(J \cdot kg^{-1})$	181.1
dt85/℃	28
500 hPa 的 $T-T_d$/℃	5
700 hPa 的 $T-T_d$/℃	12
850 hPa 的 $T-T_d$/℃	4
云顶亮温/K	215
组合反射率因子/dBZ	45
0 ℃层高度/km	3.6
−20 ℃层高度/km	6.9

4.1.19　2008 年 7 月 1 日 13—20 时

实况描述:2008 年 7 月 1 日 13—20 时,受前倾槽过境影响,山西省 67 个县(市)出现雷暴天气,7 个县(市)伴有冰雹,分别出现在盂县(15:24—15:26)、孝义县(15:39—15:42)、平定县(15:50—16:07)、阳泉市(15:43—15:47)、五台县(16:02—16:11)、沁源县(16:41—16:51、20:00)、榆社县(18:09—18:14);冰雹最大直径 12 mm,15:43 和 16:41 分别出现在阳泉和沁源;2 个县(市)伴有短时强降水,分别出现在平定县与和顺县;2 个县(市)伴有 7 级以上雷暴大风。

主要影响系统:500 hPa 槽和温度槽、500 hPa 和 700 hPa 及 850 hPa 干侵入线、地面干线、700 hPa 和 850 hPa 冷式切变线。

系统配置:700 hPa 与 850 hPa 冷式切变线呈前倾结构,700 hPa 温度槽后部冷空气叠加在 850 hPa 温度槽前暖湿气流之上导致低层大气层结不稳定,地面干线与地面自动气象站极大风速风场中尺度切变线位于 850 hPa 温度槽前部不稳定湿区。

触发机制:500 hPa 槽和干侵入线,850 hPa 温度槽和地面干线、地面自动气象站极大风速风场中尺度切变线。见图 4.96～图 4.100 及表 4.37。

冰雹落区:冰雹位于 700 hPa 冷式切变线与 850 hPa 冷式切变线之间,850 hPa $T-T_d \leqslant$ 4 ℃、700 hPa $T-T_d \leqslant 6$ ℃、500 hPa $T-T_d \leqslant 4$ ℃、$K \geqslant 30$ ℃、$SI \leqslant 0$ ℃、dt85$\geqslant$26 ℃相重叠的区域内,500 hPa 槽 0～50 km、地面干线 0～100 km 范围内,地面自动气象站极大风速风场中尺度切变线 10 km 附近、云顶亮温$\leqslant$225 K 与多普勒天气雷达组合反射率因子$\geqslant$45 dBZ 相对应的位置。见图 4.100 及表 4.38。

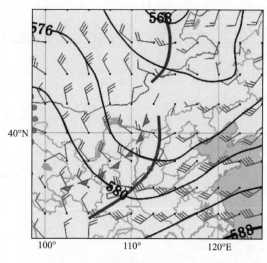

图 4.96 2008 年 7 月 1 日 08 时
500 hPa 高度场和风场

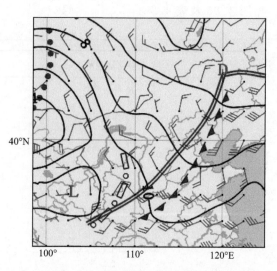

图 4.97 2008 年 7 月 1 日 08 时
700 hPa 风场和温度场

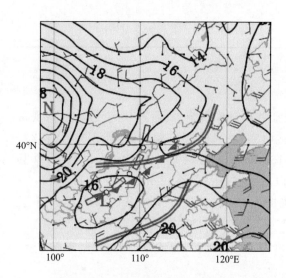

图 4.98 2008 年 7 月 1 日 08 时
850 hPa 风场和温度场

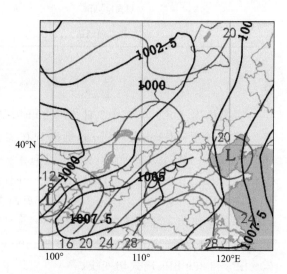

图 4.99 2008 年 7 月 1 日 08 时
地面气压场和温度场

表 4.37 2008 年 7 月 1 日 08 时冰雹中尺度天气系统表

系统	500 hPa	700 hPa	850 hPa	地面
干线	干侵入线	干侵入线	干侵入线	干线
温度槽	有	有	有	—
温度脊	—	—	—	暖区
湿舌	有	—	有	—
干舌	—	—	—	—

系统	500 hPa	700 hPa	850 hPa	地面
暖式切变线辐合区	—	—	—	—
冷式切变线辐合区	—	有	有	—
槽线	有	—	—	—
急流	—	—	—	—
显著气流	—	—	—	—
地面中尺度切变线	—	—	—	有(提前 8 h)
径向速度场中尺度辐合线	—	—	—	径向速度≥16 m·s^{-1}

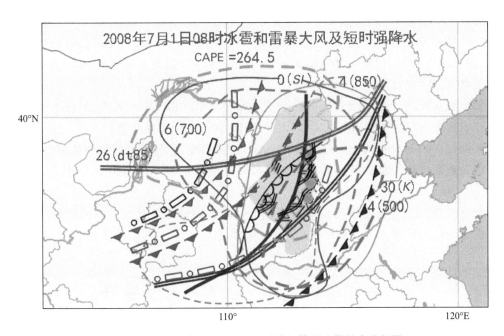

图 4.100　2008 年 7 月 1 日 08 时前倾槽型冰雹综合分析图

表 4.38　2008 年 7 月 1 日 08 时冰雹特征物理量表

特征物理量	数值
K 指数/℃	30
SI 指数/℃	0
CAPE/(J·kg^{-1})	264.5
dt85/℃	26
500 hPa 的 $T-T_d$/℃	4
700 hPa 的 $T-T_d$/℃	6

续表

特征物理量	数值
850 hPa 的 $T-T_d$/℃	4
云顶亮温/K	225
组合反射率因子/dBZ	45
0 ℃层高度/km	3.9
−20 ℃层高度/km	7.5

4.1.20　2008 年 8 月 25 日 13—20 时

实况描述:2008 年 8 月 25 日 13—20 时,受前倾槽过境影响,山西省 69 个县(市)出现雷暴天气,7 个县(市)伴有冰雹,分别出现在神池县(13:34—13:36)、和顺县(13:54—13:58)、朔州市(15:21—15:30)、静乐县(15:25—15:32)、广灵县(17:22—17:22)、陵川县(18:02—18:06、20:00)、阳泉市(无时间记录),冰雹最大直径 9 mm,15:25 出现在静乐县;5 个县(市)伴有 7 级以上雷暴大风。

主要影响系统:500 hPa 槽、500 hPa 和 700 hPa 及 850 hPa 干侵入线、地面干线、700 hPa 和 850 hPa 冷式切变线、700 hPa 温度脊及 700 hPa 和 850 hPa 温度槽。

系统配置:500 hPa 槽与 700 hPa 和 850 hPa 冷式切变线呈前倾结构,中低层大气不稳定,地面干线和地面自动气象站极大风速风场中尺度切变线位于 700 hPa 冷式切变线后部不稳定区。

触发机制:850 hPa 温度槽及 500 hPa 干侵入线、地面干线及地面自动气象站极大风速风场中尺度切变线。见图 4.101～图 4.105 及表 4.39。

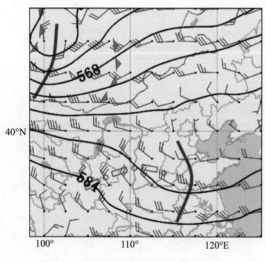

图 4.101　2008 年 8 月 25 日 08 时
500 hPa 高度场和风场

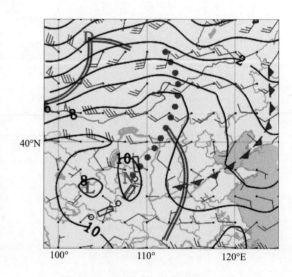

图 4.102　2008 年 8 月 25 日 08 时
700 hPa 风场和温度场

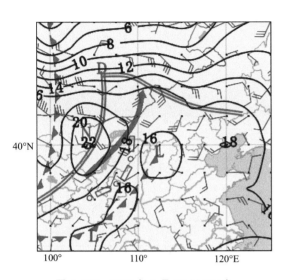

图 4.103 2008 年 8 月 25 日 08 时
850 hPa 风场和温度场

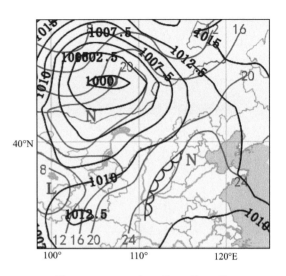

图 4.104 2008 年 8 月 25 日 08 时
地面气压场和温度场

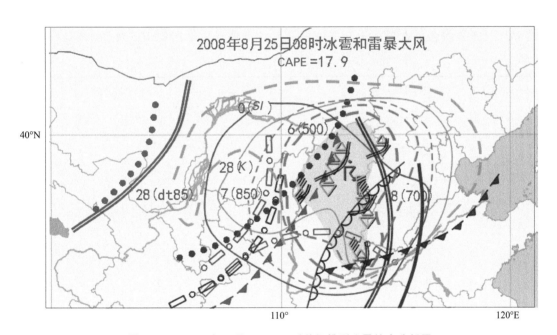

图 4.105 2008 年 8 月 25 日 08 时前倾槽型冰雹综合分析图

表 4.39 2008 年 8 月 25 日 08 时冰雹中尺度天气系统表

系统	500 hPa	700 hPa	850 hPa	地面
干线	干侵入线	干侵入线	干侵入线	干线
温度槽	—	有	有	—
温度脊	—	有	—	暖区
湿舌	—	—	—	—

系统	500 hPa	700 hPa	850 hPa	地面
干舌	—	—	—	—
暖式切变线辐合区	—	—	—	—
冷式切变线辐合区	—	有	有	—
槽线	有	—	—	—
急流	—	—	—	—
显著气流	—	—	—	—
地面中尺度切变线	—	—	—	有(提前 10 h)
径向速度场中尺度辐合线	—	—	—	径向速度≥14 m·s^{-1}

冰雹落区:冰雹位于 700 hPa 冷式切变线与 700 hPa 干侵入线之间,850 hPa $T-T_d$≤7 ℃、700 hPa $T-T_d$≤8 ℃、500 hPa $T-T_d$≤6 ℃、K≥28 ℃、SI≤0 ℃、dt85≥28 ℃相重叠的区域内,850 hPa 温度槽 0~50 km、700 hPa 冷式切变线 0~50 km、地面干线 0~100 km 范围内,地面自动气象站极大风速风场中尺度切变线 10 km 附近、云顶亮温≤230 K 与多普勒天气雷达组合反射率因子≥45 dBZ 相对应的位置。见图 4.105 及表 4.40。

表 4.40　2008 年 8 月 25 日 08 时冰雹特征物理量表

特征物理量	数值
K 指数/℃	28
SI 指数/℃	0
CAPE/(J·kg^{-1})	17.9
dt85/℃	28
500 hPa 的 $T-T_d$/℃	6
700 hPa 的 $T-T_d$/℃	8
850 hPa 的 $T-T_d$/℃	7
云顶亮温/K	230
组合反射率因子/dBZ	45
0 ℃层高度/km	3.7
−20 ℃层高度/km	6.7

4.1.21　2008 年 9 月 4 日 13—21 时

实况描述:2008 年 9 月 4 日 13—21 时,受前倾槽过境影响,山西省 68 个县(市)出现雷暴天气,3 个县(市)伴有冰雹,分别出现在太原市(14:02—14:08、14:39—14:58)、天镇县

(14:11)、忻州市(15:09—15:20);冰雹最大直径 25 mm,14:45 出现在太原市;22 个县(市)伴有 7 级以上雷暴大风。

主要影响系统:500 hPa 槽和温度槽、500 hPa 和 700 hPa 及 850 hPa 干侵入线、地面干线、700 hPa 和 850 hPa 冷式切变线、700 hPa 温度脊及 500 hPa 和 850 hPa 温度槽。

系统配置:500 hPa 槽与 700 hPa 和 850 hPa 冷式切变线呈前倾结构,中低层大气不稳定,850 hPa 冷式切变线及其温度槽与地面干线和地面自动气象站极大风速风场中尺度切变线位于 850 hPa 干侵入线前部不稳定区。

触发机制:850 hPa 冷式切变线及其温度槽、500 hPa 和 700 hPa 干侵入线及地面干线、地面自动气象站极大风速风场中尺度切变线。见图 4.106~图 4.110 及表 4.41。

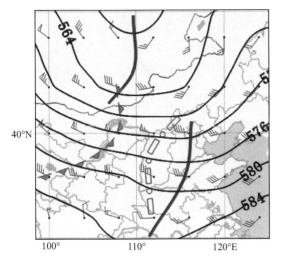

图 4.106　2008 年 9 月 4 日 08 时
500 hPa 高度场和风场

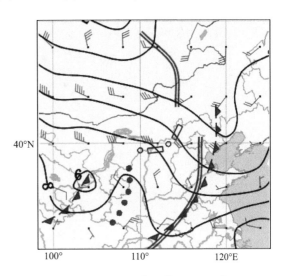

图 4.107　2008 年 9 月 4 日 08 时
700 hPa 风场和温度场

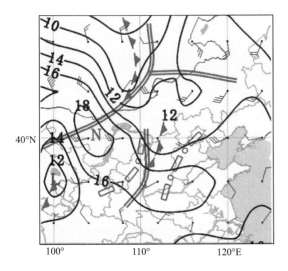

图 4.108　2008 年 9 月 4 日 08 时
850 hPa 风场和温度场

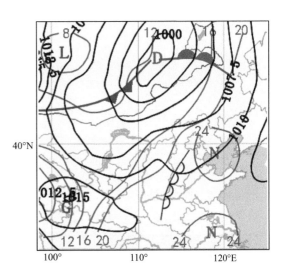

图 4.109　2008 年 9 月 4 日 08 时
地面气压场和温度场

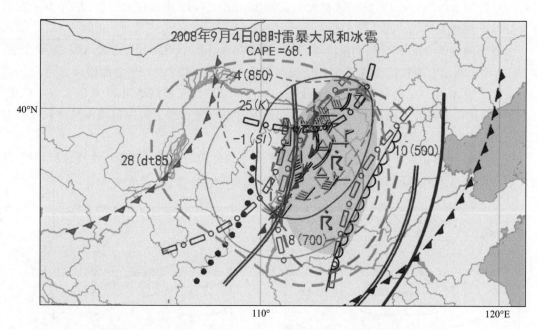

图 4.110　2008 年 9 月 4 日 08 时前倾槽型冰雹综合分析图

表 4.41　2008 年 9 月 4 日 08 时冰雹中尺度天气系统表

系统	500 hPa	700 hPa	850 hPa	地面
干线	干侵入线	干侵入线	干侵入线	干线
温度槽	有	—	有	—
温度脊	—	有	—	暖区
湿舌	—	—	有	—
干舌	—	—	—	—
暖式切变线辐合区	—	—	—	—
冷式切变线辐合区	—	有	有	—
槽线	有	—	—	—
急流	—	—	—	—
显著气流	—	—	—	—
地面中尺度切变线	—	—	—	有(提前 9 h)
径向速度场中气旋	—	—	—	径向速度≥19 m·s^{-1}

冰雹落区：冰雹位于 850 hPa 冷式切变线与 850 hPa 干侵入线之间，850 hPa $T-T_d$≤
4 ℃、700 hPa $T-T_d$≤8 ℃、500 hPa $T-T_d$≤10 ℃、K≥25 ℃、SI≤−1 ℃、dt85≥28 ℃相
重叠的区域内，850 hPa 温度槽 0～50 km、700 hPa 干侵入线 0～50 km 范围内，地面自动气象
站极大风速风场中尺度切变线 10 km 附近，云顶亮温≤225 K 与多普勒天气雷达组合反射率

因子≥55 dBZ 相对应的位置。见图 4.110 及表 4.42。

表 4.42　2008 年 9 月 4 日 08 时冰雹特征物理量表

特征物理量	数值
K 指数/℃	25
SI 指数/℃	−1
CAPE/$(J \cdot kg^{-1})$	68.1
dt85/℃	28
500 hPa 的 $T-T_d$/℃	10
700 hPa 的 $T-T_d$/℃	8
850 hPa 的 $T-T_d$/℃	4
云顶亮温/K	225
组合反射率因子/dBZ	55
0 ℃层高度/km	3.6
−20 ℃层高度/km	6.7

4.1.22　2009 年 5 月 16 日 13—21 时

实况描述:2009 年 5 月 16 日 13—21 时,受前倾槽和地面冷锋过境影响,山西省 79 个县(市)出现雷暴天气,7 个县伴有冰雹,分别出现在宁武县(14:14—14:18)、临县(15:21—15:22)、柳林县(15:45—15:54)、阳曲县(15:55)、蒲县(16:02)、曲沃县(17:3—17:36)、临猗县(18:03—18:08);冰雹最大直径 13 mm,15:45 出现在柳林县;40 个县(市)伴有 7 级以上雷暴大风,最大风力 12 级,18:52 出现在榆社,西风 34 m $\cdot$ s^{-1}。

主要影响系统:500 hPa 槽和温度槽、850 hPa 干侵入线、地面干线和冷锋、700 hPa 和 850 hPa 冷式切变线和温度槽、700 hPa 和 850 hPa 温度脊。

系统配置:700 hPa 冷式切变线与地面冷锋呈前倾结构,中低层大气不稳定,850 hPa 干侵入线和地面干线及地面自动气象站极大风速风场中尺度切变线均位于地面冷锋前不稳定湿区。

触发机制:850 hPa 干侵入线和地面干线及地面冷锋、700 hPa 温度槽、地面自动气象站极大风速风场中尺度切变线。见图 4.111~图 4.115 及表 4.43。

冰雹落区:冰雹位于地面冷锋与 700 hPa 冷式切变线之间,850 hPa $T-T_d$≤4 ℃、700 hPa $T-T_d$≤12 ℃、500 hPa $T-T_d$≤15 ℃、K≥16 ℃、SI≤4 ℃、dt85≥26 ℃相重叠的区域内,地面冷锋 0~100 km、850 hPa 干侵入线 0~50 km、地面干线 0~50 km 范围内,地面自动气象站极大风速风场中尺度切变线 10 km 附近,云顶亮温≤220 K 与多普勒天气雷达组合反射率因子≥50 dBZ 相对应的位置。见图 4.115 及表 4.44。

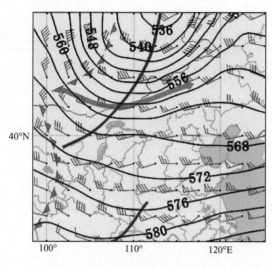

图 4.111　2009 年 5 月 16 日 08 时
500 hPa 高度场和风场

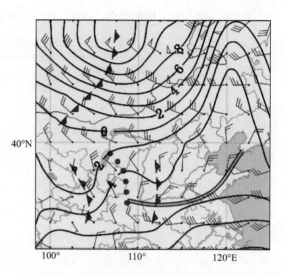

图 4.112　2009 年 5 月 16 日 08 时
700 hPa 风场和温度场

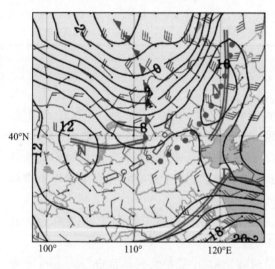

图 4.113　2009 年 5 月 16 日 08 时
850 hPa 风场和温度场

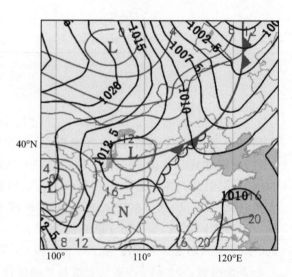

图 4.114　2009 年 5 月 16 日 08 时
地面气压场和温度场

表 4.43　2009 年 5 月 16 日 08 时冰雹中尺度天气系统表

系统	500 hPa	700 hPa	850 hPa	地面
干线	—	—	干侵入线	干线
温度槽	有	有	有	—
温度脊	—	有	有	暖区
湿舌	—	—	有	—

续表

系统	500 hPa	700 hPa	850 hPa	地面
干舌	有	—	—	—
暖式切变线辐合区	—	—	—	—
冷式切变线辐合区	—	有	有	冷锋
槽线	有	—	—	—
急流	有	—	—	—
显著气流	—	—	—	—
地面中尺度切变线	—	—	—	有(提前 8 h)
径向速度场中尺度辐合线	—	—	—	径向速度≥15 m·s^{-1}

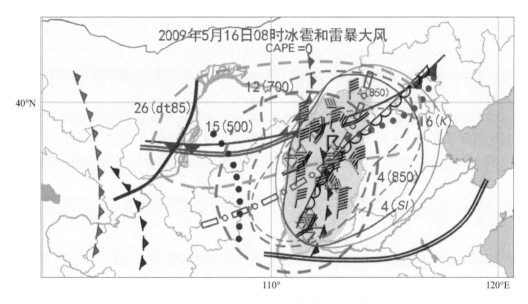

图 4.115　2009 年 5 月 16 日 08 时前倾槽型冰雹综合分析图

表 4.44　2009 年 5 月 16 日 08 时冰雹特征物理量表

特征物理量	数值
K 指数/℃	16
SI 指数/℃	4
CAPE/(J·kg^{-1})	0
dt85/℃	26
500 hPa 的 $T-T_d$/℃	15
700 hPa 的 $T-T_d$/℃	12

续表

特征物理量	数值
850 hPa 的 $T-T_d$/℃	4
云顶亮温/K	220
组合反射率因子/dBZ	50
0 ℃层高度/km	3.2
−20 ℃层高度/km	6.0

4.1.23　2009 年 6 月 7 日 00—21 时

实况描述:2009 年 6 月 7 日 00—21 时,受前倾槽过境影响,山西省 44 个县(市)出现雷暴天气,其中 3 个县伴有冰雹,分别出现在五台山(00:30 — 00:35)、阳高县(16:59—17:01)和灵丘县(20:02 — 20:20),冰雹最大直径为 9 mm,17:00 出现在阳高县;6 个县(市)伴有 7 级以上雷暴大风。

主要影响系统:500 hPa 槽、700 hPa 和 850 hPa 冷式切变线、500 hPa 温度槽、700 hPa 和 850 hPa 及地面温度脊、500 hPa 和 700 hPa 及 850 hPa 干侵入线、地面干线和冷锋、700 hPa 西南急流。

系统配置:500 hPa 槽超前 700 hPa 冷式切变线,850 hPa 冷式切变线超前地面冷锋,500 hPa 温度槽叠加在 700 hPa 和 850 hPa 及地面温度脊之上,中低层大气层结不稳定,地面干线、地面自动气象站极大风速风场中尺度切变线均位于 500 hPa 温度槽前不稳定区。

触发机制:地面干线、地面自动气象站极大风速风场中尺度切变线。见图 4.116～图 4.120 及表 4.45。

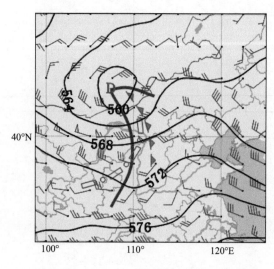

图 4.116　2009 年 6 月 7 日 08 时
500 hPa 高度场和风场

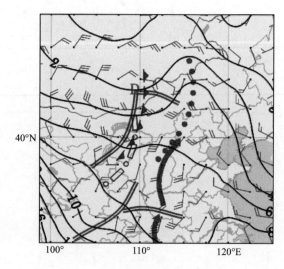

图 4.117　2009 年 6 月 7 日 08 时
700 hPa 风场和温度场

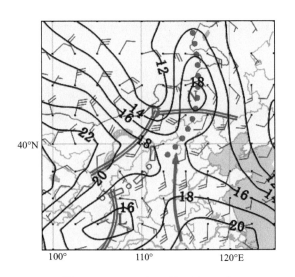

图 4.118　2009 年 6 月 7 日 08 时
850 hPa 风场和温度场

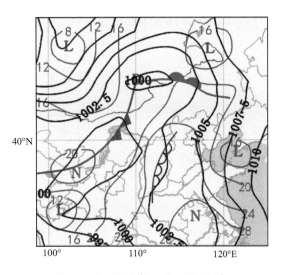

图 4.119　2009 年 6 月 7 日 08 时
地面气压场和温度场

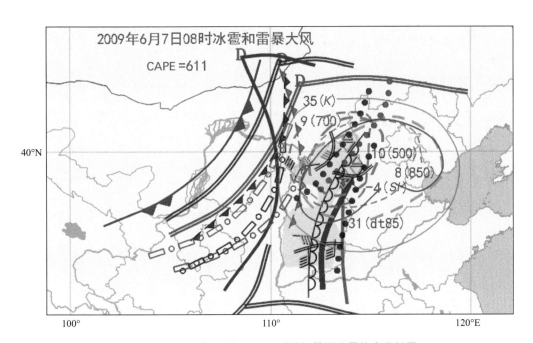

图 4.120　2009 年 6 月 7 日 08 时前倾槽型冰雹综合分析图

表 4.45　2009 年 6 月 7 日 08 时冰雹中尺度天气系统表

系统	500 hPa	700 hPa	850 hPa	地面
干线	干侵入线	干侵入线	干侵入线	干线
温度槽	有	—	—	—
温度脊	—	有	有	有
湿舌	—	—	—	—

系统	500 hPa	700 hPa	850 hPa	地面
干舌	有	—	—	—
暖式切变线辐合区	—	—	—	—
冷式切变线辐合区	—	有	有	—
槽线	有	—	—	—
急流	—	有	—	—
显著气流	—	—	有	—
地面中尺度切变线	—	—	—	有(提前 8 h)
径向速度场中尺度辐合线	—	—	—	径向速度≥14 m·s^{-1}

冰雹落区:冰雹位于 500 hPa 温度槽与地面温度脊之间,500 hPa $T-T_d$≤10 ℃、700 hPa $T-T_d$≤9 ℃、850 hPa $T-T_d$≤8 ℃、K≥35 ℃、SI≤−4 ℃、dt85≥31 ℃相重叠的区域内,地面干线 0~50 km、850 hPa 温度脊 0~50 km、地面温度脊 0~50 km 范围内,地面自动气象站极大风速风场中尺度切变线 10 km 附近,云顶亮温≤225 K 与多普勒天气雷达组合反射率因子≥45 dBZ 相对应的位置。见图 4.120 及表 4.46。

表 4.46　2009 年 6 月 7 日 08 时冰雹特征物理量表

特征物理量	数值
K 指数/℃	35
SI 指数/℃	−4
CAPE/(J·kg^{-1})	611
dt85/℃	31
500 hPa 的 $T-T_d$/℃	10
700 hPa 的 $T-T_d$/℃	9
850 hPa 的 $T-T_d$/℃	8
云顶亮温/K	225
组合反射率因子/dBZ	45
0 ℃层高度/km	3.6
−20 ℃层高度/km	6.8

4.1.24　2009 年 6 月 8 日 12—20 时

实况描述:2009 年 6 月 8 日 12—20 时,受前倾槽过境影响,山西省 54 个县(市)出现雷暴天气,其中 4 个县伴有冰雹,分别出现在阳曲县(12:55—12:59,13:58—14:00)、五台山(13:31—13:43)、浑源县(13:34—13:35)和五台县(14:04—14:08),冰雹最大直径为 20 mm,

14:00 出现在阳曲县;3 个县(市)伴有 7 级以上雷暴大风。

　　主要影响系统:500 hPa 槽、700 hPa 和 850 hPa 冷式切变线、500 hPa 温度槽、700 hPa 和 850 hPa 及地面温度脊、500 hPa 和 700 hPa 及 850 hPa 干侵入线、地面干线和冷锋。

　　系统配置:500 hPa 槽超前 700 hPa 和 850 hPa 冷式切变线,500 hPa 温度槽叠加在 700 hPa 和 850 hPa 温度脊之上,中低层大气层结不稳定,500 hPa 槽和冷式切变线、500 hPa 和 700 hPa 干侵入线、地面干线、地面自动气象站极大风速风场中尺度切变线均位于 850 hPa 冷式切变线前不稳定湿区。

　　触发机制:500 hPa 槽和冷式切变线、500 hPa 和 700 hPa 干侵入线、地面干线、地面自动气象站极大风速风场中尺度切变线。见图 4.121~图 4.125 及表 4.47。

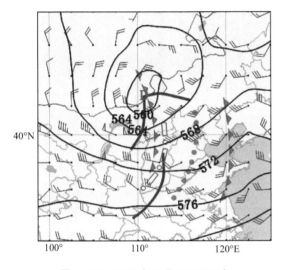

图 4.121　2009 年 6 月 8 日 08 时
500 hPa 高度场和风场

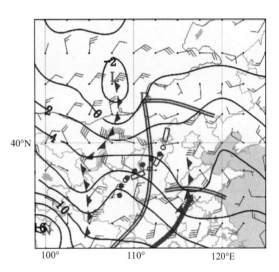

图 4.122　2009 年 6 月 8 日 08 时
700 hPa 风场和温度场

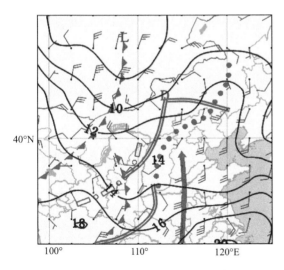

图 4.123　2009 年 6 月 8 日 08 时
850 hPa 风场和温度场

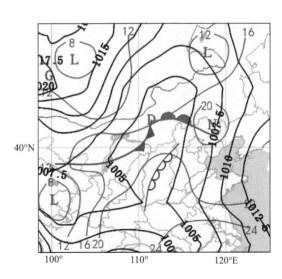

图 4.124　2009 年 6 月 8 日 08 时
地面气压场和温度场

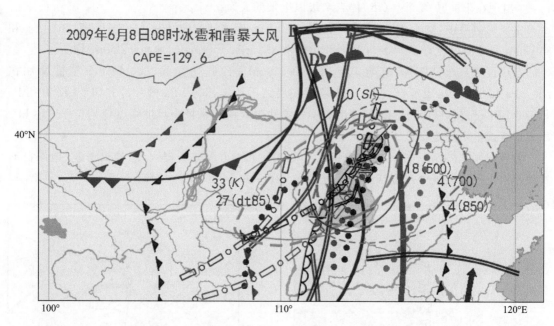

图 4.125　2009 年 6 月 8 日 08 时前倾槽型冰雹综合分析图

表 4.47　2009 年 6 月 8 日 08 时冰雹中尺度天气系统表

系统	500 hPa	700 hPa	850 hPa	地面
干线	干侵入线	干侵入线	干侵入线	干线
温度槽	有	—	—	—
温度脊	—	有	有	有
湿舌	—	有	有	—
干舌	有	—	—	—
暖式切变线辐合区	—	—	—	—
冷式切变线辐合区	—	有	有	—
槽线	有	—	—	—
急流	—	—	有	—
显著气流	—	—	—	—
地面中尺度切变线	—	—	—	有(提前 9 h)
径向速度场中尺度气旋	—	—	—	径向速度≥19 m·s^{-1}

冰雹落区：冰雹位于 850 hPa 冷式切变线前不稳定湿区，500 hPa $T-T_d$≤18 ℃、700 hPa $T-T_d$≤4 ℃、850 hPa $T-T_d$≤4 ℃、K≥33 ℃、SI≤0 ℃、dt85≥27 ℃ 相重叠的区域内，500 hPa 和 700 hPa 干侵入线 0～50 km、地面干线 0～50 km 范围内，地面自动气象站极大风速风场中尺度切变线 10 km 附近，云顶亮温≤230 K 与多普勒天气雷达组合反射率因子≥50 dBZ 相对应的位置。见图 4.125 及表 4.48。

表 4.48　2009 年 6 月 8 日 08 时冰雹特征物理量表

特征物理量	数值
K 指数/℃	33
SI 指数/℃	0
CAPE/$(\mathrm{J \cdot kg^{-1}})$	129
dt85/℃	27
500 hPa 的 $T-T_d$/℃	18
700 hPa 的 $T-T_d$/℃	4
850 hPa 的 $T-T_d$/℃	4
云顶亮温/K	230
组合反射率因子/dBZ	50
0 ℃ 层高度/km	3.4
−20 ℃ 层高度/km	7.3

4.1.25　2009 年 7 月 23 日 13—20 时

实况描述:2009 年 7 月 23 日 13—20 时,受前倾槽过境影响,山西省 28 个县(市)出现雷暴天气,其中 4 个县(市)伴有冰雹,分别出现在灵丘县(13:52—13:55、16:37—16:40)、阳泉市(15:12—15:18、17:19—17:23)、平定县(15:23—15:42)、昔阳县(17:50—18:21);冰雹最大直径为 20 mm,15:27 和 18:08 分别出现在平定县和昔阳县;1 个县(市)伴有 7 级以上雷暴大风。

主要影响系统:700 hPa 和 850 hPa 冷式切变线、500 hPa 温度槽、700 hPa 和 850 hPa 及地面温度脊、500 hPa 和 700 hPa 及 850 hPa 干侵入线、地面干线。

系统配置:700 hPa 冷式切变线超前 850 hPa 冷式切变线和地面冷锋,500 hPa 温度槽叠加在 700 hPa 和 850 hPa 温度脊之上,中低层大气层结不稳定,700 hPa 干侵入线、地面干线、地面自动气象站极大风速风场中尺度切变线均位于 500 hPa 温度槽前不稳定区。

触发机制:700 hPa 干侵入线、地面干线、地面自动气象站极大风速风场中尺度切变线。见图 4.126～图 4.130 及表 4.49。

冰雹落区:冰雹位于 500 hPa 温度槽前不稳定区,500 hPa $T-T_d \leqslant 8$ ℃、700 hPa $T-T_d \leqslant 12$ ℃、850 hPa $T-T_d \leqslant 8$ ℃、$K \geqslant 32$ ℃、$SI \leqslant -5$ ℃、dt85$\geqslant 30$ ℃ 相重叠的区域内,700 hPa 干侵入线 0～100 km、地面干线 0～80 km、地面温度脊 0～50 km 范围内,地面自动气象站极大风速风场中尺度切变线 10 km 附近,云顶亮温$\leqslant 225$ K 与多普勒天气雷达组合反射率因子$\geqslant 50$ dBZ 相对应的位置。见图 4.130 及表 4.50。

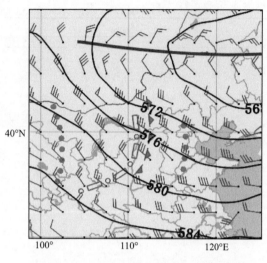

图 4.126　2009 年 7 月 23 日 08 时
500 hPa 高度场和风场

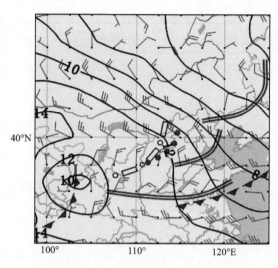

图 4.127　2009 年 7 月 23 日 08 时
700 hPa 风场和温度场

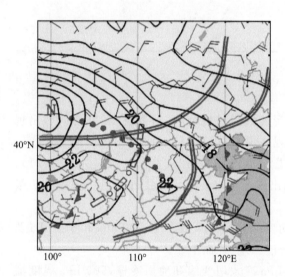

图 4.128　2009 年 7 月 23 日 08 时
850 hPa 风场和温度场

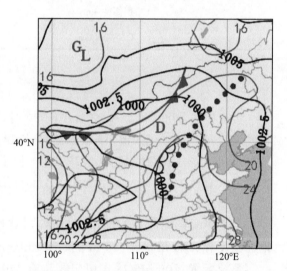

图 4.129　2009 年 7 月 23 日 08 时
地面气压场和温度场

表 4.49　2009 年 7 月 23 日 08 时冰雹中尺度天气系统表

系统	500 hPa	700 hPa	850 hPa	地面
干线	干侵入线	干侵入线	干侵入线	干线
温度槽	有	—	—	—
温度脊	—	有	有	有
湿舌	—	—	—	—
干舌	—	—	—	—

续表

系统	500 hPa	700 hPa	850 hPa	地面
暖式切变线辐合区	—	—	有	—
冷式切变线辐合区	—	有	有	—
槽线	—	—	—	—
急流	—	—	—	—
显著气流	—	—	—	—
地面中尺度切变线	—	—	—	有(提前 8 h)
径向速度场中尺度辐合线	—	—	—	径向速度≥19 m·s⁻¹

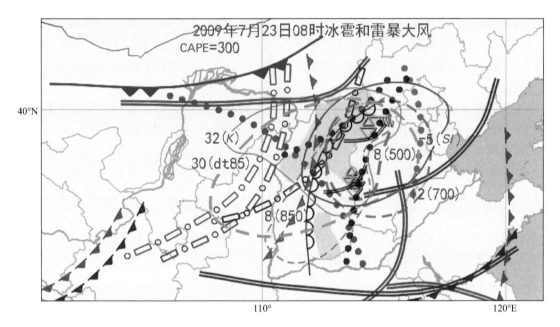

图 4.130　2009 年 7 月 23 日 08 时前倾槽型冰雹综合分析图

表 4.50　2009 年 7 月 23 日 08 时冰雹特征物理量表

特征物理量	数值
K 指数/℃	32
SI 指数/℃	-5
CAPE/(J·kg⁻¹)	300
dt85/℃	30
500 hPa 的 $T-T_d$/℃	8
700 hPa 的 $T-T_d$/℃	12

续表

特征物理量	数值
850 hPa 的 $T-T_d$/℃	8
云顶亮温/K	225
组合反射率因子/dBZ	50
0 ℃层高度/km	4.5
−20 ℃层高度/km	8.5

4.1.26 2010 年 7 月 10 日 13—20 时

实况描述:2010 年 7 月 10 日 13—20 时,受前倾槽影响,山西省 30 个县(市)出现雷暴天气,其中 5 个县伴有冰雹,分别出现在大同县(16:15—16:16)、代县(16:47—16:49)、浑源县(17:52—18:07)、偏关县(18:12—18:17)、天镇县(18:42—18:44),冰雹最大直径为 9 mm,18:12 出现在偏关县。

主要影响系统:500 hPa 槽、700 hPa 和 850 hPa 冷式切变线、500 hPa 和 850 hPa 温度槽、700 hPa 和 850 hPa 温度脊、500 hPa 和 700 hPa 及 850 hPa 干侵入线、地面干线。

系统配置:500 hPa 槽超前 850 hPa 冷式切变线和地面冷锋,500 hPa 温度槽叠加在 700 hPa 和 850 hPa 温度脊之上,中低层大气层结不稳定,500 hPa 槽和 500 hPa 干侵入线、地面干线、地面自动气象站极大风速风场中尺度切变线均位于 500 hPa 温度槽前不稳定区。

触发机制:500 hPa 槽和 500 hPa 干侵入线、地面干线、地面自动气象站极大风速风场中尺度切变线。见图 4.131~图 4.135 及表 4.51。

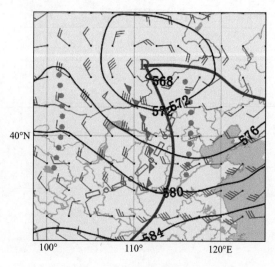

图 4.131　2010 年 7 月 10 日 08 时
500 hPa 高度场和风场

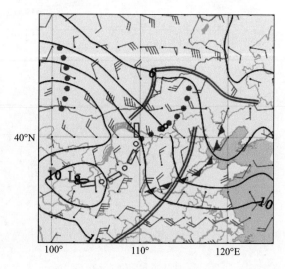

图 4.132　2010 年 7 月 10 日 08 时
700 hPa 风场和温度场

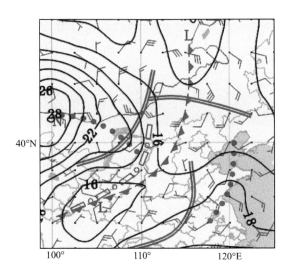

图 4.133　2010 年 7 月 10 日 08 时
850 hPa 风场和温度场

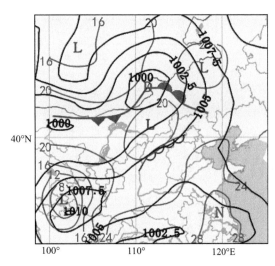

图 4.134　2010 年 7 月 10 日 08 时
地面气压场和温度场

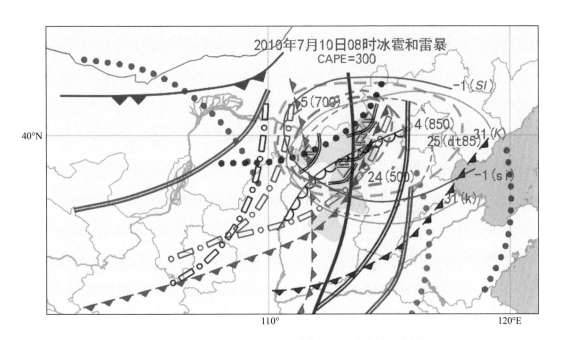

图 4.135　2010 年 7 月 10 日 08 时前倾槽型冰雹综合分析图

表 4.51　2010 年 7 月 10 日 08 时冰雹中尺度天气系统表

系统	500 hPa	700 hPa	850 hPa	地面
干线	干侵入线	干侵入线	干侵入线	干线
温度槽	有	—	有	—
温度脊	—	有	—	—
湿舌	—	—	有	—

续表

系统	500 hPa	700 hPa	850 hPa	地面
干舌	有	—	—	—
暖式切变线辐合区	—	—	—	—
冷式切变线辐合区	—	有	有	—
槽线	有	—	—	—
急流	—	—	—	—
显著气流	—	—	—	—
地面中尺度切变线	—	—	—	有(提前 9 h)
径向速度场中尺度辐合线	—	—	—	径向速度≥13 m·s^{-1}

冰雹落区:冰雹位于 700 hPa 冷式切变线与 500 hPa 温度槽之间,500 hPa $T-T_d$≤24 ℃、700 hPa $T-T_d$≤5 ℃、850 hPa $T-T_d$≤4 ℃、K≥31 ℃、SI≤-1 ℃、dt85≥25 ℃相重叠的区域内,500 hPa 槽 0~50 km、500 hPa 干侵入线 0~70 km、地面干线 0~50 km、700 hPa 温度脊 0~50 km 范围内,地面自动气象站极大风速风场中尺度切变线 10 km 附近,云顶亮温≤235 K 与多普勒天气雷达组合反射率因子≥45 dBZ 相对应的位置。见图 4.135 及表 4.52。

表 4.52 2010 年 7 月 10 日 08 时冰雹特征物理量表

特征物理量	数值
K 指数/℃	31
SI 指数/℃	-1
CAPE/(J·kg^{-1})	300
dt85/℃	25
500 hPa 的 $T-T_d$/℃	24
700 hPa 的 $T-T_d$/℃	5
850 hPa 的 $T-T_d$/℃	4
云顶亮温/K	235
组合反射率因子/dBZ	45
0 ℃层高度/km	4.4
-20 ℃层高度/km	7.4

4.1.27 2011 年 5 月 26 日 13—20 时

实况描述:2011 年 5 月 26 日 13—20 时,受前倾槽过境影响,山西省 31 个县(市)出现雷暴天气,其中 4 个县伴有冰雹,分别出现在平定县(16:10—16:11)、屯留县(16:27—16:28)、昔阳县(16:41—16:42)、长子县(19:42—19:43),冰雹最大直径为 8 mm,16:10 出现在平定县;5 个县(市)伴有 7 级以上雷暴大风。

　　主要影响系统:500 hPa 槽、700 hPa 和 850 hPa 冷式切变线、500 hPa 和 700 hPa 温度槽、700 hPa 和 850 hPa 及地面温度脊、500 hPa 和 700 hPa 及 850 hPa 干侵入线、地面干线。

　　系统配置:850 hPa 冷式切变线超前地面冷锋,500 hPa 温度槽叠加在 700 hPa 和地面温度脊之上,中低层大气层结不稳定,850 hPa 冷式切变线、500 hPa 和 850 hPa 干侵入线、地面自动气象站极大风速风场中尺度切变线均位于地面干线东南部不稳定区。

　　触发机制:850 hPa 冷式切变线、500 hPa 和 850 hPa 干侵入线、地面自动气象站极大风速风场中尺度切变线。见图 4.136～图 4.140 及表 4.53。

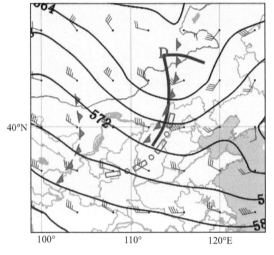

图 4.136　2011 年 5 月 26 日 08 时
500 hPa 高度场和风场

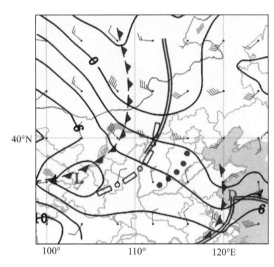

图 4.137　2011 年 5 月 26 日 08 时
700 hPa 风场和温度场

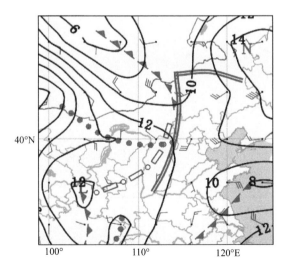

图 4.138　2011 年 5 月 26 日 08 时
850 hPa 风场和温度场

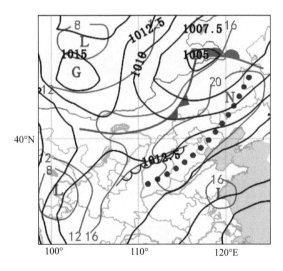

图 4.139　2011 年 5 月 26 日 08 时
地面气压场和温度场

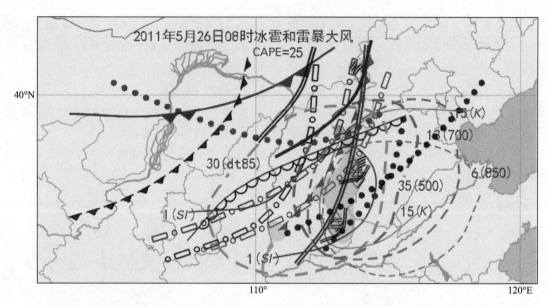

图 4.140　2011 年 5 月 26 日 08 时前倾槽型冰雹综合分析图

表 4.53　2011 年 5 月 26 日 08 时冰雹中尺度天气系统表

系统	500 hPa	700 hPa	850 hPa	地面
干线	干侵入线	干侵入线	干侵入线	干线
温度槽	有	有	—	—
温度脊	—	有	有	有
湿舌	—	—	—	—
干舌	有	—	—	—
暖式切变线辐合区	—	—	—	—
冷式切变线辐合区	—	有	有	—
槽线	有	—	—	—
急流	—	—	—	—
显著气流	—	—	—	—
地面中尺度切变线				有(提前 10 h)
径向速度场中尺度辐合线				径向速度≥14 m·s⁻¹

　　冰雹落区:冰雹位于 700 hPa 干侵入线与 700 hPa 温度脊之间,500 hPa $T-T_d$≤35 ℃、700 hPa $T-T_d$≤13 ℃、850 hPa $T-T_d$≤6 ℃、K≥15 ℃、SI≤1 ℃、dt85≥30 ℃相重叠的区域内,850 hPa 冷式切变线 0~50 km、500 hPa 干侵入线 0~50 km 范围内,地面自动气象站极大风速风场中尺度切变线 10 km 附近,云顶亮温≤228 K 与多普勒天气雷达组合反射率因子 ≥45 dBZ 相对应的位置。见图 4.140 及表 4.54。

表 4.54　2011 年 5 月 26 日 08 时冰雹特征物理量表

特征物理量	数值
K 指数/℃	15
SI 指数/℃	1
CAPE/$(J \cdot kg^{-1})$	25
dt85/℃	30
500 hPa 的 $T-T_d$/℃	35
700 hPa 的 $T-T_d$/℃	13
850 hPa 的 $T-T_d$/℃	6
云顶亮温/K	228
组合反射率因子/dBZ	45
0 ℃层高度/km	3.2
−20 ℃层高度/km	6.1

4.1.28　2011 年 6 月 6 日 13—20 时

实况描述:2011 年 6 月 6 日 13—20 时,受前倾槽过境影响,山西省 99 个县(市)出现雷暴天气,7 个县(市)伴有冰雹,分别出现在祁县(14:12)、宁武县(14:27,15:47)、武乡县(14:40)、古交市(15:05)、平遥县(17:59)、沁源县(19:55)、怀仁市(20:00,直径 12 mm);冰雹最大直径为 12 mm,20:00 出现在怀仁市;17 个县(市)伴有 7 级以上雷暴大风。"0606"强对流天气给山西省的航空、供电、商业、建筑和农业等部门都造成了巨大损失。

主要影响系统:500 hPa 槽和温度槽、700 hPa 和 850 hPa 干侵入线、700 hPa 和 850 hPa 冷式切变线、700 hPa 温度槽、700 hPa 和 500 hPa 温度脊。

系统配置:700 hPa 冷式切变线超 850 hPa 冷式切变线,大气层结不稳定,700 hPa 和 850 hPa 干侵入线、500 hPa 槽、850 hPa 暖式切变线均位于 850 hPa 冷式切变线前部不稳定区。

触发机制:850 hPa 暖式切变线、500 hPa 槽、700 hPa 干侵入线、地面自动气象站极大风速风场中尺度切变线。见图 4.141~图 4.145 及表 4.55。

冰雹落区:冰雹位于 850 hPa 干侵入线与 700 hPa 冷式切变线之间,850 hPa $T-T_d \leqslant$ 7 ℃、700 hPa $T-T_d \leqslant 9$ ℃、500 hPa $T-T_d \leqslant 18$ ℃、$K \geqslant 22$ ℃、$SI \leqslant 0$ ℃、dt85$\geqslant 28$ ℃ 相重叠的区域内,500 hPa 槽 0~50 km、700 hPa 干侵入线 0~50 km、850 hPa 暖式切变线 0~50 km 范围内,地面自动气象站极大风速风场中尺度切变线 10 km 附近,云顶亮温 $\leqslant 220$ K 与多普勒天气雷达组合反射率因子 $\geqslant 50$ dBZ 相对应的位置。见图 4.145 及表 4.56。

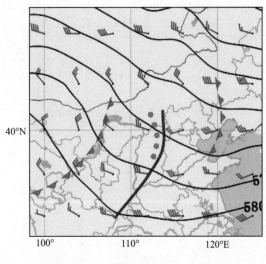

图 4.141　2011 年 6 月 6 日 08 时
500 hPa 高度场和风场

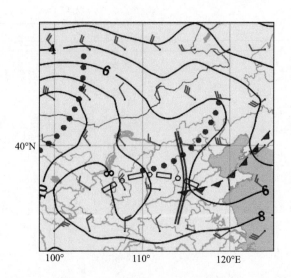

图 4.142　2011 年 6 月 6 日 08 时
700 hPa 风场和温度场

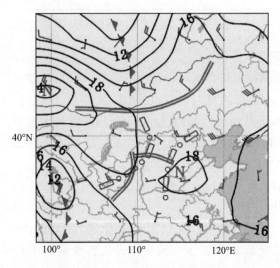

图 4.143　2011 年 6 月 6 日 08 时
850 hPa 风场和温度场

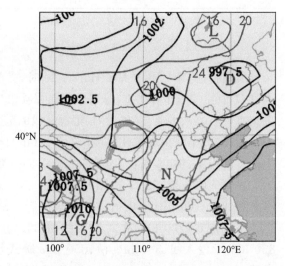

图 4.144　2011 年 6 月 6 日 08 时
地面气压场和温度场

表 4.55　2011 年 6 月 6 日 08 时冰雹中尺度天气系统表

系统	500 hPa	700 hPa	850 hPa	地面
干线	—	干侵入线	干侵入线	—
温度槽	有	有	—	—
温度脊	有	有	—	暖区
湿舌	—	—	—	—
干舌	有	—	—	—

续表

系统	500 hPa	700 hPa	850 hPa	地面
暖式切变线辐合区	—	—	有	—
冷式切变线辐合区	—	有	有	—
槽线	有	—	—	—
急流	—	—	—	—
显著气流	—	—	—	—
地面中尺度切变线	—	—	—	有(提前 9 h)
径向速度场中尺度辐合线	—	—	—	径向速度≥15 m·s⁻¹

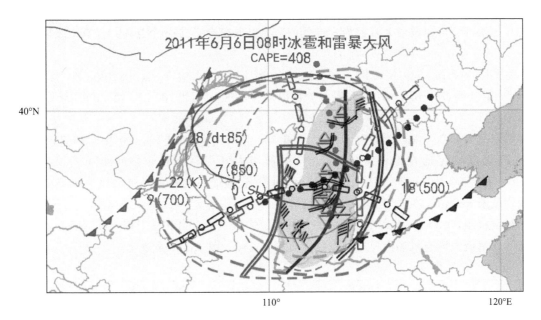

图 4.145　2011 年 6 月 6 日 08 时前倾槽型冰雹综合分析图

表 4.56　2011 年 6 月 6 日 08 时冰雹特征物理量表

特征物理量	数值
K 指数/℃	22
SI 指数/℃	0
CAPE/(J·kg⁻¹)	408
dt85/℃	28
500 hPa 的 $T-T_d$/℃	18
700 hPa 的 $T-T_d$/℃	9
850 hPa 的 $T-T_d$/℃	7

续表

特征物理量	数值
云顶亮温/K	220
组合反射率因子/dBZ	50
0 ℃层高度/km	3.8
−20 ℃层高度/km	6.5

4.1.29 2011 年 7 月 12 日 14—22 时

实况描述:2011 年 7 月 12 日 14—22 时,受前倾槽过境影响,山西省 63 个县(市)出现雷暴天气,其中 3 个县伴有冰雹,分别出现在河曲县(16:59—17:00)、岢岚县(18:57—19:05)、兴县(21:42 — 21:45),冰雹最大直径为 8 mm,18:57 出现在岢岚县;6 个县(市)伴有 7 级以上雷暴大风。

主要影响系统:500 hPa 槽、700 hPa 和 850 hPa 冷式切变线、500 hPa 和 700 hPa 及 850 hPa 温度槽、700 hPa 和 850 hPa 及地面温度脊、500 hPa 和 700 hPa 及 850 hPa 干侵入线、地面干线。

系统配置:500 hPa 槽超前 700 hPa 和 850 hPa 冷式切变线,500 hPa 和 700 hPa 及 850 hPa 温度槽叠加在地面温度脊之上,中低层大气层结不稳定,700 hPa 冷式切变线、500 hPa 和 700 hPa 及 850 hPa 干侵入线、地面干线、地面自动气象站极大风速风场中尺度切变线均位于 850 hPa 冷式切变线前不稳定区。

触发机制:700 hPa 冷式切变线、500 hPa 和 700 hPa 及 850 hPa 干侵入线、地面干线、地面自动气象站极大风速风场中尺度切变线。见图 4.146～图 4.150 及表 4.57。

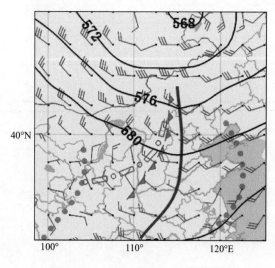

图 4.146 2011 年 7 月 12 日 08 时
500 hPa 高度场和风场

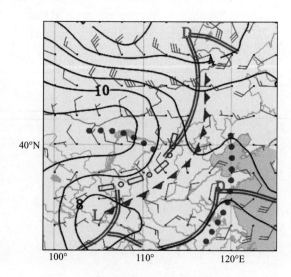

图 4.147 2011 年 7 月 12 日 08 时
700 hPa 风场和温度场

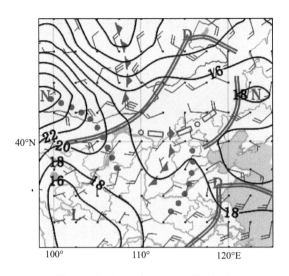

图 4.148　2011 年 7 月 12 日 08 时
850 hPa 风场和温度场

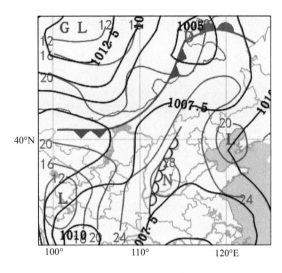

图 4.149　2011 年 7 月 12 日 08 时
地面气压场和温度场

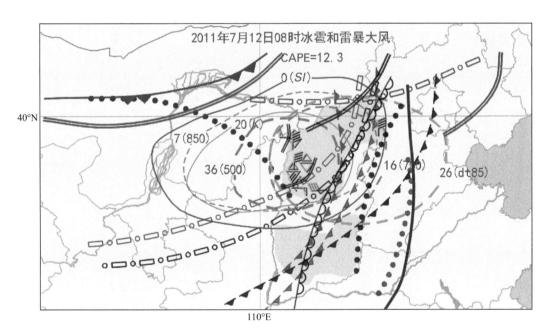

图 4.150　2011 年 7 月 12 日 08 时前倾槽型冰雹综合分析图

表 4.57　2011 年 7 月 12 日 08 时冰雹中尺度天气系统表

系统	500 hPa	700 hPa	850 hPa	地面
干线	干侵入线	干侵入线	干侵入线	干线
温度槽	有	有	有	—
温度脊	—	有	有	有
湿舌	—	—	—	—

系统	500 hPa	700 hPa	850 hPa	地面
干舌	有	有	—	—
暖式切变线辐合区	—	—	—	—
冷式切变线辐合区	—	有	有	—
槽线	有	—	—	—
急流	—	—	—	—
显著气流	—	—	—	—
地面中尺度切变线	—	—	—	有(提前 9 h)
径向速度场中尺度辐合线	—	—	—	径向速度≥13 m·s⁻¹

冰雹落区:冰雹位于 850 hPa 干侵入线与地面干线之间,500 hPa $T-T_d$≤36 ℃、700 hPa $T-T_d$≤16 ℃、850 hPa $T-T_d$≤7 ℃、K≥20 ℃、SI≤0 ℃、dt85≥26 ℃相重叠的区域内,500 hPa 干侵入线 0~60 km 范围内,地面自动气象站极大风速风场中尺度切变线 10 km 附近,云顶亮温≤225 K 与多普勒天气雷达组合反射率因子≥45 dBZ 相对应的位置。见图 4.150 及表 4.58。

表 4.58　2011 年 7 月 12 日 08 时冰雹特征物理量表

特征物理量	数值
K 指数/℃	20
SI 指数/℃	0
CAPE/(J·kg⁻¹)	12.3
dt85/℃	26
500 hPa 的 $T-T_d$/℃	36
700 hPa 的 $T-T_d$/℃	16
850 hPa 的 $T-T_d$/℃	7
云顶亮温/K	225
组合反射率因子/dBZ	45
0 ℃层高度/km	4.4
−20 ℃层高度/km	7.4

4.1.30　2011 年 7 月 15 日 13—20 时

实况描述:2011 年 7 月 15 日 13—20 时,受前倾槽过境影响,山西省 78 个县(市)出现雷暴天气,其中 4 个县伴有冰雹,分别出现在和顺县(13:17—13:23)、岢岚县(13:44—13:46、14:19—15:01)、左权县(14:19—14:31)、偏关县(15:55—15:59),冰雹最大直径为 8 mm,14:19 出现在左权县;2 个县(市)伴有 7 级以上雷暴大风。

主要影响系统:500 hPa 槽、700 hPa 和 850 hPa 冷式切变线、500 hPa 温度槽、700 hPa 和 850 hPa 及地面温度脊、500 hPa 和 700 hPa 及 850 hPa 干侵入线、地面干线。

系统配置:500 hPa 槽超前 700 hPa 和 850 hPa 冷式切变线,500 hPa 温度槽叠加在 850 hPa 和地面温度脊之上,中低层大气层结不稳定,500 hPa 槽、700 hPa 冷式切变线、500 hPa 和 850 hPa 干侵入线、地面干线、地面自动气象站极大风速风场中尺度切变线均位于 850 hPa 冷式切变线前不稳定区。

触发机制:700 hPa 冷式切变线、500 hPa 和 850 hPa 干侵入线、地面干线、地面自动气象站极大风速风场中尺度切变线。见图 4.151~图 4.155 及表 4.59。

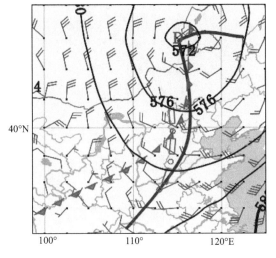

图 4.151 2011 年 7 月 15 日 08 时
500 hPa 高度场和风场

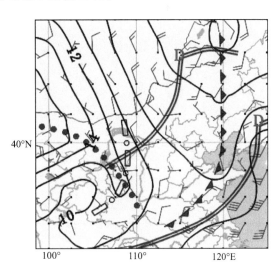

图 4.152 2011 年 7 月 15 日 08 时
700 hPa 风场和温度场

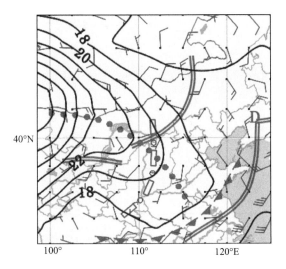

图 4.153 2011 年 7 月 15 日 08 时
850 hPa 风场和温度场

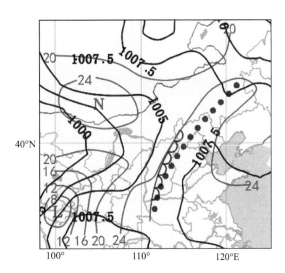

图 4.154 2011 年 7 月 15 日 08 时
地面气压场和温度场

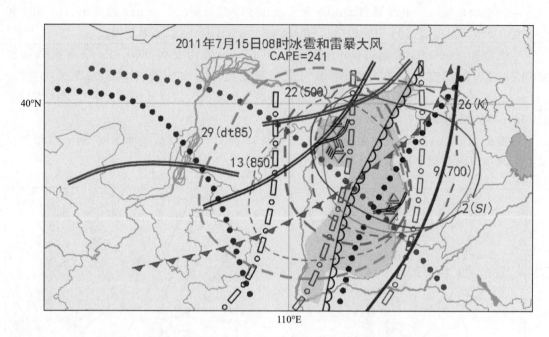

图 4.155　2011 年 7 月 15 日 08 时前倾槽型冰雹综合分析图

表 4.59　2011 年 7 月 15 日 08 时冰雹中尺度天气系统表

系统	500 hPa	700 hPa	850 hPa	地面
干线	干侵入线	干侵入线	干侵入线	干线
温度槽	有	—	—	—
温度脊	—	有	有	有
湿舌	—	—	—	—
干舌	有	—	—	—
暖式切变线辐合区	—	—	—	—
冷式切变线辐合区	—	有	有	—
槽线	有	—	—	—
急流	—	—	—	—
显著气流	—	—	—	—
地面中尺度切变线	—	—	—	有(提前 8 h)
径向速度场中尺度辐合线	—	—	—	径向速度≥14 m·s⁻¹

冰雹落区：冰雹位于 500 hPa 与 700 hPa 干侵入线之间，500 hPa $T-T_d$≤22 ℃、700 hPa $T-T_d$≤9 ℃、850 hPa $T-T_d$≤13 ℃、K≥26 ℃、SI≤2 ℃、dt85≥29 ℃相重叠的区域内，700 hPa 冷式切变线 0~50 km、850 hPa 干侵入线 0~50 km、850 hPa 温度脊 0~50 km 范围内，地面自动气象站极大风速风场中尺度切变线 10 km 附近，云顶亮温≤230 K 与多普勒天气雷达组合反射率因子≥45 dBZ 相对应的位置。见图 4.155 及表 4.60。

表 4.60　2011 年 7 月 15 日 08 时冰雹特征物理量表

特征物理量	数值
K 指数/℃	26
SI 指数/℃	2
CAPE/$(\text{J} \cdot \text{kg}^{-1})$	241
dt85/℃	29
500 hPa 的 $T-T_d$/℃	22
700 hPa 的 $T-T_d$/℃	9
850 hPa 的 $T-T_d$/℃	13
云顶亮温/K	230
组合反射率因子/dBZ	45
0 ℃层高度/km	4.1
−20 ℃层高度/km	7.5

4.1.31　2011 年 7 月 16 日 13—20 时

实况描述:2011 年 7 月 16 日 13—20 时,受前倾槽过境影响,山西省 94 个县(市)出现雷暴天气,9 个县(市)伴有冰雹,分别出现在沁源县(14:23)、浑源县(14:50)、平定县(16:06,直径 25 mm)、阳泉市(16:24)、左权县(17:11)、河津县(18:53,直径 20 mm)、临县(19:07)以及新绛和永和(没有记录出现时间和冰雹直径);冰雹最大直径为 25 mm,16:06 出现在平定县;10 个县(市)伴 7~10 级雷暴大风。

主要影响系统:500 hPa 槽和温度槽、500 hPa 和 700 hPa 及 850 hPa 干侵入线、地面干线、850 hPa 和 700 hPa 冷式切变线、850 hPa 暖式切变线。

系统配置:500 hPa 槽与 700 hPa 和 850 hPa 冷式切变线呈前倾结构,中低层大气层结不稳定,700 hPa 冷式切变线、850 hPa 暖式切变线、500 hPa 和 700 hPa 及 850 hPa 干侵入线、地面干线均位于 850 hPa 冷式切变线前不稳定区。

触发机制:700 hPa 冷式切变线、850 hPa 暖式切变线、500 hPa 和 700 hPa 及 850 hPa 干侵入线、地面干线、地面自动气象站极大风速风场中尺度切变线。见图 4.156~图 4.160 及表 4.61。

冰雹落区:冰雹位于 500 hPa 槽与 850 hPa 冷式切变线之间,850 hPa $T-T_d \leqslant 8$ ℃、700 hPa $T-T_d \leqslant 10$ ℃、500 hPa $T-T_d \leqslant 30$ ℃、$K \geqslant 20$ ℃、$SI \leqslant 1$ ℃、dt85 $\geqslant 27$ ℃相重叠的区域内,500 hPa 温度槽 0~100 km、700 hPa 和 850 hPa 干侵入线、地面干线 0~50 km 范围内,地面自动气象站极大风速风场中尺度切变线 10 km 附近,云顶亮温 $\leqslant 220$ K 与多普勒天气雷达组合反射率因子 $\geqslant 55$ dBZ 相对应的位置。见图 4.160 及表 4.62。

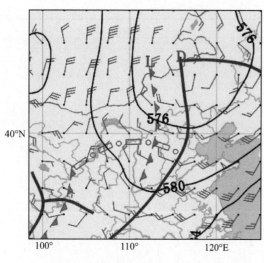

图 4.156 2011 年 7 月 16 日 08 时
500 hPa 高度场和风场

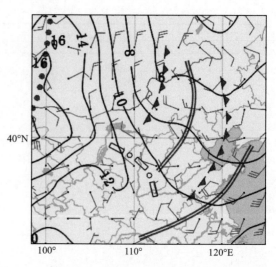

图 4.157 2011 年 7 月 16 日 08 时
700 hPa 风场和温度场

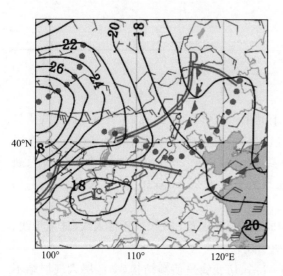

图 4.158 2011 年 7 月 16 日 08 时
850 hPa 风场和温度场

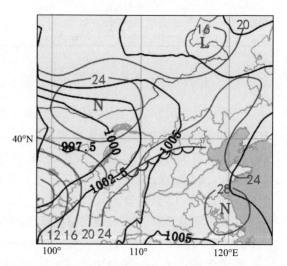

图 4.159 2011 年 7 月 16 日 08 时
地面气压场和温度场

表 4.61 2011 年 7 月 16 日 08 时冰雹中尺度天气系统表

系统	500 hPa	700 hPa	850 hPa	地面
干线	干侵入线	干侵入线	干侵入线	干线
温度槽	有	—	—	—
温度脊	—	—	有	有
湿舌	—	—	—	—
干舌	有	—	—	—

续表

系统	500 hPa	700 hPa	850 hPa	地面
暖式切变线辐合区	—	—	有	—
冷式切变线辐合区	—	有	有	—
槽线	有	—	—	—
急流	—	—	—	—
显著气流	—	—	—	—
地面中尺度切变线	—	—	—	有（提前 9 h）
径向速度场中气旋	—	—	—	径向速度≥21 m·s^{-1}

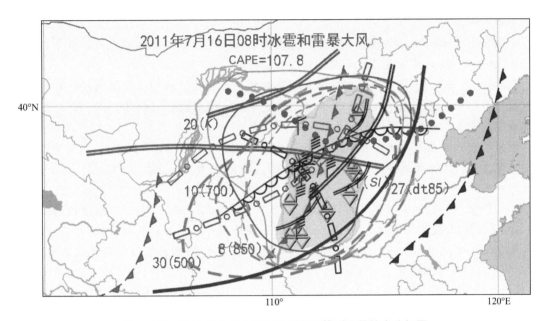

图 4.160　2011 年 7 月 16 日 08 时前倾槽型冰雹综合分析图

表 4.62　2011 年 7 月 16 日 08 时冰雹特征物理量表

特征物理量	数值
K 指数/℃	20
SI 指数/℃	1
CAPE/(J·kg^{-1})	107.8
dt85/℃	27
500 hPa 的 $T-T_d$/℃	30
700 hPa 的 $T-T_d$/℃	10
850 hPa 的 $T-T_d$/℃	8
云顶亮温/K	220

续表

特征物理量	数值
组合反射率因子/dBZ	55
0 ℃层高度/km	4.0
−20 ℃层高度/km	6.9

4.1.32 2011年7月17日13—20时

实况描述：2011年7月17日13—20时，受前倾槽过境影响，山西省79个县(市)出现雷暴天气，3个县伴有冰雹，分别出现在右玉县(14:22,直径3 mm)、沁源县(15:02,直径8 mm)、五寨县(17:44,直径4 mm)；冰雹最大直径8 mm，15:02出现在沁源县；12个县(市)伴有7级以上雷暴大风。

主要影响系统：500 hPa槽和500 hPa温度槽、500 hPa和700 hPa及850 hPa干侵入线、地面干线、850 hPa冷式切变线和700 hPa冷式切变线。

系统配置：500 hPa槽与700 hPa冷式切变线和850 hPa冷式切变线呈前倾结构，中低层大气层结不稳定，500 hPa和700 hPa及850 hPa干侵入线、地面干线、700 hPa和850 hPa冷式切变线均位于500 hPa温度槽前不稳定区。

触发机制：700 hPa和850 hPa冷式切变线、500 hPa和700 hPa干侵入线、地面干线、地面自动气象站极大风速风场中尺度切变线。见图4.161~图4.165及表4.63。

冰雹落区：冰雹位于500 hPa温度槽与700 hPa温度槽之间，850 hPa $T-T_d \leqslant 8$ ℃、700 hPa $T-T_d \leqslant 7$ ℃、500 hPa $T-T_d \leqslant 17$ ℃、$K \geqslant 22$ ℃、$SI \leqslant 0$ ℃、dt85 $\geqslant 26$ ℃相重叠的区域内，700 hPa冷式切变线和温度槽0~80 km、850 hPa温度槽0~50 km范围内，地面自动气象站极大风速风场中尺度切变线10 km附近，云顶亮温 $\leqslant 230$ K与多普勒天气雷达组合反射率因子 $\geqslant 45$ dBZ相对应的位置。见图4.165及表4.64。

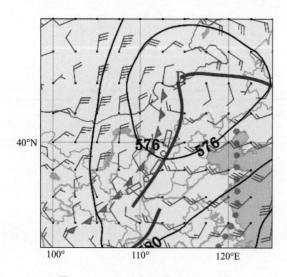

图4.161 2011年7月17日08时
500 hPa高度场和风场

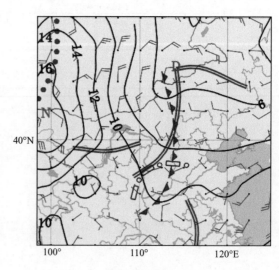

图4.162 2011年7月17日08时
700 hPa风场和温度场

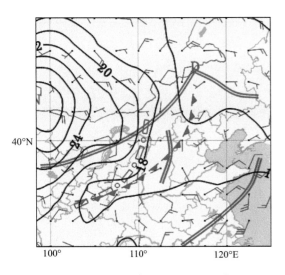

图 4.163　2011 年 7 月 17 日 08 时
850 hPa 风场和温度场

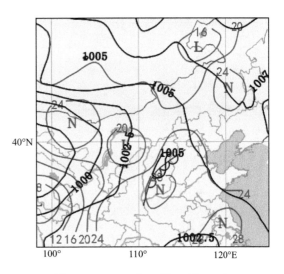

图 4.164　2011 年 7 月 17 日 08 时
地面气压场和温度场

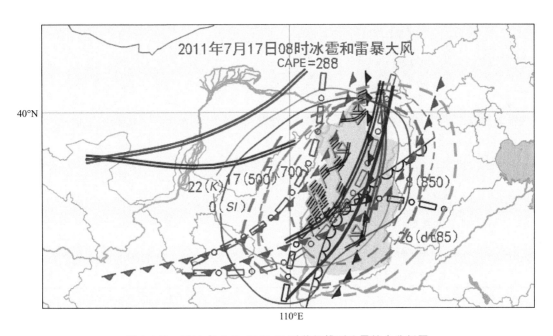

图 4.165　2011 年 7 月 17 日 08 时前倾槽型冰雹综合分析图

表 4.63　2011 年 7 月 17 日 08 时冰雹中尺度天气系统表

系统	500 hPa	700 hPa	850 hPa	地面
干线	干侵入线	干侵入线	干侵入线	干线
温度槽	有	有	有	—
温度脊	—	—	—	有
湿舌	—	—	—	—

续表

系统	500 hPa	700 hPa	850 hPa	地面
干舌	有	—	—	—
暖式切变线辐合区	—	—	—	—
冷式切变线辐合区	—	有	有	—
槽线	有	—	—	—
急流	—	—	—	—
显著气流	—	—	—	—
地面中尺度切变线	—	—	—	有(提前 10 h)
径向速度场中尺度辐合线	—	—	—	径向速度≥13 m·s^{-1}

表 4.64　2011 年 7 月 17 日 08 时冰雹特征物理量表

特征物理量	数值
K 指数/℃	22
SI 指数/℃	0
CAPE/(J·kg^{-1})	288
dt85/℃	26
500 hPa 的 $T-T_d$/℃	17
700 hPa 的 $T-T_d$/℃	7
850 hPa 的 $T-T_d$/℃	8
云顶亮温/K	230
组合反射率因子/dBZ	45
0 ℃层高度/km	4.0
−20 ℃层高度/km	7.0

4.1.33　2011 年 7 月 18 日 12—20 时

实况描述:2011 年 7 月 18 日 12—20 时,受前倾槽过境影响,山西省 97 个县(市)出现雷暴天气,4 个县伴有冰雹,分别出现在乡宁县(13:38,直径 4 mm)、方山县(13:38,直径 3 mm)、蒲县(15:58,直径 4 mm)、大宁县(没有记录出现时间和冰雹直径);3 个县(市)伴有 7 级以上雷暴大风。

主要影响系统:500 hPa 槽和温度槽、500 hPa 和 700 hPa 及 850 hPa 干侵入线、地面干线、850 hPa 和 700 hPa 冷式切变线、850 hPa 暖式切变线。

系统配置:700 hPa 冷式切变线超前 850 hPa 冷式切变线,低层大气层结不稳定,500 hPa和 850 hPa 干侵入线、地面干线、500 hPa 槽和温度槽、850 hPa 暖式切变线均位于 850 hPa 冷式切变线前不稳定区。

触发机制：500 hPa 槽和温度槽、500 hPa 和 850 hPa 干侵入线、地面干线、地面自动气象站极大风速风场中尺度切变线。见图 4.166～图 4.170 及表 4.65。

冰雹落区：冰雹位于 700 hPa 干侵入线与地面干线之间，850 hPa $T-T_d \leqslant 4$ ℃、700 hPa $T-T_d \leqslant 6$ ℃、500 hPa $T-T_d \leqslant 10$ ℃、$K \geqslant 31$ ℃、$SI \leqslant 0$ ℃、dt85 $\geqslant 25$ ℃ 相重叠的区域内，500 hPa 温度槽和干侵入线 0～50 km、850 hPa 暖式切变线 0～50 km 范围内，地面自动气象站极大风速风场中尺度切变线 10 km 附近，云顶亮温 $\leqslant 230$ K 与多普勒天气雷达组合反射率因子 $\geqslant 40$ dBZ 相对应的位置。见图 4.170 及表 4.66。

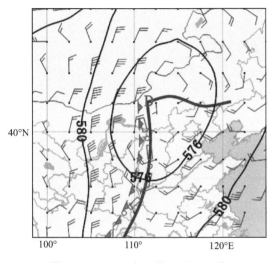

图 4.166　2011 年 7 月 18 日 08 时
500 hPa 高度场和风场

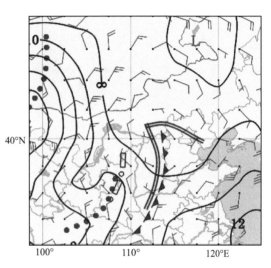

图 4.167　2011 年 7 月 18 日 08 时
700 hPa 风场和温度场

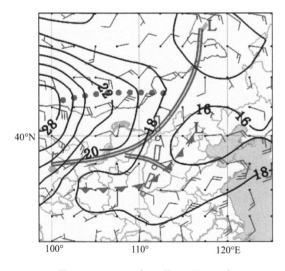

图 4.168　2011 年 7 月 18 日 08 时
850 hPa 风场和温度场

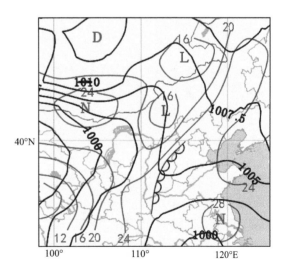

图 4.169　2011 年 7 月 18 日 08 时
地面气压场和温度场

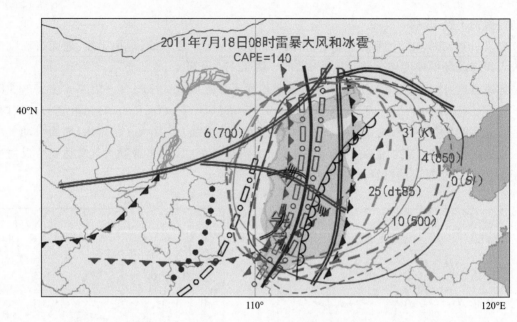

图 4.170 2011 年 7 月 18 日 08 时前倾槽冰雹综合分析

表 4.65 2011 年 7 月 18 日 08 时冰雹中尺度天气系统表

系统	500 hPa	700 hPa	850 hPa	地面
干线	干侵入线	干侵入线	干侵入线	干线
温度槽	有	有	有	—
温度脊	—	—	—	有
湿舌	—	—	有	—
干舌	—	—	—	—
暖式切变线辐合区	—	—	有	—
冷式切变线辐合区	—	有	有	—
槽线	有	—	—	—
急流	—	—	—	—
显著气流	—	—	—	—
地面中尺度切变线	—	—	—	有（提前 8 h）
径向速度场中尺度辐合线	—	—	—	径向速度≥14 m·s⁻¹

表 4.66 2011 年 7 月 18 日 08 时冰雹特征物理量表

特征物理量	数值
K 指数/℃	31
SI 指数/℃	0
CAPE/(J·kg⁻¹)	140
dt85/℃	25

续表

特征物理量	数值
500 hPa 的 $T-T_d$/℃	10
700 hPa 的 $T-T_d$/℃	6
850 hPa 的 $T-T_d$/℃	4
云顶亮温/K	230
组合反射率因子/dBZ	40
0 ℃层高度/km	4.0
−20 ℃层高度/km	6.9

4.1.34　2012 年 6 月 1 日 12—20 时

实况描述:2012 年 6 月 1 日 12—20 时,受前倾槽影响,山西省 50 个县(市)出现雷暴天气,其中 8 个县(市)伴有冰雹,分别出现在应县(12:17)、灵丘县(14:00—14:10)、孟县(15:49—16:06,20:00)、寿阳县(16:02—16:10)、阳泉市(16:22—16:31)、平定县(16:40—16:45)、灵石县(17:23—17:29)、孝义县(19:58 — 20:00),冰雹最大直径为 8 mm,16:02 和 16:22 分别出现在寿阳县和阳泉市;2 个县(市)伴有 7 级以上雷暴大风。

主要影响系统:500 hPa 槽、700 hPa 和 850 hPa 冷式切变线、500 hPa 和 850 hPa 温度槽、700 hPa 和 850 hPa 及地面温度脊、500 hPa 和 700 hPa 及 850 hPa 干侵入线、地面干线。

系统配置:500 hPa 槽超前 700 hPa 和 850 hPa 冷式切变线,中低层大气层结不稳定,500 hPa 槽、700 hPa 冷式切变线、500 hPa 和 700 hPa 及 850 hPa 干侵入线、地面干线、地面自动气象站极大风速风场中尺度切变线均位于 850 hPa 冷式切变线前不稳定湿区。

触发机制:500 hPa 槽、700 hPa 冷式切变线、500 hPa 和 700 hPa 及 850 hPa 干侵入线、地面干线、地面自动气象站极大风速风场中尺度切变线。见图 4.171~图 4.175 及表 4.67。

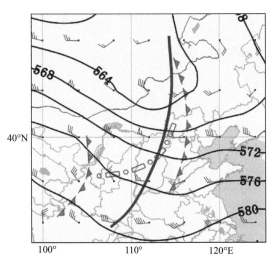

图 4.171　2012 年 6 月 1 日 08 时
500 hPa 高度场和风场

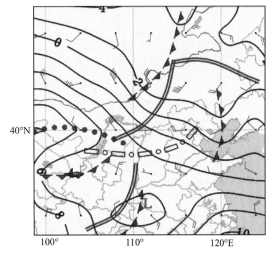

图 4.172　2012 年 6 月 1 日 08 时
700 hPa 风场和温度场

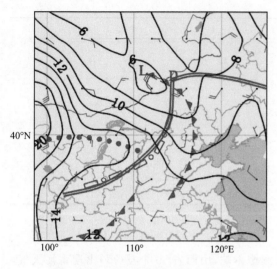

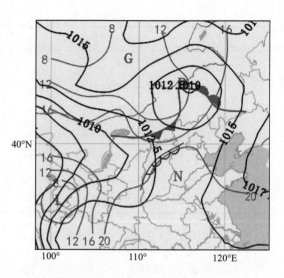

图 4.173　2012 年 6 月 1 日 08 时
850 hPa 风场和温度场

图 4.174　2012 年 6 月 1 日 08 时
地面气压场和温度场

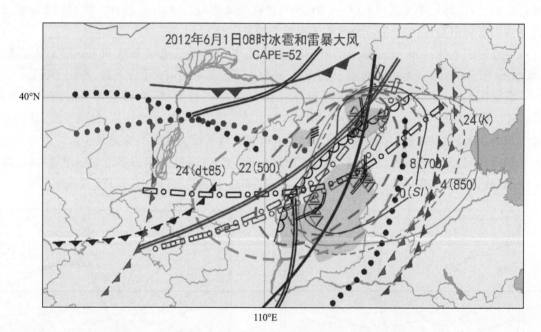

图 4.175　2012 年 6 月 1 日 08 时前倾槽型冰雹综合分析图

表 4.67　2012 年 6 月 1 日 08 时冰雹中尺度天气系统表

系统	500 hPa	700 hPa	850 hPa	地面
干线	干侵入线	干侵入线	干侵入线	干线
温度槽	有	有	有	—
温度脊	—	有	有	有
湿舌	—	—	有	—

续表

系统	500 hPa	700 hPa	850 hPa	地面
干舌	有	—	—	—
暖式切变线辐合区	—	—	—	—
冷式切变线辐合区	—	有	有	—
槽线	有	—	—	—
急流	—	—	—	—
显著气流	—	—	—	—
地面中尺度切变线	—	—	—	有(提前 8 h)
径向速度场中尺度辐合线	—	—	—	径向速度≥14 m·s^{-1}

冰雹落区：冰雹位于 850 hPa 冷式切变线与地面温度脊之间不稳定区，500 hPa $T-T_d$≤22 ℃、700 hPa $T-T_d$≤8 ℃、850 hPa $T-T_d$≤4 ℃、K≥24 ℃、SI≤0 ℃、dt85≥24 ℃ 相重叠的区域内，500 hPa 和 700 hPa 及 850 hPa 干侵入线 0～50 km、地面干线 0～50 km 范围内，地面自动气象站极大风速风场中尺度切变线 10 km 附近，云顶亮温≤230 K 与多普勒大气雷达组合反射率因子≥45 dBZ 相对应的位置。见图 4.175 及表 4.68。

表 4.68　2012 年 6 月 1 日 08 时冰雹特征物理量表

特征物理量	数值
K 指数/℃	24
SI 指数/℃	0
CAPE/(J·kg^{-1})	52
dt85/℃	24
500 hPa 的 $T-T_d$/℃	22
700 hPa 的 $T-T_d$/℃	8
850 hPa 的 $T-T_d$/℃	4
云顶亮温/K	230
组合反射率因子/dBZ	45
0 ℃层高度/km	3.6
−20 ℃层高度/km	6.7

4.1.35　2012 年 7 月 5 日 13—20 时

实况描述：2012 年 7 月 5 日 13—20 时，受前倾槽影响，山西省 19 个县(市)出现雷暴天气，其中 3 个县伴有冰雹，分别出现在天镇县(16:06—16:10)、应县(17:18—17:21)、广灵县(19:56—20:00)，冰雹最大直径为 10 mm，20:00 出现在广灵县；1 个县(市)伴有 7 级以上雷暴大风。

主要影响系统:500 hPa 槽、700 hPa 和 850 hPa 冷式切变线、500 hPa 温度槽、700 hPa 和 850 hPa 温度脊、500 hPa 和 700 hPa 及 850 hPa 干侵入线、地面干线。

系统配置:500 hPa 温度槽叠加在 700 hPa 和 850 hPa 温度脊之上,中低层大气层结不稳定,500 hPa 槽、700 hPa 冷式切变线、500 hPa 和 700 hPa 干侵入线、地面干线、地面自动气象站极大风速风场中尺度切变线均位于 850 hPa 冷式切变线前不稳定区。

触发机制:500 hPa 槽、700 hPa 冷式切变线、500 hPa 和 700 hPa 干侵入线、地面干线、地面自动气象站极大风速风场中尺度切变线。见图 4.176~图 4.180 及表 4.69。

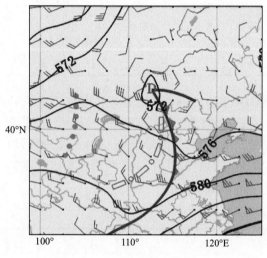

图 4.176 2012 年 7 月 5 日 08 时
500 hPa 高度场和风场

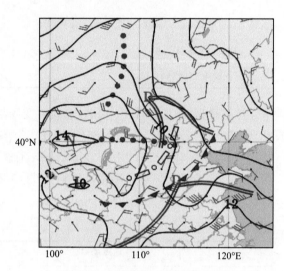

图 4.177 2012 年 7 月 5 日 08 时
700 hPa 风场和温度场

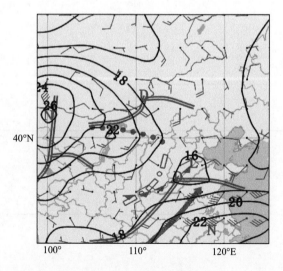

图 4.178 2012 年 7 月 5 日 08 时
850 hPa 风场和温度场

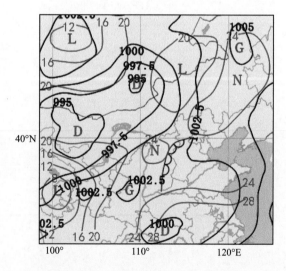

图 4.179 2012 年 7 月 5 日 08 时
地面气压场和温度场

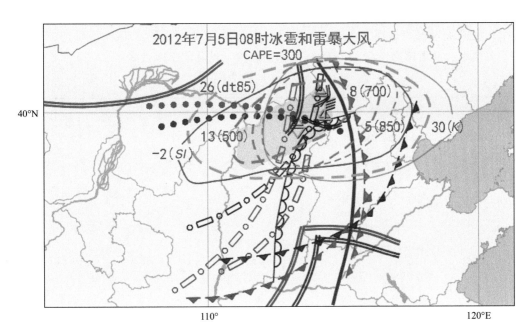

图 4.180　2012 年 7 月 5 日 08 时前倾槽型冰雹综合分析图

表 4.69　2012 年 7 月 5 日 08 时冰雹中尺度天气系统表

系统	500 hPa	700 hPa	850 hPa	地面
干线	干侵入线	干侵入线	干侵入线	干线
温度槽	有	有	有	—
温度脊	—	有	有	—
湿舌	—	—	—	—
干舌	—	—	—	—
暖式切变线辐合区	—	—	—	—
冷式切变线辐合区	—	有	有	—
槽线	有	—	—	—
急流	—	—	—	—
显著气流	—	—	—	—
地面中尺度切变线	—	—	—	有(提前 7 h)
径向速度场中尺度辐合线	—	—	—	径向速度≥13 m·s⁻¹

冰雹落区:冰雹位于 500 hPa 槽与 700 hPa 冷式切变线之间不稳定区,500 hPa $T-T_d \leqslant$ 13 ℃、700 hPa $T-T_d \leqslant 8$ ℃、850 hPa $T-T_d \leqslant 5$ ℃、$K \geqslant 30$ ℃、$SI \leqslant -2$ ℃、dt85$\geqslant$26 ℃相

重叠的区域内,500 hPa 干侵入线 0～50 km、700 hPa 干侵入线 0～50 km 范围内,地面干线 0～50 km、地面自动气象站极大风速风场中尺度切变线 10 km 附近,云顶亮温≤235 K 与多普勒天气雷达组合反射率因子≥45 dBZ 相对应的位置。见图 4.180 及表 4.70。

表 4.70　2012 年 7 月 5 日 08 时冰雹特征物理量表

特征物理量	数值
K 指数/℃	30
SI 指数/℃	-2
CAPE/(J·kg^{-1})	300
dt85/℃	26
500 hPa 的 $T-T_d$/℃	13
700 hPa 的 $T-T_d$/℃	8
850 hPa 的 $T-T_d$/℃	5
云顶亮温/K	235
组合反射率因子/dBZ	45
0 ℃层高度/km	4.2
−20 ℃层高度/km	7.5

4.1.36　2013 年 6 月 2 日 13—20 时

实况描述:2013 年 6 月 2 日 13—20 时,受前倾槽过境影响,山西省 56 个县(市)出现雷暴,其中 3 个县(市)伴有冰雹,分别出现在:潞城市(16:55,直径 4 mm)、吉县(18:29,直径 8 mm)和黎城县(18:58,直径 5 mm);27 个县(市)伴有 7～10 级雷暴大风,瞬间最大风速达 28 m·s^{-1},15:17 出现在岢岚县(西北风)。

主要影响系统:850 hPa 低涡切变线和温度槽、500 hPa 和 850 hPa 干侵入线、地面干线、500 hPa 温度槽、700 hPa 温度脊、地面中尺度切变线。

系统配置:850 hPa 低涡切变线超前地面冷锋,850 hPa 温度槽叠加在地面暖区之上,低层大气不稳定,地面干线、850 hPa 干侵入线、500 hPa 干侵入线位于不稳定区域,地面自动气象站极大风速风场有中尺度切变线。

触发机制:850 hPa 温度槽、500 hPa 和 850 hPa 干侵入线、地面干线、地面自动气象站极大风速风场中尺度切变线。见图 4.181～图 4.185 及表 4.71。

冰雹落区:冰雹位于 850 hPa 冷式切变线前部(东部),850 hPa $T-T_d$≤10 ℃、700 hPa $T-T_d$≥20 ℃、500 hPa $T-T_d$≥20 ℃、K≥15 ℃、SI≤−1 ℃、dt85≥30 ℃相重叠的区域内,地面干线 0～10 km、850 hPa 干侵入线附近 0～10 km、850 hPa 温度槽 0～10 km、地面自动气象站极大风速风场中尺度切变线 0～10 km 范围内,云顶亮温≤225 K 与多普勒天气雷达组合反射率因子≥45 dBZ 相对应的位置。见图 4.185 及表 4.72。

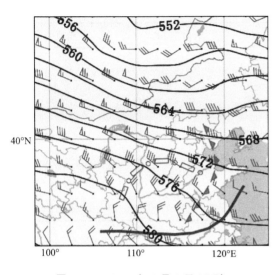

图 4.181　2013 年 6 月 2 日 08 时
500 hPa 高度场和风场

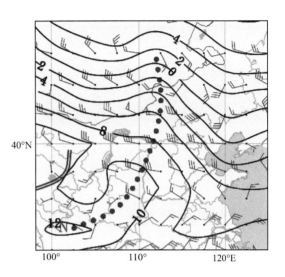

图 4.182　2013 年 6 月 2 日 08 时
700 hPa 风场和温度场

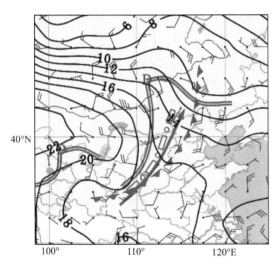

图 4.183　2013 年 6 月 2 日 08 时
850 hPa 风场和温度场

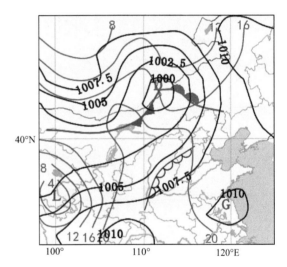

图 4.184　2013 年 6 月 2 日 08 时
地面气压场和温度场

表 4.71　2013 年 6 月 2 日 08 时冰雹中尺度天气系统表

系统	500 hPa	700 hPa	850 hPa	地面
干线	干侵入线	—	干侵入线	干线
温度槽	有	—	有	—
温度脊	—	有	—	暖区
湿舌	—	—	—	—
干舌	有	有	—	—

续表

系统	500 hPa	700 hPa	850 hPa	地面
暖式切变线辐合区	—	—	—	—
冷式切变线辐合区	—	—	有	—
槽线				
急流				
显著气流				
地面中尺度切变线	—	—	—	有（提前 12 h）
径向速度场中尺度辐合线	—	—	—	径向速度≥17 m·s^{-1}

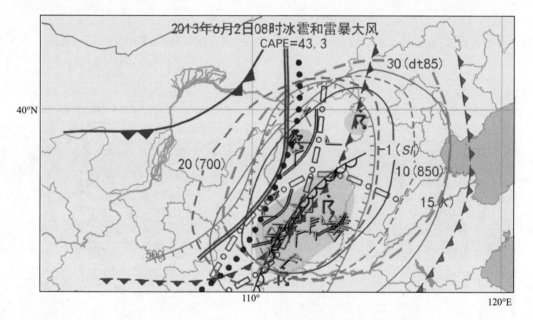

图 4.185　2013 年 6 月 2 日 08 时前倾结构冰雹综合分析图

表 4.72　2013 年 6 月 2 日 08 时冰雹特征物理量表

特征物理量	数值
K 指数/℃	15
SI 指数/℃	-1
CAPE/(J·kg^{-1})	43.3
dt85/℃	30
500 hPa 的 $T-T_d$/℃	20
700 hPa 的 $T-T_d$/℃	20
850 hPa 的 $T-T_d$/℃	10
云顶亮温/K	225

续表

特征物理量	数值
组合反射率因子/dBZ	45
0 ℃层高度/km	3.8
−20 ℃层高度/km	6.9

4.1.37　2013 年 6 月 3 日 13—20 时

实况描述:2013 年 6 月 3 日 13—20 时,受前倾槽过境影响,山西省 28 个县(市)出现雷暴天气,其中 3 个县伴有冰雹,分别出现在陵川县(14:55—14:59)、高平县(14:56—15:09)、沁水县(15:07—15:15),冰雹最大直径为 11 mm,14:56 出现在高平县。

主要影响系统:500 hPa 槽、700 hPa 和 850 hPa 冷式切变线、500 hPa 温度槽、700 hPa 和 850 hPa 及地面温度脊、500 hPa 和 700 hPa 及 850 hPa 干侵入线、地面干线。

系统配置:500 hPa 温度槽叠加在 700 hPa 和 850 hPa 温度脊之上,中低层大气层结不稳定,700 hPa 和 850 hPa 冷式切变线、500 hPa 温度槽、500 hPa 和 700 hPa 干侵入线、地面干线、地面自动气象站极大风速风场中尺度切变线均位于 500 hPa 槽前不稳定区。

触发机制:700 hPa 和 850 hPa 冷式切变线、500 hPa 温度槽、500 hPa 和 700 hPa 干侵入线、地面干线、地面自动气象站极大风速风场中尺度切变线。见图 4.186～图 4.190 及表 4.73。

冰雹落区:冰雹位于 500 hPa 槽前不稳定区,500 hPa $T-T_d \leqslant 15$ ℃、700 hPa $T-T_d \leqslant 20$ ℃、850 hPa $T-T_d \leqslant 12$ ℃、$K \geqslant 24$ ℃、$SI \leqslant -2$ ℃、dt85 $\geqslant 34$ ℃相重叠的区域内,850 hPa 冷式切变线 0～100 km、700 hPa 冷式切变线 0～50 km、850 hPa 温度脊 0～30 km、700 hPa 温度脊 0～30 km、地面温度脊 0～50 km 范围内,地面自动气象站极大风速风场中尺度切变线 10 km 附近,云顶亮温 ≤225 K 与多普勒天气雷达组合反射率因子 50 dBZ 相对应的位置。见图 4.190 及表 4.74。

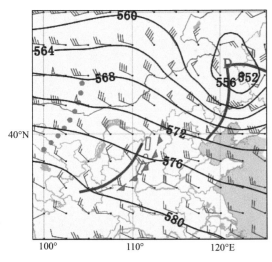

图 4.186　2013 年 6 月 3 日 08 时
500 hPa 高度场和风场

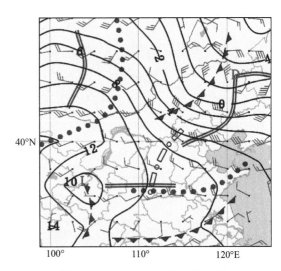

图 4.187　2013 年 6 月 3 日 08 时
700 hPa 风场和温度场

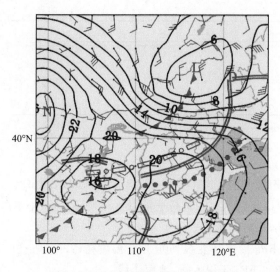

图 4.188　2013 年 6 月 3 日 08 时
850 hPa 风场和温度场

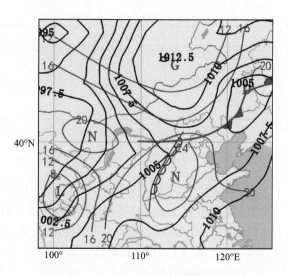

图 4.189　2013 年 6 月 3 日 08 时
地面气压场和温度场

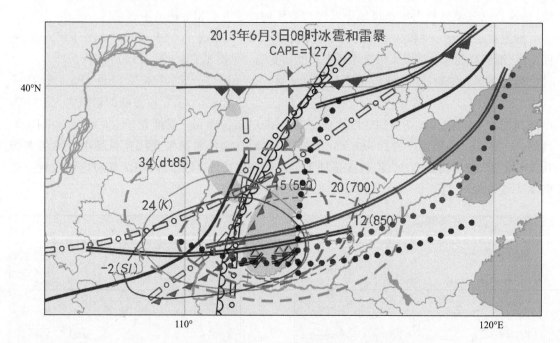

图 4.190　2013 年 6 月 3 日 08 时前倾槽型冰雹综合分析图

表 4.73　2013 年 6 月 3 日 08 时冰雹中尺度天气系统表

系统	500 hPa	700 hPa	850 hPa	地面
干线	干侵入线	干侵入线	干侵入线	干线
温度槽	有	—	—	—
温度脊	—	有	有	有

续表

系统	500 hPa	700 hPa	850 hPa	地面
湿舌	—	—	—	—
干舌	有	有	—	—
暖式切变线辐合区	—	—	—	—
冷式切变线辐合区	—	有	有	—
槽线	有	—	—	—
急流	—	—	—	—
显著气流	—	—	—	—
地面中尺度切变线	—	—	—	有(提前 8 h)
径向速度场中尺度辐合线	—	—	—	径向速度≥15 m·s⁻¹

表 4.74　2013 年 6 月 3 日 08 时冰雹特征物理量表

特征物理量	数值
K 指数/℃	24
SI 指数/℃	−2
CAPE/(J·kg⁻¹)	127
dt85/℃	34
500 hPa 的 $T-T_d$/℃	15
700 hPa 的 $T-T_d$/℃	20
850 hPa 的 $T-T_d$/℃	12
云顶亮温/K	225
组合反射率因子/dBZ	50
0 ℃层高度/km	3.7
−20 ℃层高度/km	6.2

4.1.38　2013 年 8 月 2 日 13—22 时

实况描述:2013 年 8 月 2 日 13—22 时,受前倾槽过境影响,山西省 66 个县(市)出现雷暴,其中 9 个县(市)伴有冰雹,分别出现在右玉县、平鲁县、左云县、大同市、大同县、浮山县、山阴县、怀仁市和朔州市,冰雹最大直径为 16 mm,12:16 出现在平陆县;11 个县(市)伴有 7～10 级雷暴大风。

主要影响系统:500 hPa 槽、700 hPa 和 850 hPa 冷式切变线、500 hPa 和 700 hPa 及 850 hPa 温度槽、500 hPa 和 700 hPa 及 850 hPa 干侵入线、地面干线、700 hPa 温度脊。

系统配置:500 hPa 槽与 700 hPa 和 850 hPa 冷式切变线呈前倾结构,850 hPa 温度槽叠加在地面暖区之上,中低层大气不稳定,850 hPa 干侵入线、地面干线、850 hPa 温度槽均位于 500 hPa 槽前不稳定区,地面自动气象站极大风速风场有中尺度切变线。

触发机制:850 hPa 干侵入线、地面干线、850 hPa 温度槽、地面自动气象站极大风速风场中尺度切变线。见图 4.191~图 4.195 及表 4.75。

冰雹落区:冰雹位于 500 hPa 槽与地面干线之间,850 hPa $T-T_d \leqslant 4$ ℃、700 hPa $T-T_d \leqslant 14$ ℃、500 hPa $T-T_d \geqslant 20$ ℃、$K \geqslant 30$ ℃、$SI \leqslant -2$ ℃、dt85 $\geqslant 27$ ℃相重叠的区域内,850 hPa 温度槽 0~100 km、850 hPa 干侵入线 0~150 km、地面干线 0~50 km、地面自动气象站极大风速风场中尺度切变线 0~10 km 范围内,云顶亮温 $\leqslant 230$ K 与多普勒天气雷达组合反射率因子 $\geqslant 50$ dBZ 相对应的位置。见图 4.195 及表 4.76。

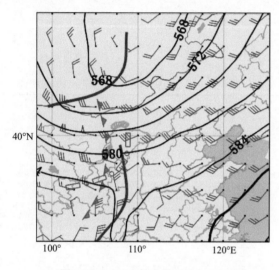

图 4.191　2013 年 8 月 2 日 08 时
500 hPa 高度场和风场

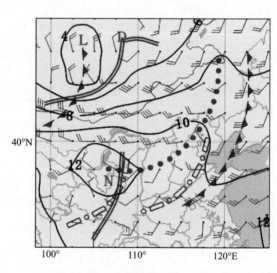

图 4.192　2013 年 8 月 2 日 08 时
700 hPa 风场和温度场

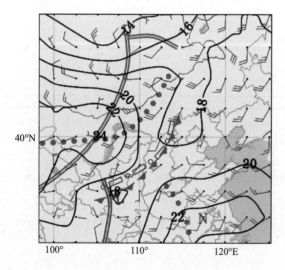

图 4.193　2013 年 8 月 2 日 08 时
850 hPa 风场和温度场

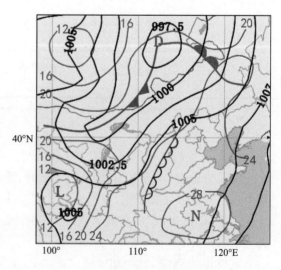

图 4.194　2013 年 8 月 2 日 08 时
地面气压场和温度场

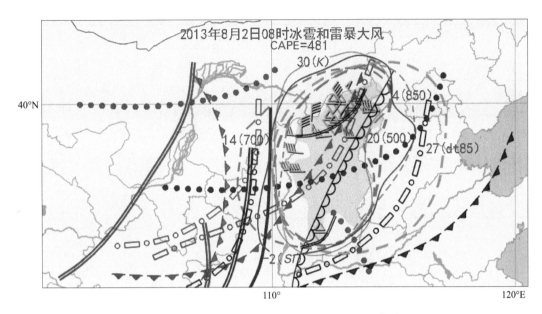

图 4.195 2013 年 8 月 2 日 08 时前倾槽型冰雹综合分析图

表 4.75 2013 年 8 月 2 日 08 时冰雹中尺度天气系统表

系统	500 hPa	700 hPa	850 hPa	地面
干线	干侵入线	干侵入线	干侵入线	干线
温度槽	有	有	有	—
温度脊	—	有	有	暖区
湿舌	—	—	有	—
干舌	有	有	—	—
暖式切变线辐合区	—	—	—	—
冷式切变线辐合区	—	有	有	—
槽线	有	—	—	—
急流	—	—	—	—
显著气流	—	—	—	—
地面中尺度切变线	—	—	—	有(提前 6 h)
径向速度场中气旋	—	—	—	径向速度≥19 m·s^{-1}

表 4.76 2013 年 8 月 2 日 08 时冰雹特征物理量表

特征物理量	数值
K 指数/℃	30
SI 指数/℃	−2
CAPE/(J·kg^{-1})	481
dt85/℃	27

特征物理量	数值
500 hPa 的 $T-T_d$/℃	20
700 hPa 的 $T-T_d$/℃	14
850 hPa 的 $T-T_d$/℃	4
云顶亮温/K	230
组合反射率因子/dBZ	50
0 ℃层高度/km	4.2
−20 ℃层高度/km	6.8

4.1.39 2014 年 6 月 16 日 13—20 时

实况描述:2014 年 6 月 16 日 13—20 时,受前倾槽过境影响,山西省 80 个县(市)出现雷暴,其中 6 个县(市)伴有冰雹,分别出现在阳泉市(16:24,直径 6 mm)、天镇县(16:52,直径 8 mm)、昔阳县(17:06,直径 6 mm)、交口县(17:20,直径 9 mm)、大同县(17:46,直径 5 mm)和岢岚县(19:05,直径 7 mm);19 个县(市)伴有 7～10 级雷暴大风。

主要影响系统:500 hPa 槽和温度槽、700 hPa 和 850 hPa 冷式切变线、500 hPa 和 700 hPa 及 850 hPa 温度脊、500 hPa 和 700 hPa 及 850 hPa 干侵入线、地面干线、地面冷锋。

系统配置:700 hPa 冷式切变线超前 850 hPa 冷式切变线,500 hPa 温度槽叠加在 700 hPa 及 850 hPa 温度脊之上,中低层大气不稳定,500 hPa 和 700 hPa 干侵入线、地面干线、850 hPa 冷式切变线均位于 500 hPa 槽后不稳定区,地面自动气象站极大风速风场有中尺度切变线。

触发机制:500 hPa 干侵入线、地面干线、850 hPa 冷式切变线、地面自动气象站极大风速风场中尺度切变线。见图 4.196～图 4.200 及表 4.77。

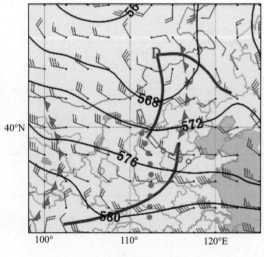

图 4.196 2014 年 6 月 16 日 08 时
500 hPa 高度场和风场

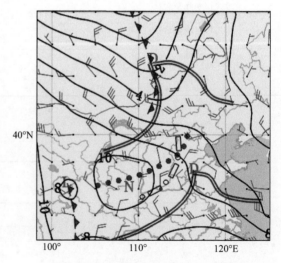

图 4.197 2014 年 6 月 16 日 08 时
700 hPa 风场和温度场

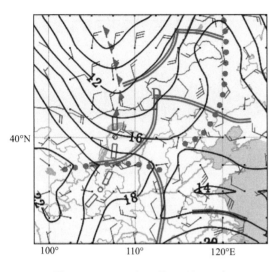

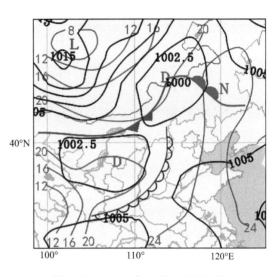

图 4.198　2014 年 6 月 16 日 08 时　　　　图 4.199　2014 年 6 月 16 日 08 时

850 hPa 风场和温度场　　　　　　　　　地面气压场和温度场

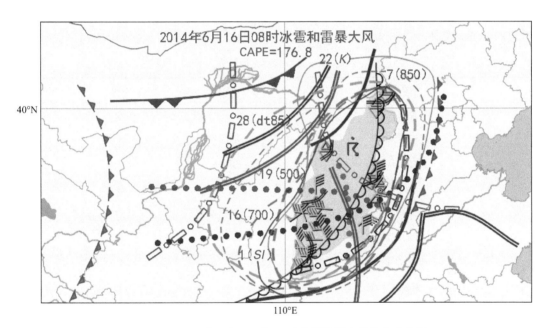

图 4.200　2014 年 6 月 16 日 08 时前倾槽型冰雹综合分析图

表 4.77　2014 年 6 月 16 日 08 时冰雹中尺度天气系统表

系统	500 hPa	700 hPa	850 hPa	地面
干线	干侵入线	干侵入线	干侵入线	干线
温度槽	有	—	—	—
温度脊	有	有	有	暖区
湿舌	—	—	—	—

系统	500 hPa	700 hPa	850 hPa	地面
干舌	有	有	—	—
暖式切变线辐合区	—	—	—	—
冷式切变线辐合区	—	有	有	冷锋
槽线	有	—	—	—
急流	—	—	—	—
显著气流	—	—	—	—
地面中尺度切变线	—	—	—	有(提前9 h)
径向速度场中尺度辐合线	—	—	—	径向速度≥15 m·s^{-1}

冰雹落区:冰雹位于 500 hPa 槽与 850 hPa 冷式切变线之间,850 hPa $T-T_d$≤7 ℃、700 hPa $T-T_d$≤16 ℃、500 hPa $T-T_d$≤19 ℃、K≥22 ℃、SI≤1 ℃、dt85≥28 ℃相重叠的区域内,500 hPa 干侵入线 0~50 km、地面干线 0~50 km、地面自动气象站极大风速风场中尺度切变线 0~10 km 范围内,云顶亮温≤218 K 与多普勒天气雷达组合反射率因子≥45 dBZ 相对应的位置。见图 4.200 及表 4.78。

表 4.78 2014 年 6 月 16 日 08 时冰雹特征物理量表

特征物理量	数值
K 指数/℃	22
SI 指数/℃	1
CAPE/(J·kg^{-1})	176.8
dt85/℃	28
500 hPa 的 $T-T_d$/℃	19
700 hPa 的 $T-T_d$/℃	16
850 hPa 的 $T-T_d$/℃	7
云顶亮温/K	218
组合反射率因子/dBZ	45
0 ℃层高度/km	4.2
−20 ℃层高度/km	6.8

4.1.40 2014 年 7 月 16 日 13—20 时

实况描述:2014 年 7 月 16 日 13—20 时,受前倾槽影响,山西省 38 个县(市)出现雷暴天气,其中 6 个县(市)伴有冰雹,分别出现在昔阳县(13:34—13:39)、陵川县(15:28—15:35)、夏县(15:35—15:36)、运城市(16:02—16:08)、大同县(16:52—16:59)、壶关县(17:08—17:12),冰雹最大直径为 10 mm,16:02 出现在运城市;3 个县(市)伴有 7 级以上雷暴大风。

　　主要影响系统:850 hPa 暖式切变线、700 hPa 冷式切变线、500 hPa 和 850 hPa 温度槽、700 hPa 和 850 hPa 及地面温度脊、500 hPa 和 700 hPa 及 850 hPa 干侵入线、地面干线。

　　系统配置:500 hPa 温度槽叠加在 850 hPa 和地面温度脊之上,中低层大气层结不稳定,850 hPa 暖式切变线、700 hPa 冷式切变线、地面干线、500 hPa 温度槽、地面自动气象站极大风速风场中尺度切变线均位于 500 hPa 干侵入线前不稳定区。

　　触发机制:850 hPa 暖式切变线、700 hPa 冷式切变线、地面干线、500 hPa 温度槽、地面自动气象站极大风速风场中尺度切变线。见图 4.201～图 4.205 及表 4.79。

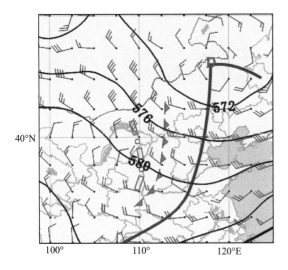

图 4.201　2014 年 7 月 16 日 08 时
500 hPa 高度场和风场

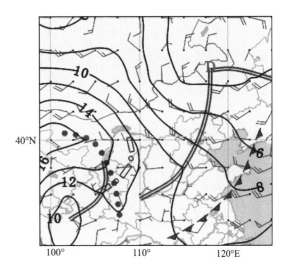

图 4.202　2014 年 7 月 16 日 08 时
700 hPa 风场和温度场

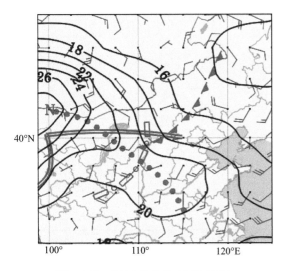

图 4.203　2014 年 7 月 16 日 08 时
850 hPa 风场和温度场

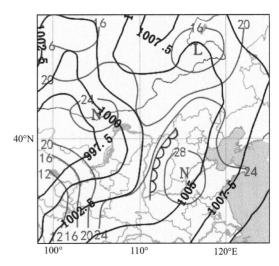

图 4.204　2014 年 7 月 16 日 08 时
地面气压场和温度场

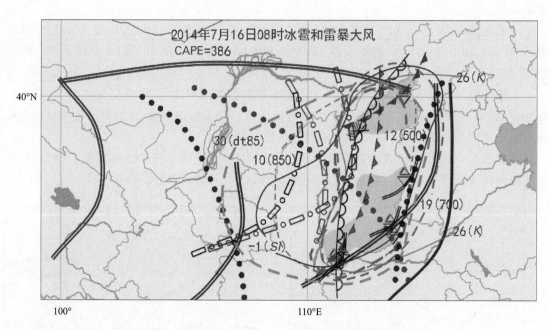

图 4.205　2014 年 7 月 16 日 08 时前倾槽型冰雹综合分析图

表 4.79　2014 年 7 月 16 日 08 时冰雹中尺度天气系统表

系统	500 hPa	700 hPa	850 hPa	地面
干线	干侵入线	干侵入线	干侵入线	干线
温度槽	有	—	有	—
温度脊	—	有	有	—
湿舌	—	—	—	—
干舌	—	有	—	—
暖式切变线辐合区	—	—	有	—
冷式切变线辐合区	—	有	—	—
槽线	有	—	—	—
急流	—	—	—	—
显著气流	—	—	—	—
地面中尺度切变线				有(提前 10 h)
径向速度场中尺度辐合线				径向速度≥15 m·s⁻¹

冰雹落区：冰雹位于 500 hPa 干侵入线前不稳定区，500 hPa $T-T_d$≤12 ℃、700 hPa $T-T_d$≤19 ℃、850 hPa $T-T_d$≤10 ℃、K≥26 ℃、SI≤−1 ℃、dt85≥30 ℃相重叠的区域内，850 hPa 暖式切变线 0～50 km、700 hPa 冷式切变线 0～50 km、地面干线 0～50 km、地面温度脊 0～30 km 范围内，地面自动气象站极大风速风场中尺度切变线 10 km 附近，云顶

亮温≤220 K 与多普勒天气雷达组合反射率因子≥50 dBZ 相对应的位置。见图 4.205 及表 4.80。

表 4.80　2014 年 7 月 16 日 08 时冰雹特征物理量表

特征物理量	数值
K 指数/℃	26
SI 指数/℃	-1
CAPE/$(J \cdot kg^{-1})$	386
dt85/℃	30
500 hPa 的 $T-T_d$/℃	12
700 hPa 的 $T-T_d$/℃	19
850 hPa 的 $T-T_d$/℃	10
云顶亮温/K	220
组合反射率因子/dBZ	50
0 ℃层高度/km	4.3
-20 ℃层高度/km	7.5

4.1.41　2015 年 7 月 21 日 12—20 时

实况描述:2015 年 7 月 21 日 12—20 时,受前倾槽影响,山西省 61 个县(市)出现雷暴天气,其中 3 个县伴有冰雹,分别出现在平定县(13:11—13:17)、屯留县(14:39—14:48)、长子县(15:17—15:22),冰雹最大直径为 15 mm,13:11 和 15:17 分别出现在平定县和长子县;2 个县(市)伴有 7 级以上雷暴大风。

主要影响系统:500 hPa 槽、700 hPa 和 850 hPa 冷式切变线、500 hPa 和 850 hPa 温度槽、500 hPa 和 700 hPa 及 850 hPa 干侵入线、地面干线、地面冷锋、850 hPa 温度脊。

系统配置:500 hPa 槽超前 850 hPa 冷式切变线,850 hPa 冷式切变线超前地面冷锋,500 hPa 温度槽叠加在 850 hPa 温度脊之上,中低层大气层结不稳定,700 hPa 冷式切变线、500 hPa 和 700 hPa 干侵入线、500 hPa 温度槽、地面自动气象站极大风速风场中尺度切变线均位于 500 hPa 槽前不稳定湿区。

触发机制:500 hPa 和 700 hPa 干侵入线、500 hPa 温度槽、地面自动气象站极大风速风场中尺度切变线。见图 4.206~图 4.210 及表 4.81。

冰雹落区:冰雹位于 500 hPa 槽前不稳定湿区,500 hPa $T-T_d$≤5 ℃、700 hPa $T-T_d$≤10 ℃、850 hPa $T-T_d$≤3 ℃、K≥30 ℃、SI≤-2 ℃、dt85≥28 ℃相重叠的区域内,500 hPa 温度槽 0~50 km、500 hPa 干侵入线 0~50 km、700 hPa 干侵入线 0~100 km 范围内,地面自动气象站极大风速风场中尺度切变线 10 km 附近,云顶亮温≤220 K 与多普勒天气雷达组合反射率因子≥50 dBZ 相对应的位置。见图 4.210 及表 4.82。

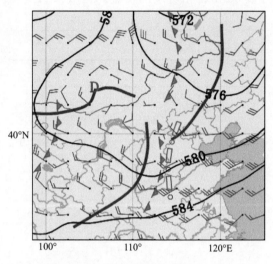

图 4.206 2015 年 7 月 21 日 08 时
500 hPa 高度场和风场

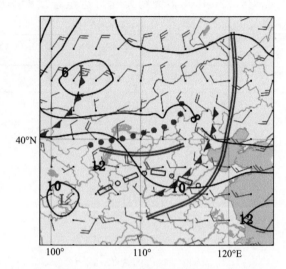

图 4.207 2015 年 7 月 21 日 08 时
700 hPa 风场和温度场

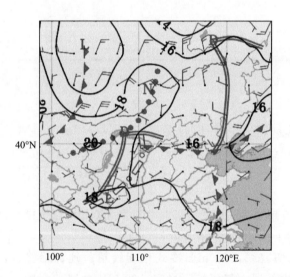

图 4.208 2015 年 7 月 21 日 08 时
850 hPa 风场和温度场

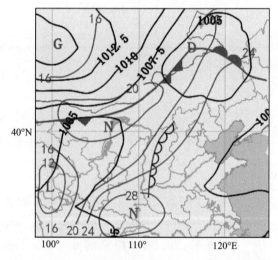

图 4.209 2015 年 7 月 21 日 08 时
地面气压场和温度场

表 4.81 2015 年 7 月 21 日 08 时冰雹中尺度天气系统表

系统	500 hPa	700 hPa	850 hPa	地面
干线	干侵入线	干侵入线	干侵入线	干线
温度槽	有	—	有	—
温度脊	—	—	有	—
湿舌	—	—	有	—

续表

系统	500 hPa	700 hPa	850 hPa	地面
干舌	—	—	—	—
暖式切变线辐合区	—	—	—	—
冷式切变线辐合区	—	有	有	—
槽线	有	—	—	—
急流	—	—	—	—
显著气流	—	—	—	—
地面中尺度切变线	—	—	—	有(提前 8 h)
径向速度场中尺度辐合线	—	—	—	径向速度≥17 m·s^{-1}

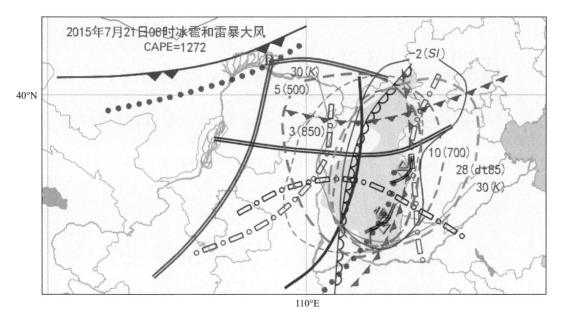

图 4.210　2015 年 7 月 21 日 08 时前倾槽型冰雹综合分析图

表 4.82　2015 年 7 月 21 日 08 时冰雹特征物理量表

特征物理量	数值
K 指数/℃	30
SI 指数/℃	−2
CAPE/(J·kg^{-1})	1272
dt85/℃	28
500 hPa 的 $T-T_d$/℃	5
700 hPa 的 $T-T_d$/℃	10

续表

特征物理量	数值
850 hPa 的 $T-T_d$/℃	3
云顶亮温/K	220
组合反射率因子/dBZ	50
0 ℃层高度/km	3.9
−20 ℃层高度/km	7.4

4.1.42 2016 日 6 月 4 日 11—20 时

实况描述:2016 年 6 月 4 日 11—20 时,受前倾槽和地面干线影响,山西省 70 个县(市)出现雷暴天气,其中 11 个县(市)伴有冰雹,分别出现在:襄垣县(14:45)、沁县(15:06)、吉县(15:12)、左权县(15:34)、灵石县(15:47)、潞城市(16:17)、平顺县(16:55)、壶关县(17:21)、临猗县(17:49)、万荣县(17:53)和长治县(17:53、18:15);冰雹最大直径为 15 mm,18:15 出现在长治县;3 个县(市)伴有 7 级以上雷暴大风。

主要影响系统:500 hPa 槽和温度槽、700 hPa 和 850 hPa 干侵入线、地面干线、700 hPa 和 850 hPa 冷式及暖式切变线、700 hPa 和 850 hPa 温度脊。

系统配置:700 hPa 冷式切变线超前 850 hPa 冷式切变线,500 hPa 温度槽叠加在 700 hPa 以下温度脊之上,中低层大气层结不稳定,700 hPa 干侵入线、地面干线均位于 850 hPa 冷式切变线前不稳定区,地面自动气象站极大风速风场有中尺度切变线。

触发机制:700 hPa 干侵入线、地面干线、地面自动气象站极大风速风场中尺度切变线。见图 4.211～图 4.215 及表 4.83。

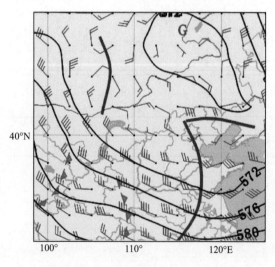

图 4.211 2016 年 6 月 4 日 08 时
500 hPa 高度场和风场

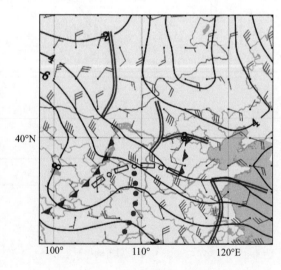

图 4.212 2016 年 6 月 4 日 08 时
700 hPa 风场和温度场

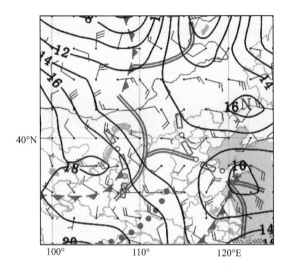

图 4.213　2016 年 6 月 4 日 08 时
850 hPa 风场和温度场

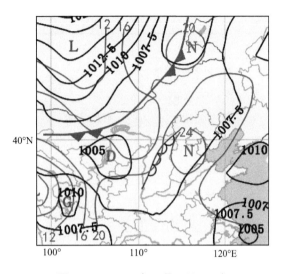

图 4.214　2016 年 6 月 4 日 08 时
地面气压场和温度场

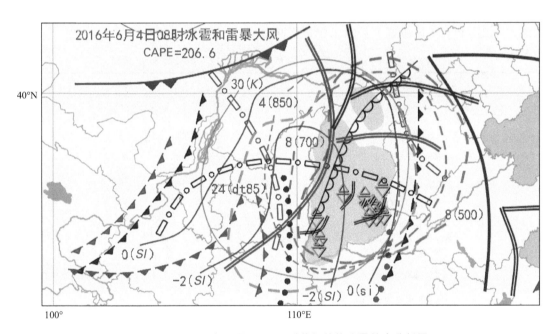

图 4.215　2016 年 6 月 4 日 08 时前倾结构冰雹综合分析图

表 4.83　2016 年 6 月 4 日 08 时冰雹中尺度天气系统表

系统	500 hPa	700 hPa	850 hPa	地面
干线	—	干侵入线	干侵入线	干线
温度槽	有	有	有	—
温度脊	—	有	有	暖区
湿舌	—	—	有	—
干舌	—	—	—	—

系统	500 hPa	700 hPa	850 hPa	地面
暖式切变线辐合区	—	有	有	—
冷式切变线辐合区	—	有	有	冷锋
槽线	有	—	—	—
急流	有	—	—	—
显著气流	—	—	有	—
地面中尺度切变线	—	—	—	有(提前 7 h)
径向速度场中尺度辐合线	—	—	—	径向速度≥17 m·s^{-1}

冰雹落区:冰雹位于 850 hPa 冷式切变线与 700 hPa 温度槽之间,850 hPa $T-T_d$≤4 ℃、700 hPa $T-T_d$≤8 ℃、500 hPa $T-T_d$≤8 ℃、K≥30 ℃、SI≤-2 ℃、dt85≥24 ℃相重叠的区域内,地面干线东侧 0~100 km、700 hPa 干侵入线南侧 0~200 km 范围内,地面自动气象站极大风速风场中尺度切变线 10 km 附近,云顶亮温≤210 K 与多普勒天气雷达组合反射率因子≥50 dBZ 相对应的位置。见图 4.215 及表 4.84。

表 4.84　2016 年 6 月 4 日 08 时冰雹特征物理量表

特征物理量	数值
K 指数/℃	30
SI 指数/℃	-2
CAPE/(J·kg^{-1})	206.6
dt85/℃	24
500 hPa 的 $T-T_d$/℃	8
700 hPa 的 $T-T_d$/℃	8
850 hPa 的 $T-T_d$/℃	4
云顶亮温/K	210
组合反射率因子/dBZ	50
0 ℃层高度/km	3.9
-20 ℃层高度/km	6.9

4.1.43　2016 年 6 月 13 日 13 时—14 日 05 时

实况描述:2016 年 6 月 13—14 日,受蒙古冷涡及前倾槽影响,山西省、河北省自西北向东南遭受了大风、冰雹等强对流天气的袭击,山西省 69 个县(市)、河北省 80 个县(市)出现强雷暴;山西省 6 个县(市)、河北省 4 个县(市)出现冰雹,其中山西省长治市境内出现历史罕见的大冰雹(直径 60 mm,出现在 13 日 15 时 56 分);山西省 45 个县(市)、河北省 18 个县(市)出现大风,最大风力达 11 级(出现在岢岚和平顺,出现时间分别在 13 日 17 时 26 分和 22 时 21 分),"0613"强对流天气给山西省、河北省的航空、道路、供电、商业、建筑和农业等部门都造成了巨大损失(苗爱梅 等,2017)。

2016 年 6 月 13 日 08 时主要影响系统：500 hPa 槽和温度槽、500 hPa 和 700 hPa 及 850 hPa 干侵入线、地面干线、850 hPa 冷式和暖式切变线及温度槽、700 hPa 冷式切变线和温度脊。

2016 年 6 月 13 日 08 时系统配置：500 hPa 槽超前 700 hPa 和 850 hPa 冷式切变线，850 hPa 温度槽叠加在地面温度脊之上，大气层结不稳定；500 hPa 和 700 hPa 干侵入线、地面干线、700 hPa 冷式切变线、850 hPa 暖式切变线均位于 850 hPa 温度槽前不稳定区域，500 hPa 有干舌，地面自动气象站极大风速风场有中尺度切变线。

2016 年 6 月 13 日 08 时触发机制：700 hPa 冷式切变线、850 hPa 暖式切变线、地面干线、500 hPa 和 700 hPa 干侵入线、地面自动气象站极大风速风场中尺度切变线。见图 4.216～图 4.220 和图 4.226～图 4.230 及表 4.85。

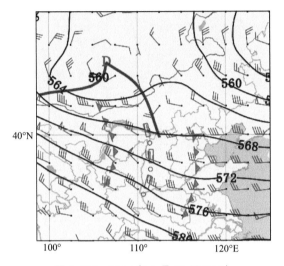

图 4.216　2016 年 6 月 13 日 08 时
500 hPa 高度场和风场

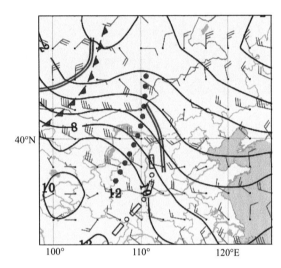

图 4.217　2016 年 6 月 13 日 08 时
700 hPa 风场和温度场

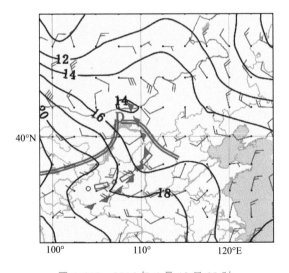

图 4.218　2016 年 6 月 13 日 08 时
850 hPa 风场和温度场

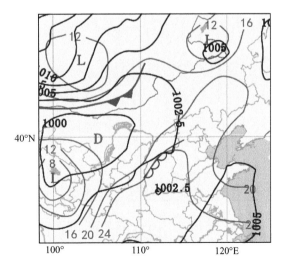

图 4.219　2016 年 6 月 13 日 08 时
地面气压场和温度场

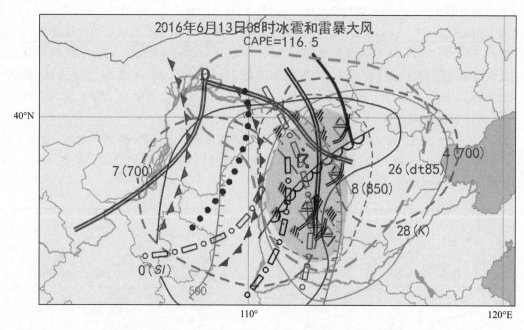

图 4.220 2016 年 6 月 13 日 08 时前倾槽型冰雹综合分析图

表 4.85 2016 年 6 月 13 日 08 时冰雹中尺度天气系统表

系统	500 hPa	700 hPa	850 hPa	地面
干线	干侵入线	干侵入线	干侵入线	干线
温度槽	有	—	有	—
温度脊	—	有	—	暖区
湿舌	—	—	—	—
干舌	有	—	—	—
暖式切变线辐合区	—	—	有	—
冷式切变线辐合区	—	有	有	—
槽线	有	—	—	—
急流	—	—	—	—
显著气流	—	—	—	—
地面中尺度切变线	—	—	—	有（提前 8 h）
径向速度场中气旋和中尺度辐合线	—	—	—	径向速度≥30 m·s^{-1}

冰雹落区：冰雹位于 850 hPa 温度槽前，850 hPa $T-T_d$≤8 ℃、700 hPa $T-T_d$≥7 ℃、500 hPa $T-T_d$≥20 ℃、K≥28 ℃、SI≤0 ℃、dt85≥28 ℃相重叠的区域内，500 hPa 干侵入线 0～50 km、700 hPa 冷式切变线 0～50 km、地面干线 0～80 km 范围内，地面自动气象站极大风速风场中尺度切变线 10 km 附近，云顶亮温≤210 K 与多普勒天气雷达组合反射率因子 ≥55 dBZ 相对应的位置。见图 4.220 和图 4.226～图 4.230 及表 4.86。

表 4.86　2016 年 6 月 13 日 08 时冰雹特征物理量表

特征物理量	数值
K 指数/℃	28
SI 指数/℃	0
CAPE/(J·kg^{-1})	116.5
dt85/℃	28
500 hPa 的 $T-T_d$/℃	20
700 hPa 的 $T-T_d$/℃	7
850 hPa 的 $T-T_d$/℃	8
云顶亮温/K	210
组合反射率因子/dBZ	55
0 ℃层高度/km	3.5
−20 ℃层高度/km	6.8

　　2016 年 6 月 13 日 20 时主要影响系统：500 hPa 槽和温度槽、500 hPa 和 700 hPa 及 850 hPa 干侵入线、地面干线、850 hPa 冷式和暖式切变线、700 hPa 冷式和暖式切变线及温度脊。

　　2016 年 6 月 13 日 20 时系统配置：700 hPa 冷式切变线与 850 hPa 冷式切变线呈前倾结构，700 hPa 及 850 hPa 干侵入线、地面干线、700 hPa 冷式切变线均位于 850 hPa 冷式切变线前不稳定湿区，500 hPa 有干舌，地面自动气象站极大风速风场有中尺度切变线。

　　2016 年 6 月 13 日 20 时触发机制：700 hPa 和 850 hPa 干侵入线、地面干线、700 hPa 冷式切变线、地面自动气象站极大风速风场中尺度切变线。见图 4.221～图 4.230 及表 4.87。

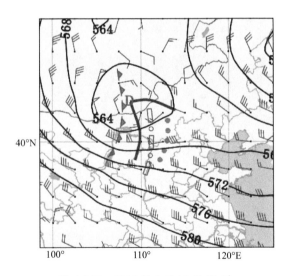

图 4.221　2016 年 6 月 13 日 20 时
500 hPa 高度场和风场

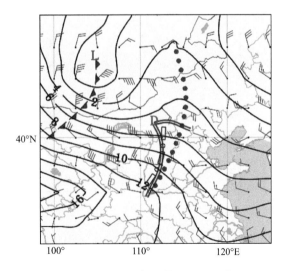

图 4.222　2016 年 6 月 13 日 20 时
700 hPa 风场和温度场

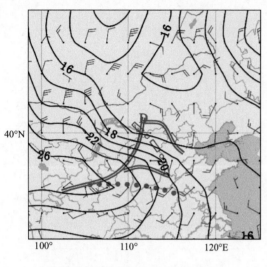

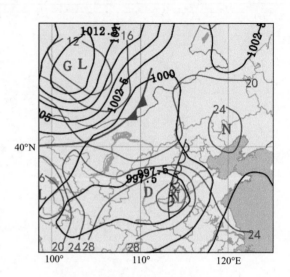

图 4.223　2016 年 6 月 13 日 20 时
850 hPa 风场和温度场

图 4.224　2016 年 6 月 13 日 20 时
地面气压场和温度场

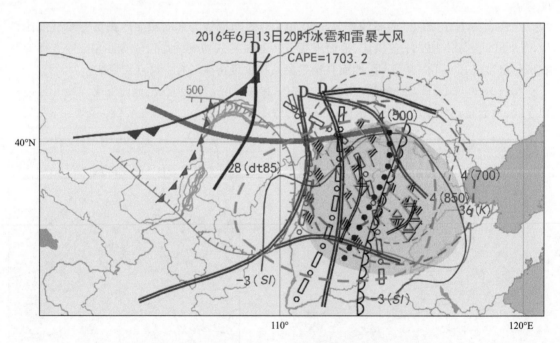

图 4.225　2016 年 6 月 13 日 20 时前倾槽型冰雹综合分析图

（1）雷暴大风带动态及地面自动气象站极大风速风场变化

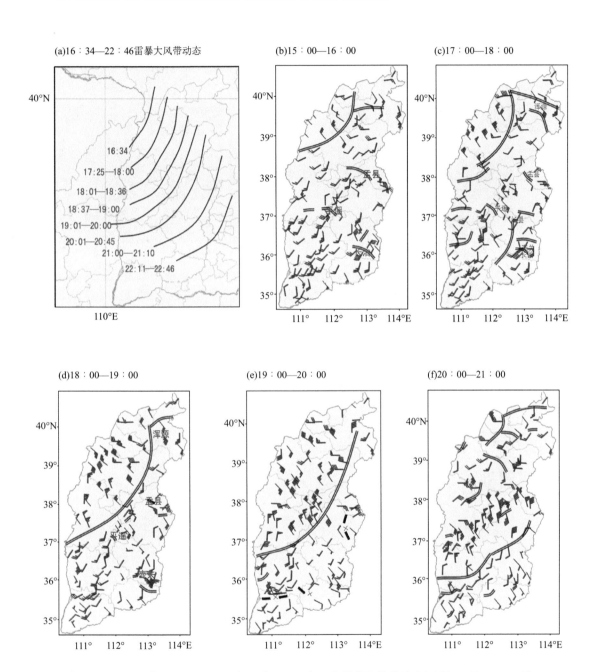

图 4.226　2016 年 6 月 13 日 16 时 34 分至 22 时 46 分雷暴大风带动态(a)及 13 日 15—21 时
地面自动气象站极大风速风场切变线的演变(b～f)

（2）飑线冰雹和雷暴大风形成－发展－消亡红外云图演变

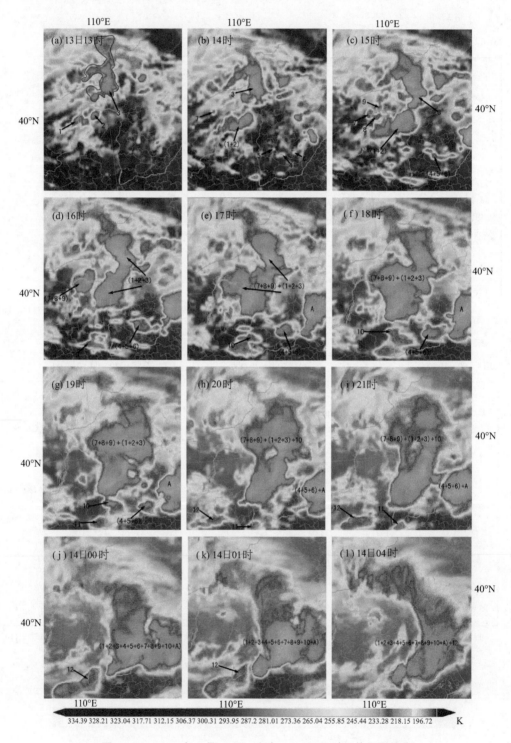

图 4.227　2016 年 6 月 13 日 13 时—14 日 04 时红外云团演变

（3）飑线冰雹和雷暴大风形成发展阶段多普勒天气雷达回波特征

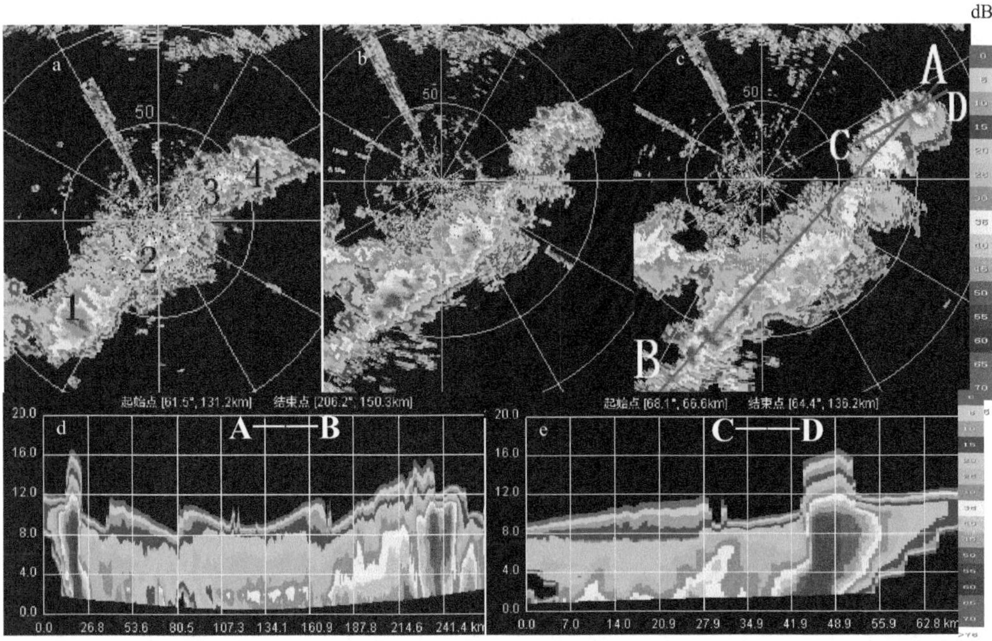

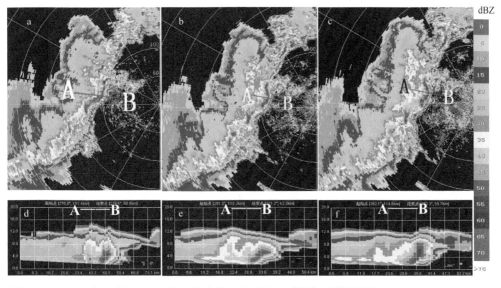

图 4.228　2016 年 6 月 13 日鄂尔多斯多普勒天气雷达 0.5°仰角反射率因子 (a)15:10,(b)15:39,(c)15:56,
(d)沿 c 图 A—B 线所做的反射率因子剖面图(e)沿 c 图 C—D 线所做的反射率因子剖面图

（4）飑线成熟期回波特征

图 4.229　2016 年 6 月 13 日石家庄多普勒天气雷达 1.5°仰角反射率因子 (a)20:01,(b) 20:13,
(c)20:19,(d)沿图 a 的 A—B 线所做的反射率因子剖面,(e)沿图 b 的 A—B 线所做的反射率
因子剖面,(f)沿图 c 的 A—B 线所做的反射率因子剖面

(5)飑线雷暴大风减弱消亡阶段多普勒天气雷达回波特征

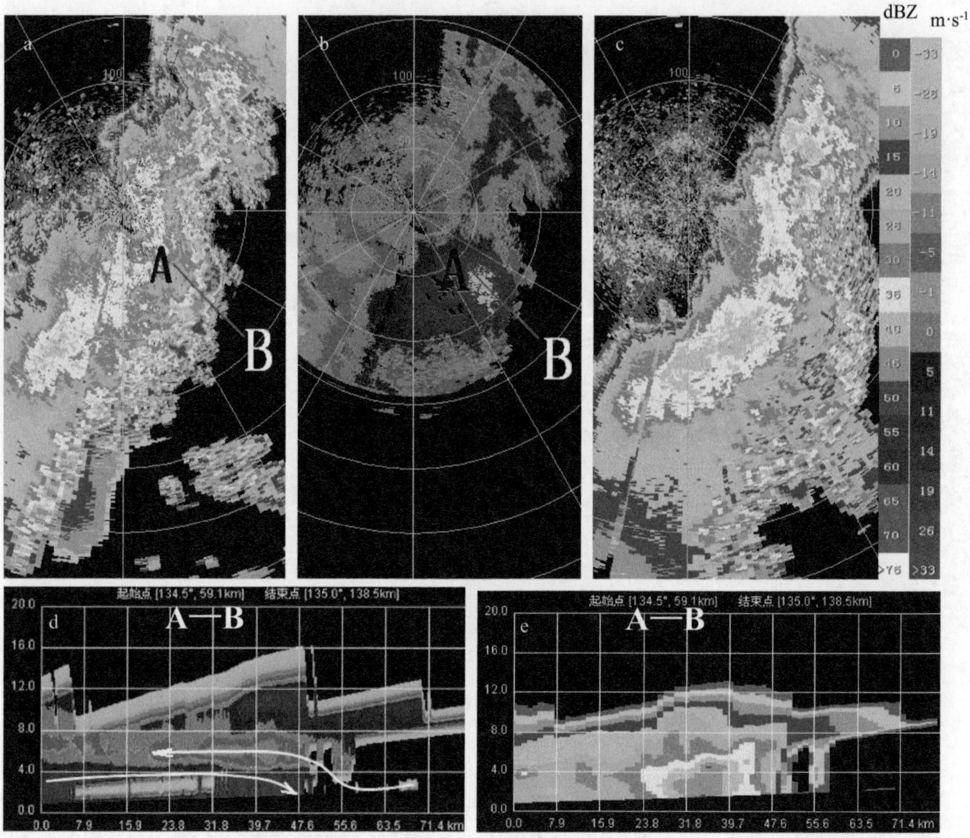

图 4.230 2016 年 6 月 13 日飑线减弱消散阶段石家庄多普勒天气雷达 1.5°仰角 (a)22:55 反射率因子,
(b)22:55 径向速度,(c)23:55 反射率因子,(d)沿图 b 的 A—B 线所做的径向速度剖面,
(e)沿图 a 的 A—B 线所做的反射率因子剖面

表 4.87 2016 年 6 月 13 日 20 时冰雹中尺度天气系统表

系统	500 hPa	700 hPa	850 hPa	地面
干线	干侵入线	干侵入线	干侵入线	干线
温度槽	有	—	—	—
温度脊	有	有	—	暖区
湿舌	有	有	有	—
干舌	—	—	—	—
暖式切变线辐合区	—	有	有	—
冷式切变线辐合区	—	有	有	—
槽线	有	—	—	—

续表

系统	500 hPa	700 hPa	850 hPa	地面
急流	有	—	—	—
显著气流	—	—	—	—
地面中尺度切变线	—	—	—	有(提前 8 h)
径向速度场中尺度辐合线	—	—	—	径向速度≥30 m·s^{-1}

冰雹落区:冰雹位于 700 hPa 冷式切变线前不稳定区,850 hPa $T-T_d\leqslant4$ ℃、700 hPa $T-T_d\leqslant4$ ℃、500 hPa $T-T_d\leqslant4$ ℃、$K\geqslant36$ ℃、$SI\leqslant-3$ ℃、dt85$\geqslant28$ ℃相重叠的区域内,850 hPa 干侵入线 0~50 km、地面干线 50~150 km、700 hPa 冷式切变线 0~100 km、850 hPa 暖式切变线 50~100 km、地面自动气象站极大风速风场中尺度切变线 0~10 km 范围内、云顶亮温≤210 K 与多普勒天气雷达组合反射率因子≥55 dBZ 相对应的位置。见图 4.225 ~图 4.230 及表 4.88。

表 4.88 2016 年 6 月 13 日 20 时冰雹特征物理量表

特征物理量	数值
K 指数/℃	36
SI 指数/℃	-3
CAPE/(J·kg^{-1})	1703.2
dt85/℃	28
500 hPa 的 $T-T_d$/℃	4
700 hPa 的 $T-T_d$/℃	4
850 hPa 的 $T-T_d$/℃	4
云顶亮温/K	210
组合反射率因子/dBZ	55
0 ℃层高度/km	4.0
-20 ℃层高度/km	7.0

4.1.44 2016 年 6 月 28 日 13—20 时

实况描述:2016 年 6 月 28 日 13—20 时,受蒙古冷涡前倾槽和干侵入线过境影响,山西省 45 个县(市)出现雷暴天气,其中 3 个县伴有冰雹,分别出现在:黎城县(14:36,冰雹直径 4 mm)、大同县(14:57,冰雹直径 3 mm)和陵川县(19:22,冰雹直径 6 mm);6 个县(市)伴有 7 级以上雷暴大风。

主要影响系统:500 hPa 槽、500 hPa 和 700 hPa 及 850 hPa 温度槽、700 hPa 和 850 hPa 温度脊、500 hPa 和 700 hPa 及 850 hPa 干侵入线、地面干线和冷锋、700 hPa 和 850 hPa 冷式切变线。

系统配置:500 hPa 槽与 700 hPa 和 850 hPa 冷式切变线及地面冷锋呈前倾结构,500 hPa 温度槽叠加在 700 hPa 和 850 hPa 温度脊之上,中低层大气层结不稳定,500 hPa 槽与 700 hPa 和 850 hPa 冷式切变线、700 hPa 和 850 hPa 干侵入线、地面干线均位于地面冷锋前不稳定区域,地面自动气象站极大风速风场有中尺度切变线。

触发机制:500 hPa 槽与 700 hPa 和 850 hPa 冷式切变线、700 hPa 和 850 hPa 干侵入线、地面干线、地面自动气象站极大风速风场中尺度切变线。见图 4.231～图 4.235 及表 4.89。

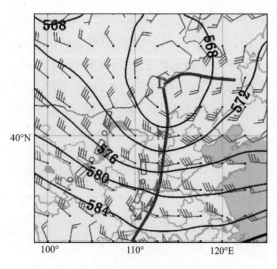

图 4.231　2016 年 6 月 28 日 08 时
500 hPa 高度场和风场

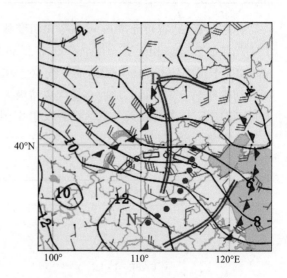

图 4.232　2016 年 6 月 28 日 08 时
700 hPa 风场和温度场

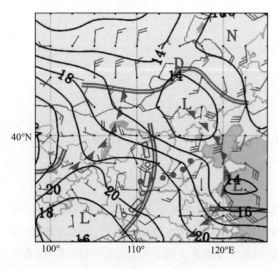

图 4.233　2016 年 6 月 28 日 08 时
850 hPa 风场和温度场

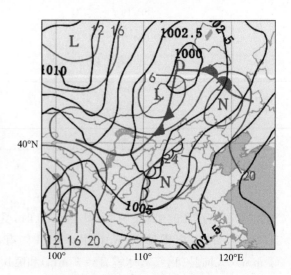

图 4.234　2016 年 6 月 28 日 08 时
地面气压场和温度场

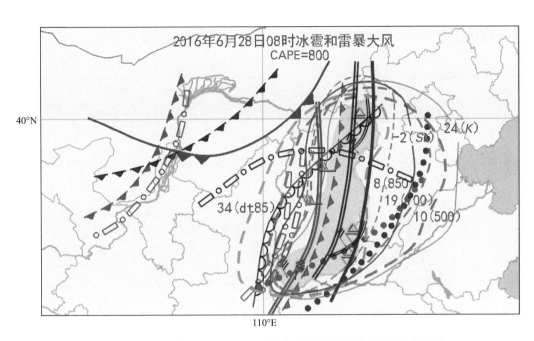

图 4.235　2016 年 6 月 28 日 08 时蒙古冷涡前倾槽型冰雹综合分析图

表 4.89　2016 年 6 月 28 日 08 时冰雹中尺度天气系统表

系统	500 hPa	700 hPa	850 hPa	地面
干线	干侵入线	干侵入线	干侵入线	干线
温度槽	有	有	有	—
温度脊	—	有	有	暖区
湿舌	—	—	—	—
干舌	—	有	—	—
暖式切变线辐合区	—	—	—	—
冷式切变线辐合区	—	有	有	冷锋
槽线	有	—	—	—
急流	—	—	—	—
显著气流	—	—	—	—
地面中尺度切变线	—	—	—	有(提前 8 h)
径向速度场中尺度辐合线	—	—	—	径向速度≥16 m·s⁻¹

冰雹落区:冰雹位于 850 hPa 冷式切变线东侧不稳定区域,850 hPa $T-T_d$≤8 ℃、700 hPa $T-T_d$≥19 ℃、500 hPa $T-T_d$≥10 ℃、K≥24 ℃、SI≤−2 ℃、dt85≥34 ℃相重叠的区域内,700 hPa 冷式切变线 0～50 km、500 hPa 槽 0～50 km、地面干线 0～50 km 范围内,

地面自动气象站极大风速风场中尺度切变线 10 km 附近,云顶亮温≤218 K 与多普勒天气雷达组合反射率因子≥45 dBZ 相对应的位置。见图 4.235 及表 4.90。

表 4.90 2016 年 6 月 28 日 08 时冰雹特征物理量表

特征物理量	数值
K 指数/℃	24
SI 指数/℃	−2
CAPE/$(J \cdot kg^{-1})$	800
dt85/℃	34
500 hPa 的 $T-T_d$/℃	10
700 hPa 的 $T-T_d$/℃	19
850 hPa 的 $T-T_d$/℃	8
云顶亮温/K	218
组合反射率因子/dBZ	45
0 ℃层高度/km	3.3
−20 ℃层高度/km	6.5

4.1.45 2016 年 6 月 29 日 12—20 时

实况描述:2016 年 6 月 29 日 12—20 时,受前倾槽过境影响,山西省 32 个县(市)出现雷暴天气,其中 3 个县(市)伴有冰雹,分别出现在天镇县(12:24—12:30)、大同市(12:31—12:36)、陵川县(16:41—17:02),冰雹最大直径为 13 mm,17:02 出现在陵川县。主要影响系统:850 hPa 冷式切变线、500 hPa 和 850 hPa 温度槽、500 hPa 和 700 hPa 及 850 hPa 干侵入线、地面干线、地面冷锋、850 hPa 和地面温度脊。

系统配置:700 hPa 冷式切变线超前 850 hPa 冷式切变线,850 hPa 冷式切变线超前地面冷锋,500 hPa 温度槽叠加在 850 hPa 温度脊之上,中低层大气层结不稳定,850 hPa 冷式切变线、850 hPa 干侵入线、地面干线、500 hPa 和 850 hPa 温度槽、地面自动气象站极大风速风场中尺度切变线均位于 500 hPa 干侵入线前部不稳定区。

触发机制:850 hPa 冷式切变线和温度槽、500 hPa 温度槽、地面干线、地面自动气象站极大风速风场中尺度切变线。见图 4.236~图 4.240 及表 4.91。

冰雹落区:冰雹位于 500 hPa 温度槽前不稳定区,500 hPa $T-T_d$≤30 ℃、700 hPa $T-T_d$≤12 ℃、850 hPa $T-T_d$≤12 ℃、K≥30 ℃、SI≤−2 ℃、dt85≥30 ℃ 相重叠的区域内,850 hPa 冷式切变线 0~50 km、地面地面干线 0~50 km 范围内、地面自动气象站极大风速风场中尺度切变线 10 km 附近,云顶亮温≤220 K 与多普勒天气雷达组合反射率因子≥50 dBZ 相对应的位置。见图 4.240 及表 4.92。

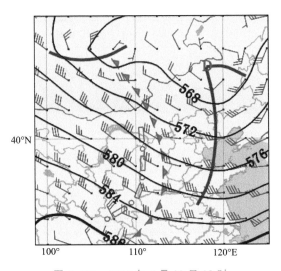

图 4.236　2016 年 6 月 29 日 08 时
500 hPa 高度场和风场

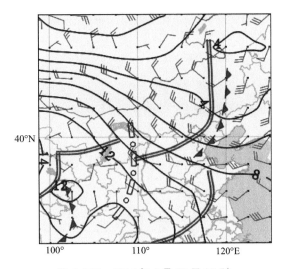

图 4.237　2016 年 6 月 29 日 08 时
700 hPa 风场和温度场

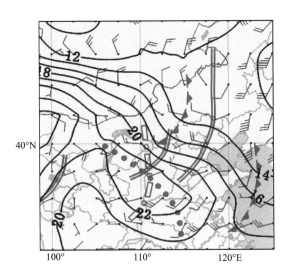

图 4.238　2016 年 6 月 29 日 08 时
850 hPa 风场和温度场

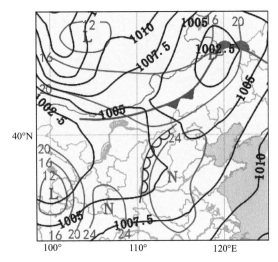

图 4.239　2016 年 6 月 29 日 08 时
地面气压场和温度场

表 4.91　2016 年 6 月 29 日 08 时冰雹中尺度天气系统表

系统	500 hPa	700 hPa	850 hPa	地面
干线	干侵入线	干侵入线	干侵入线	干线
温度槽	有	—	有	—
温度脊	—	—	有	有
湿舌	—	—	—	—
干舌	有	—	—	—

续表

系统	500 hPa	700 hPa	850 hPa	地面
暖式切变线辐合区	—	—	—	—
冷式切变线辐合区	—	有	有	—
槽线	—	—	—	—
急流	—	—	—	—
显著气流	—	—	—	—
地面中尺度切变线	—	—	—	有（提前 7 h）
径向速度场中尺度辐合线	—	—	—	径向速度≥16 m·s⁻¹

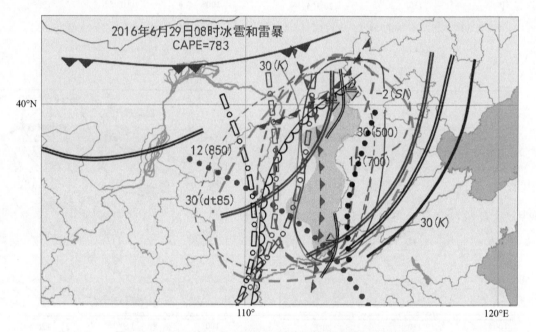

图 4.240　2016 年 6 月 29 日 08 时前倾槽型冰雹综合分析图

表 4.92　2016 年 6 月 29 日 08 时冰雹特征物理量表

特征物理量	数值
K 指数/℃	30
SI 指数/℃	−2
CAPE/$(J \cdot kg^{-1})$	783
dt85/℃	30
500 hPa 的 $T - T_d$/℃	30
700 hPa 的 $T - T_d$/℃	12

续表

特征物理量	数值
850 hPa 的 $T - T_d$/℃	12
云顶亮温/K	220
组合反射率因子/dBZ	50
0 ℃层高度/km	3.8
−20 ℃层高度/km	7.1

4.1.46　2016 年 7 月 15 日 12—20 时

实况描述:2016 年 7 月 15 日 12—20 时,受前倾槽过境影响,山西省 83 个县(市)出现雷暴天气,其中 3 个县(市)伴有冰雹,分别出现在朔州市(12:42—12:48)、吉县(17:45—17:58)、神池县(18:12—18:18),冰雹最大直径为 5 mm,12:42 出现在朔州市;2 个县(市)伴有 7 级以上雷暴大风。

主要影响系统:500 hPa 槽、700 hPa 和 850 hPa 冷式切变线、500 hPa 和 850 hPa 温度槽、500 hPa 和 700 hPa 及 850 hPa 干侵入线、地面干线、700 hPa 温度脊。

系统配置:700 hPa 冷式切变线超前 850 hPa 冷式切变线,500 hPa 温度槽叠加在 700 hPa 温度脊之上,中低层大气层结不稳定,500 hPa 和 700 hPa 干侵入线、地面干线、地面自动气象站极大风速风场中尺度切变线均位于 700 hPa 冷式切变线前部不稳定区。

触发机制:500 hPa 和 700 hPa 干侵入线、地面干线、地面自动气象站极大风速风场中尺度切变线。见图 4.241~图 4.245 及表 4.93。

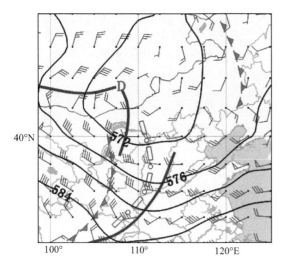

图 4.241　2016 年 7 月 15 日 08 时
500 hPa 高度场和风场

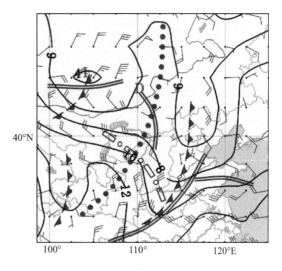

图 4.242　2016 年 7 月 15 日 08 时
700 hPa 风场和温度场

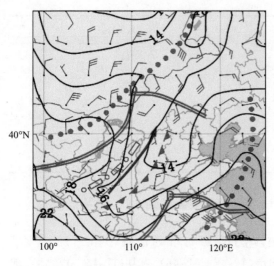

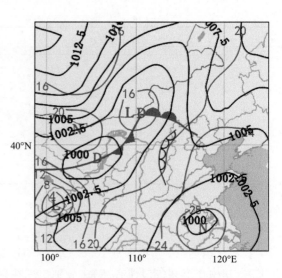

图 4.243 2016 年 7 月 15 日 08 时
850 hPa 风场和温度场

图 4.244 2016 年 7 月 15 日 08 时
地面气压场和温度场

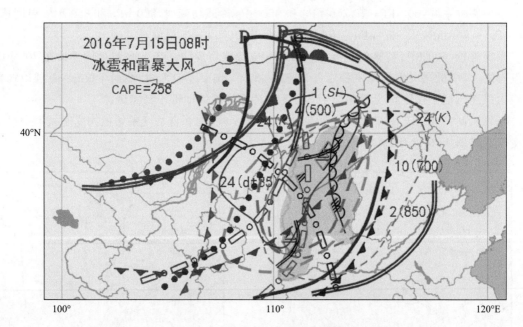

图 4.245 2016 年 7 月 15 日 08 时前倾槽型冰雹综合分析图

表 4.93 2016 年 7 月 15 日 08 时冰雹中尺度天气系统表

系统	500 hPa	700 hPa	850 hPa	地面
干线	干侵入线	干侵入线	干侵入线	干线
温度槽	有	有	有	—
温度脊	—	有	有	—
湿舌	有	—	有	—

续表

系统	500 hPa	700 hPa	850 hPa	地面
干舌	—	—	—	—
暖式切变线辐合区	—	—	—	—
冷式切变线辐合区	—	有	有	—
槽线	有	—	—	—
急流	—	—	—	—
显著气流	—	—	—	—
地面中尺度切变线	—	—	—	有(提前 10 h)
径向速度场中尺度辐合线	—	—	—	径向速度≥13 m·s^{-1}

冰雹落区:冰雹位于 700 hPa 冷式切变线前部不稳定区,500 hPa $T-T_d$≤4 ℃、700 hPa $T-T_d$≤10 ℃、850 hPa $T-T_d$≤2 ℃、K≥24 ℃、SI≤1 ℃、dt85≥24 ℃ 相重叠的区域内,850 hPa 温度槽 0~50 km、500 hPa 干侵入线 0~50 km、地面干线 0~50 km 范围内,地面自动气象站极大风速风场中尺度切变线 10 km 附近,云顶亮温≤225 K 与多普勒天气雷达组合反射率因子≥40 dBZ 相对应的位置。见图 4.245 及表 4.94。

表 4.94 2016 年 7 月 15 日 08 时冰雹特征物理量表

特征物理量	数值
K 指数/℃	24
SI 指数/℃	1
CAPE/(J·kg^{-1})	258
dt85/℃	24
500 hPa 的 $T-T_d$/℃	4
700 hPa 的 $T-T_d$/℃	10
850 hPa 的 $T-T_d$/℃	2
云顶亮温/K	225
组合反射率因子/dBZ	40
0 ℃层高度/km	3.9
−20 ℃层高度/km	7.2

4.1.47 2016 年 7 月 28 日 13—20 时

实况描述:2016 年 7 月 28 日 13—20 时,受前倾槽过境影响,山西省 30 个县(市)出现雷暴天气,其中 3 个县(市)伴有冰雹,分别出现在古交市(14:18—14:29)、忻州市(16:55—16:58)、榆社县(18:59—19:08),冰雹最大直径为 25 mm,14:18 出现古交市;5 个县(市)伴有 7 级以上雷暴大风。

主要影响系统:500 hPa 槽、700 hPa 和 850 hPa 冷式切变线、500 hPa 和 850 hPa 温度槽、500 hPa 和 700 hPa 及 850 hPa 干侵入线、地面干线、700 hPa 和地面温度脊。

系统配置:500 hPa 槽超前 700 hPa 和 850 hPa 冷式切变线,500 hPa 温度槽叠加在 700 hPa 温度脊之上,中低层大气层结不稳定,500 hPa 槽和 850 hPa 冷式切变线、700 hPa 和 850 hPa 干侵入线、地面干线、地面自动气象站极大风速风场中尺度切变线均位于 500 hPa 温度槽前不稳定区。

触发机制:500 hPa 槽和 850 hPa 冷式切变线、700 hPa 和 850 hPa 干侵入线、地面干线、地面自动气象站极大风速风场中尺度切变线。见图 4.246~图 4.250 及表 4.95。

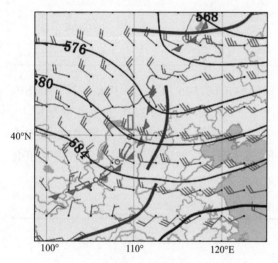

图 4.246 2016 年 7 月 28 日 08 时
500 hPa 高度场和风场

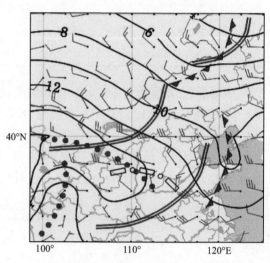

图 4.247 2016 年 7 月 28 日 08 时
700 hPa 风场和温度场

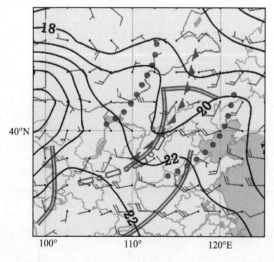

图 4.248 2016 年 7 月 28 日 08 时
850 hPa 风场和温度场

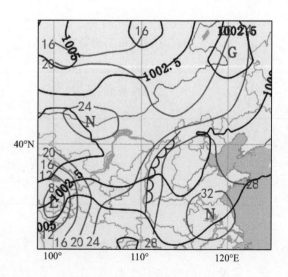

图 4.249 2016 年 7 月 28 日 08 时
地面气压场和温度场

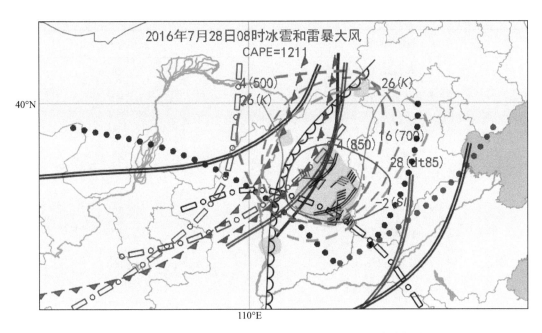

图 4.250　2016 年 7 月 28 日 08 时前倾槽型冰雹综合分析图

表 4.95　2016 年 7 月 28 日 08 时冰雹中尺度天气系统表

系统	500 hPa	700 hPa	850 hPa	地面
干线	干侵入线	干侵入线	干侵入线	干线
温度槽	有	—	有	—
温度脊	—	有	—	有
湿舌	有	—	有	—
干舌	—	有	—	—
暖式切变线辐合区	—	—	—	—
冷式切变线辐合区	—	有	有	—
槽线	有	—	—	—
急流	—	—	—	—
显著气流	—	有	有	—
地面中尺度切变线	—	—	—	有(提前 9 h)
径向速度场中尺度辐合线	—	—	—	径向速度≥19 m·s⁻¹

　　冰雹落区:冰雹位于地面干线东部不稳定湿区,500 hPa $T-T_d$≤4 ℃、700 hPa $T-T_d$≤16 ℃、850 hPa $T-T_d$≤4 ℃、K≥26 ℃、SI≤−2 ℃、dt85≥280 ℃相重叠的区域内,500 hPa 槽 0~30 km、700 hPa 干侵入线 0~30 km 范围内,地面自动气象站极大风速风场中尺度切变线 10 km 附近,云顶亮温≤225 K 与多普勒天气雷达组合反射率因子≥55 dBZ 相对应的位置。见图 4.250 及表 4.96。

表 4.96　2016 年 7 月 28 日 08 时冰雹特征物理量表

特征物理量	数值
K 指数/℃	26
SI 指数/℃	−2
CAPE/$(J \cdot kg^{-1})$	1121
dt85/℃	28
500 hPa 的 $T - T_d$/℃	4
700 hPa 的 $T - T_d$/℃	16
850 hPa 的 $T - T_d$/℃	4
云顶亮温/K	225
组合反射率因子/dBZ	55
0 ℃层高度/km	4.2
−20 ℃层高度/km	7.5

4.1.48　2017 年 5 月 30 日 13—20 时

实况描述:2017 年 5 月 30 日 13—20 时,受前倾槽过境影响,山西省 61 个县(市)出现雷暴天气,其中 4 个县伴有冰雹,分别出现在山阴县(13:25—13:40)、五台县(14:56—14:59)、五台山(15:15—15:21)、昔阳县(18:42—18:49),上述 4 个县冰雹最大直径均为 6 mm;19 个县(市)伴有 7 级以上雷暴大风。

主要影响系统:500 hPa 槽、700 hPa 和 850 hPa 冷式切变线、500 hPa 和 700 hPa 及 850 hPa 干侵入线、地面干线、500 hPa 和 700 hPa 及地面温度脊、700 hPa 和 850 hPa 温度槽。

系统配置:500 hPa 槽与 700 hPa 和 850 hPa 冷式切变线呈前倾结构,850 hPa 温度槽叠加在地面温度脊之上,中低层大气层结不稳定,700 hPa 和 850 hPa 冷式切变线、850 hPa 温度槽、地面干线、地面自动气象站极大风速风场中尺度切变线均位于 850 hPa 干侵入线前不稳定区。

触发机制:700 hPa 和 850 hPa 冷式切变线、850 hPa 温度槽、地面干线、地面自动气象站极大风速风场中尺度切变线。见图 4.251～图 4.255 及表 4.97。

冰雹落区:冰雹位于 700 hPa 与 850 hPa 干侵入线之间,500 hPa $T - T_d \leqslant 9$ ℃、700 hPa $T - T_d \leqslant 16$ ℃、850 hPa $T - T_d \leqslant 8$ ℃、$K \geqslant 20$ ℃、$SI \leqslant -2$ ℃、dt85 $\geqslant 26$ ℃相重叠的区域内,地面干线 0～50 km、700 hPa 和 850 hPa 冷式切变线 0～50 km 范围内,地面自动气象站极大风速风场中尺度切变线 10 km 附近,云顶亮温 $\leqslant 220$ K 与多普勒天气雷达组合反射率因子 $\geqslant$ 45 dBZ 相对应的位置。见图 4.255 及表 4.98。

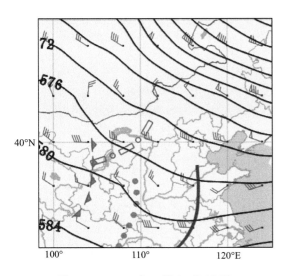

图 4.251　2017 年 5 月 30 日 08 时
500 hPa 高度场和风场

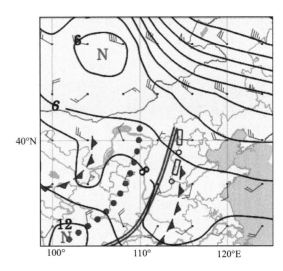

图 4.252　2017 年 5 月 30 日 08 时
700 hPa 风场和温度场

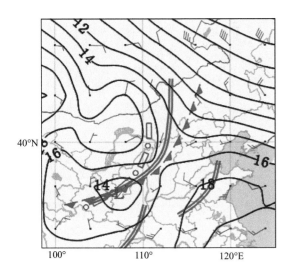

图 4.253　2017 年 5 月 30 日 08 时
850 hPa 风场和温度场

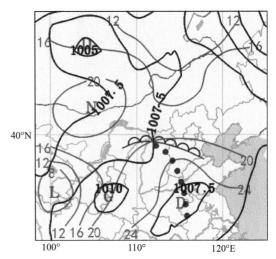

图 4.254　2017 年 5 月 30 日 08 时
地面气压场和温度场

表 4.97　2017 年 5 月 30 日 08 时冰雹中尺度天气系统表

系统	500 hPa	700 hPa	850 hPa	地面
干线	干侵入线	干侵入线	干侵入线	干线
温度槽	—	有	有	—
温度脊	有	有	—	有
湿舌	—	—	—	—
干舌	—	有	—	—

系统	500 hPa	700 hPa	850 hPa	地面
暖式切变线辐合区	—	—	—	—
冷式切变线辐合区	—	有	有	—
槽线	有	—	—	—
急流	—	—	—	—
显著气流	—	—	—	—
地面中尺度切变线	—	—	—	有(提前7 h)
径向速度场中尺度辐合线	—	—	—	径向速度≥12 m·s⁻¹

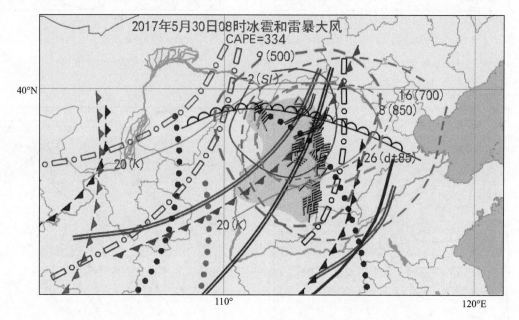

图 4.255 2017 年 5 月 30 日 08 时前倾槽型冰雹综合分析图

表 4.98 2017 年 5 月 30 日 08 时冰雹特征物理量表

特征物理量	数值
K 指数/℃	20
SI 指数/℃	-2
CAPE/(J·kg⁻¹)	334
dt85/℃	26
500 hPa 的 $T-T_d$/℃	9
700 hPa 的 $T-T_d$/℃	16
850 hPa 的 $T-T_d$/℃	8
云顶亮温/K	220

续表

特征物理量	数值
组合反射率因子/dBZ	45
0 ℃层高度/km	3.7
−20 ℃层高度/km	6.3

4.1.49　2017 年 7 月 9 日 12—21 时

实况描述:2017 年 7 月 9 日 12—21 时,受前倾槽影响,山西省 60 个县(市)出现雷暴天气,其中 5 个县(市)伴有冰雹,分别出现在:原平县(13:16,冰雹直径 5 mm)、忻州市(15:36,冰雹直径 3 mm)、陵川县(16:13,冰雹直径 3 mm)、阳泉市(16:29,冰雹直径 7 mm)和武乡县(20:51,冰雹直径 4 mm),冰雹最大直径 7 mm,16:29 出现在阳泉市;16 个县(市)伴有 7～10 级雷暴大风。

主要影响系统:500 hPa 槽和温度槽、700 hPa 和 850 hPa 及地面温度脊、500 hPa 和 850 hPa 干侵入线、地面干线、850 hPa 冷式切变线、500 hPa 和 700 hPa 及 850 hPa 干舌。

系统配置:500 hPa 温度槽叠加在 700 hPa 和 850 hPa 温度脊之上,中低层大气层结不稳定,850 hPa 冷式切变线、500 hPa 和 850 hPa 干侵入线、地面干线、500 hPa 槽均位于 500 hPa 温度槽前不稳定区域,地面自动气象站极大风速风场有中尺度切变线。

触发机制:850 hPa 冷式切变线、500 hPa 和 850 hPa 干侵入线、地面干线、500 hPa 槽、地面自动气象站极大风速风场中尺度切变线。见图 4.256～图 4.260 及表 4.99。

冰雹落区:冰雹位于 850 hPa 冷式切变线前不稳定区域,850 hPa $T-T_d \leqslant 7$ ℃、700 hPa $T-T_d \leqslant 10$ ℃、500 hPa $T-T_d \geqslant 43$ ℃、$K \geqslant 28$ ℃、$SI \leqslant 0$ ℃、dt85$\geqslant 26$ ℃相重叠的区域内,地面干线 0～80 km、500 hPa 干侵入线 0～60 km、850 hPa 干侵入线 0～60 km、500 hPa 槽 0～50 km 范围内,地面自动气象站极大风速风场中尺度切变线 10 km 附近,多普勒天气雷达组合反射率因子≥45 dBZ 相对应的位置。见图 4.260 及表 4.100。

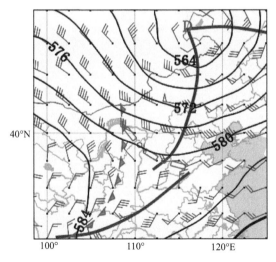

图 4.256　2017 年 7 月 9 日 08 时
500 hPa 高度场和风场

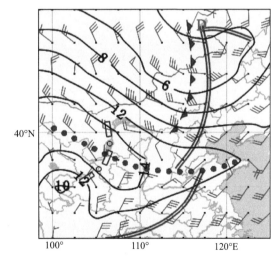

图 4.257　2017 年 7 月 9 日 08 时
700 hPa 风场和温度场

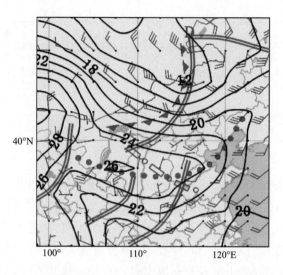

图 4.258 2017 年 7 月 9 日 08 时
850 hPa 风场和温度场

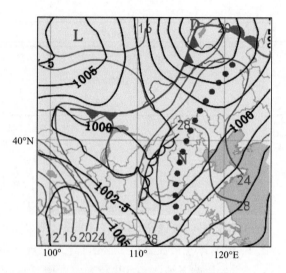

图 4.259 2017 年 7 月 9 日 08 时
地面气压场和温度场

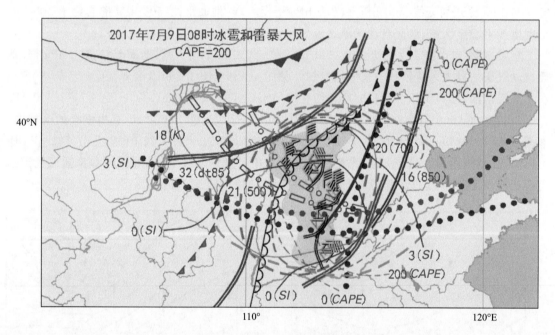

图 4.260 2017 年 7 月 9 日 08 时前倾槽型冰雹综合分析图

表 4.99 2017 年 7 月 9 日 08 时冰雹中尺度天气系统表

系统	500 hPa	700 hPa	850 hPa	地面
干线	干侵入线	—	干侵入线	干线
温度槽	有	—	—	—
温度脊	—	有	有	有
湿舌	—	—	—	—

续表

系统	500 hPa	700 hPa	850 hPa	地面
干舌	有	有	有	—
暖式切变线辐合区	—	—	—	—
冷式切变线辐合区	—	有	有	—
槽线	有	—	—	—
急流	—	—	—	—
显著气流	—	—	—	—
地面中尺度切变线	—	—	—	有(提前 8 h)
径向速度场中尺度辐合线	—	—	—	径向速度≥15 m·s^{-1}

表 4.100　2017 年 7 月 9 日 08 时冰雹特征物理量表

特征物理量	数值
K 指数/℃	18
SI 指数/℃	0
CAPE/(J·kg^{-1})	200
dt85/℃	32
500 hPa 的 $T-T_d$/℃	21
700 hPa 的 $T-T_d$/℃	20
850 hPa 的 $T-T_d$/℃	16
云顶亮温/K	215
组合反射率因子/dBZ	45
0 ℃层高度/km	4.1
−20 ℃层高度/km	7.2

4.1.50　2017 年 8 月 5 日 13—20 时

实况描述:2017 年 8 月 5 日 13—20 时,受蒙古冷涡和前倾槽影响,山西省 54 个县(市)出现雷暴天气,其中 3 个县伴有冰雹,分别出现在:河曲县(17:04,冰雹直径 4 mm)、阳高县(17:40,冰雹直径 5 mm)和灵丘县(18:19,冰雹直径 7 mm);7 个县(市)伴有 7～10 级雷暴大风。

主要影响系统:500 hPa 槽、500 hPa 和 700 hPa 及 850 hPa 温度槽、850 hPa 和地面温度脊、500 hPa 和 700 hPa 及 850 hPa 干侵入线、地面干线和冷锋、700 hPa 和 850 hPa 冷式切变线。

系统配置:500 hPa 槽与 850 hPa 冷式切变线及地面冷锋呈前倾结构,500 hPa 和 700 hPa 温度槽叠加在 850 hPa 和地面温度脊之上,中低空大气层结不稳定,500 hPa 和 850 hPa 干侵入线、地面干线和 700 hPa 和 850 hPa 温度槽均位于 500 hPa 槽前不稳定区域,地面自动气象站极大风速风场有中尺度切变线。

触发机制:500 hPa 干侵入线和地面干线、700 hPa 和 850 hPa 温度槽、地面自动气象站极大风速风场中尺度切变线。见图 4.261~图 4.265 及表 4.101。

冰雹落区:冰雹位于 500 hPa 槽与地面温度脊之间,850 hPa $T-T_d \leqslant 7$ ℃、700 hPa $T-T_d \leqslant 12$ ℃、500 hPa $T-T_d \geqslant 30$ ℃、$K \geqslant 26$ ℃、$SI \leqslant 0$ ℃、dt85 $\geqslant 27$ ℃相重叠的区域内,500 hPa 干侵入线 0~50 km、地面干线 0~50 km 范围内,地面自动气象站极大风速风场中尺度切变线 10 km 附近,云顶亮温 $\leqslant 230$ K 与多普勒天气雷达组合反射率因子 $\geqslant 45$ dBZ 相对应的位置。见图 4.265 及表 4.102。

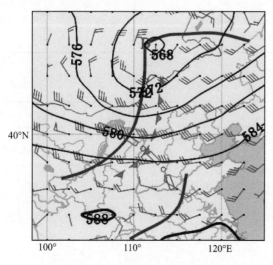

图 4.261　2017 年 8 月 5 日 08 时
500 hPa 高度场和风场

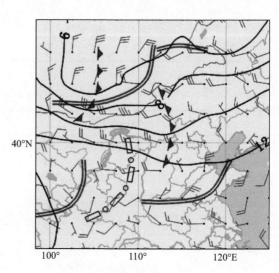

图 4.262　2017 年 8 月 5 日 08 时
700 hPa 风场和温度场

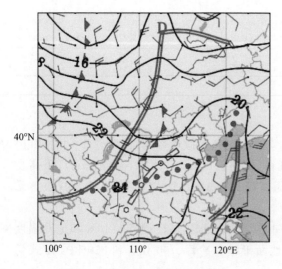

图 4.263　2017 年 8 月 5 日 08 时
850 hPa 风场和温度场

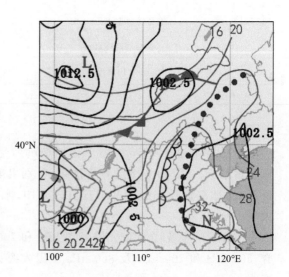

图 4.264　2017 年 8 月 5 日 08 时
地面气压场和温度场

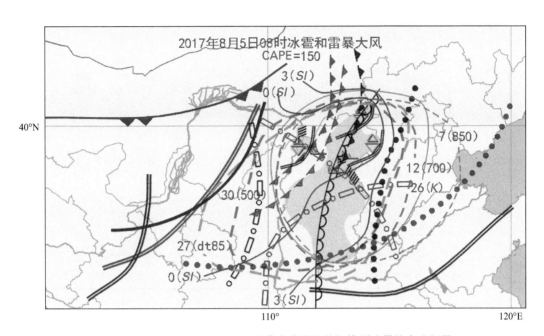

图 4.265　2017 年 8 月 5 日 08 时蒙古冷涡和前倾槽型冰雹综合分析图

表 4.101　2017 年 8 月 5 日 08 时冰雹中尺度天气系统表

系统	500 hPa	700 hPa	850 hPa	地面
干线	干侵入线	干侵入线	干侵入线	干线
温度槽	有	有	有	—
温度脊	—	—	有	有
湿舌	—	—	—	—
干舌	有	—	—	—
暖式切变线辐合区	—	—	—	—
冷式切变线辐合区	—	有	有	冷锋
槽线	有	—	—	—
急流	—	—	—	—
显著气流	—	—	—	—
地面中尺度切变线	—	—	—	有(提前 9 h)
径向速度场中尺度辐合线	—	—	—	径向速度≥14 m·s^{-1}

表 4.102　2017 年 8 月 5 日 08 时冰雹特征物理量表

特征物理量	数值
K 指数/℃	26
SI 指数/℃	0

特征物理量	数值
CAPE/(J·kg^{-1})	150
dt85/℃	27
500 hPa 的 $T-T_d$/℃	30
700 hPa 的 $T-T_d$/℃	12
850 hPa 的 $T-T_d$/℃	7
云顶亮温/K	230
组合反射率因子/dBZ	45
0 ℃层高度/km	4.2
−20 ℃层高度/km	7.2

4.2 后倾槽型冰雹中尺度分析

4.2.1 2004 年 6 月 18 日 12—21 时

实况描述:2004 年 6 月 18 日 12—21 时,受后倾槽过境影响,山西省 42 个县(市)出现雷暴天气,其中 3 个县(市)伴有冰雹,分别出现在壶关县(12:04—12:06)、太原市北郊(15:40—15:42)、阳泉市(20:06—20:07),冰雹最大直径为 8 mm,20:06—20:07 出现在阳泉市;1 个县(市)伴有 8 级雷暴大风。

主要影响系统:500 hPa 槽、500 hPa 和 700 hPa 及 850 hPa 温度槽、500 hPa 和 700 hPa 及 850 hPa 干侵入线、地面干线、700 hPa 和 850 hPa 冷式切变线、850 hPa 和地面温度脊。

系统配置:850 hPa 和 700 hPa 冷式切变线与 500 hPa 槽呈后倾结构,500 hPa 温度槽叠加在 700 hPa 和 850 hPa 温度脊之上,中低层大气层结不稳定,500 hPa 槽、700 hPa 和 850 hPa 冷式切变线、700 hPa 干侵入线和地面干线均位于 850 hPa 干侵入线前不稳定区,地面自动气象站极大风速风场有中尺度切变线。

触发机制:500 hPa 槽、700 hPa 和 850 hPa 冷式切变线、700 hPa 干侵入线和地面干线、地面自动气象站极大风速风场中尺度切变线。见图 4.266～图 4.270 及表 4.103。

冰雹落区:冰雹位于地面干线与 850 hPa 冷式切变线之间,700 hPa $T-T_d$≤6 ℃、850 hPa $T-T_d$≤9 ℃、500 hPa $T-T_d$≤6 ℃、K≥30 ℃、SI≤1 ℃、dt85≥29 ℃相重叠的区域内,500 hPa 槽 0～50 km、850 hPa 冷式切变线 0～50 km、地面干线 0～50 km 范围内,地面自动气象站极大风速风场中尺度切变线 10 km 附近,云顶亮温≤230 K 与多普勒天气雷达组合反射率因子≥45 dBZ 相对应的位置。见图 4.270 及表 4.104。

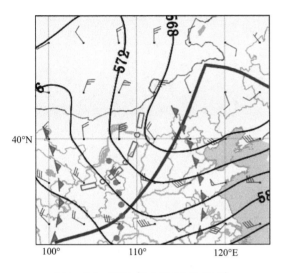

图 4.266 2004 年 6 月 18 日 08 时
500 hPa 高度场和风场

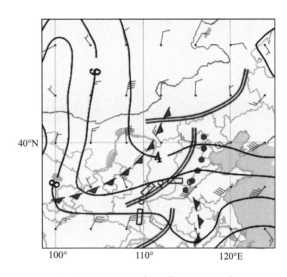

图 4.267 2004 年 6 月 18 日 08 时
700 hPa 风场和温度场

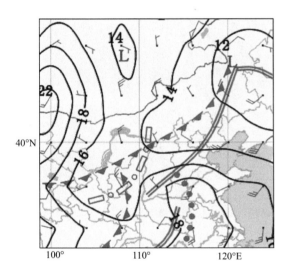

图 4.268 2004 年 6 月 18 日 08 时
850 hPa 风场和温度场

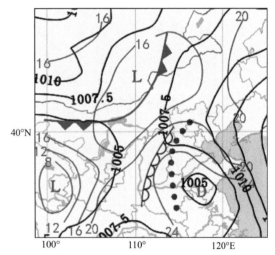

图 4.269 2004 年 6 月 18 日 08 时
地面气压场和温度场

表 4.103 2004 年 6 月 18 日 08 时冰雹中尺度天气系统表

系统	500 hPa	700 hPa	850 hPa	地面
干线	干侵入线	干侵入线	干侵入线	干线
温度槽	有	有	有	—
温度脊	—	—	有	有
湿舌	—	—	—	—
干舌	—	—	—	—

系统	500 hPa	700 hPa	850 hPa	地面
暖式切变线辐合区	—	—	—	—
冷式切变线辐合区	—	有	有	冷锋
槽线	有	—	—	—
急流	—	—	—	—
显著气流	—	—	—	—
地面中尺度切变线	—	—	—	有(提前8 h)
径向速度场中尺度辐合线	—	—	—	径向速度≥15 m·s⁻¹

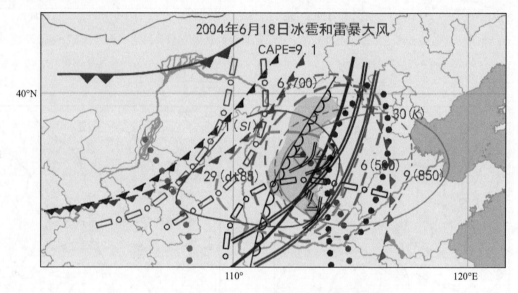

图 4.270　2004 年 6 月 18 日 08 时后倾槽冰雹综合分析图

表 4.104　2004 年 6 月 18 日 08 时冰雹特征物理量表

特征物理量	数值
K 指数/℃	30
SI 指数/℃	1
CAPE/$(\text{J}\cdot\text{kg}^{-1})$	9.1
dt85/℃	29
500 hPa 的 $T-T_d$/℃	6
700 hPa 的 $T-T_d$/℃	6
850 hPa 的 $T-T_d$/℃	9
云顶亮温/K	230

续表

特征物理量	数值
组合反射率因子/dBZ	45
0 ℃层高度/km	3.5
−20 ℃层高度/km	6.9

4.2.2　2004 年 7 月 11 日 13—20 时

实况描述:2004 年 7 月 11 日 13—20 时,受后倾槽过境影响,山西省 72 个县(市)出现雷暴天气,其中 3 个县伴有冰雹,分别出现在沁源县(14:12—14:15)、霍县(15:41—15:44)、高平县(17:29—17:34,18:28—18:32),冰雹最大直径为 14 mm,14:12—14:15 出现在沁源县;1 个县(市)伴有 8 级雷暴大风。

主要影响系统:500 hPa 槽、500 hPa 和 700 hPa 温度槽、500 hPa 和 700 hPa 及 850 hPa 干侵入线、地面干线、700 hPa 和 850 hPa 冷式切变线、850 hPa 和地面温度脊。

系统配置:850 hPa 和 700 hPa 冷式切变线与 500 hPa 槽呈后倾结构,500 hPa 和 700 hPa 温度槽叠加在 850 hPa 和地面温度脊之上,中低层大气层结不稳定,500 hPa 槽及地面干线均位于 500 hPa 温度槽前不稳定区,地面自动气象站极大风速风场有中尺度切变线。

触发机制:500 hPa 槽及地面干线、地面自动气象站极大风速风场中尺度切变线。见图 4.271～图 4.275 及表 4.105。

冰雹落区:冰雹位于 500 hPa 温度槽前不稳定区,700 hPa $T-T_d \leqslant 5$ ℃、850 hPa $T-T_d \leqslant 2$ ℃、500 hPa $T-T_d \leqslant 15$ ℃、$K \geqslant 31$ ℃、$SI \leqslant 0$ ℃、dt85$\geqslant 23$ ℃相重叠的区域内,500 hPa 槽 0～50 km、地面干线 0～50 km 范围内,地面自动气象站极大风速风场中尺度切变线 10 km 附近,云顶亮温$\leqslant 230$ K 与多普勒天气雷达组合反射率因子$\geqslant 50$ dBZ 相对应的位置。见图 4.275 及表 4.106。

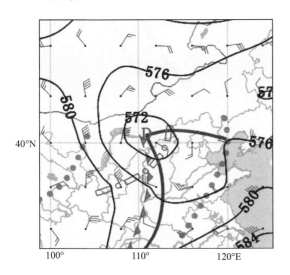

图 4.271　2004 年 7 月 11 日 08 时
500 hPa 高度场和风场

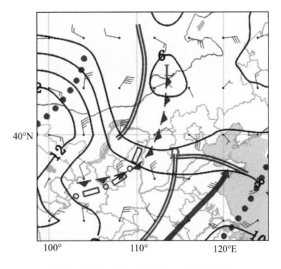

图 4.272　2004 年 7 月 11 日 08 时
700 hPa 风场和温度场

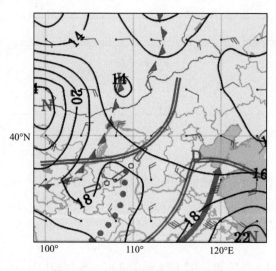

图 4.273　2004 年 7 月 11 日 08 时
850 hPa 风场和温度场

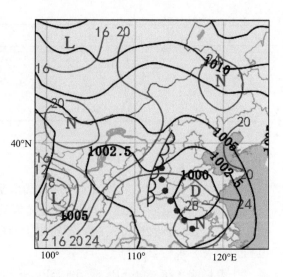

图 4.274　2004 年 7 月 11 日 08 时
地面气压场和温度场

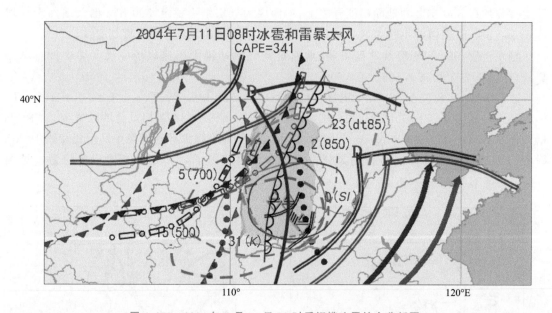

图 4.275　2004 年 7 月 11 日 08 时后倾槽冰雹综合分析图

表 4.105　2004 年 7 月 11 日 08 时冰雹中尺度天气系统表

系统	500 hPa	700 hPa	850 hPa	地面
干线	干侵入线	干侵入线	干侵入线	干线
温度槽	有	有	—	—
温度脊	—	—	有	有
湿舌	—	—	有	—
干舌	有	—	—	—

续表

系统	500 hPa	700 hPa	850 hPa	地面
暖式切变线辐合区	—	—	—	—
冷式切变线辐合区	—	有	有	—
槽线	有	—	—	—
急流	—	—	—	—
显著气流	—	—	—	—
地面中尺度切变线	—	—	—	有(提前 9 h)
径向速度场中尺度辐合线	—	—	—	径向速度≥12 m·s^{-1}

表 4.106　2004 年 7 月 11 日 08 时冰雹特征物理量表

特征物理量	数值
K 指数/℃	31
SI 指数/℃	0
CAPE/(J·kg^{-1})	341
dt85/℃	23
500 hPa 的 $T-T_d$/℃	15
700 hPa 的 $T-T_d$/℃	5
850 hPa 的 $T-T_d$/℃	2
云顶亮温/K	230
组合反射率因子/dBZ	50
0 ℃层高度/km	4.1
−20 ℃层高度/km	7.4

4.2.3　2004 年 9 月 6 日 13—20 时

实况描述:2004 年 9 月 6 日 13—20 时,受后倾槽过境影响,山西省 58 个县(市)出现雷暴天气,其中 6 个县(市)伴有冰雹,分别出现在岢岚县(13:22—13:25)、大同县(13:44—13:46)、兴县(14:35—14:36)、怀仁市(14:57—14:59,15:00—15:01)、太谷县(16:45)、大同市(17:55—17:57),冰雹最大直径为 7 mm,14:57—14:59 出现在怀仁市;9 个县(市)伴有 8~11 级雷暴大风。

主要影响系统:500 hPa 槽、500 hPa 和 700 hPa 及 850 hPa 温度槽、500 hPa 和 700 hPa 及 850 hPa 干侵入线、地面干线、700 hPa 和 850 hPa 冷式切变线、700 hPa 和地面温度脊。

系统配置:地面冷锋与 850 hPa 冷式切变线呈后倾结构,500 hPa 温度槽叠加在 700 hPa 温度脊之上,中低层大气层结不稳定,500 hPa 和 700 hPa 干侵入线、地面干线和冷锋均位于 850 hPa 冷式切变线前不稳定区,地面自动气象站极大风速风场有中尺度切

173

变线。

触发机制:500 hPa 和 700 hPa 干侵入线、地面干线和冷锋、地面自动气象站极大风速风场中尺度切变线。见图 4.276～图 4.280 及表 4.107。

冰雹落区:冰雹位于 850 hPa 冷式切变线前不稳定区,700 hPa $T-T_d \leqslant 3$ ℃、850 hPa $T-T_d \leqslant 2$ ℃、500 hPa $T-T_d \leqslant 9$ ℃、$K \geqslant 35$ ℃、$SI \leqslant -1$ ℃、dt85≥25 ℃ 相重叠的区域内,500 hPa 和 700 hPa 干侵入线 0～50 km、地面干线 0～50 km、地面冷锋 0～50 km 范围内,地面自动气象站极大风速风场中尺度切变线 10 km 附近,云顶亮温≤230 K 与多普勒天气雷达组合反射率因子≥45 dBZ 相对应的位置。见图 4.280 及表 4.108。

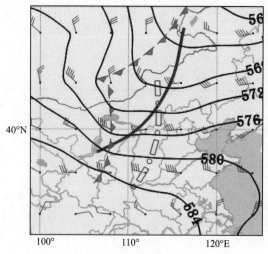

图 4.276　2004 年 9 月 6 日 08 时
500 hPa 高度场和风场

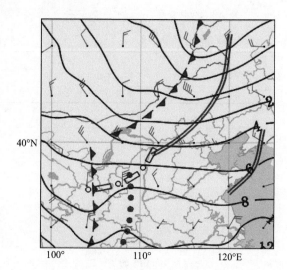

图 4.277　2004 年 9 月 6 日 08 时
700 hPa 风场和温度场

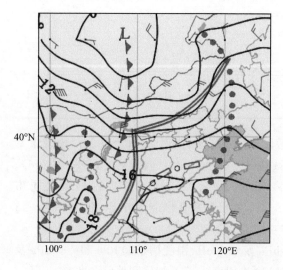

图 4.278　2004 年 9 月 6 日 08 时
850 hPa 风场和温度场

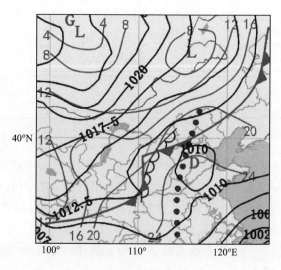

图 4.279　2004 年 9 月 6 日 08 时
地面气压场和温度场

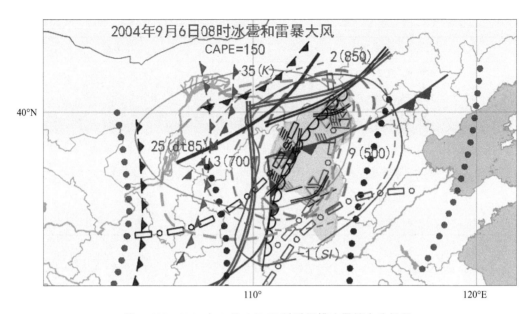

图 4.280　2004 年 9 月 6 日 08 时后倾槽冰雹综合分析图

表 4.107　2004 年 9 月 6 日 08 时冰雹中尺度大气系统表

系统	500 hPa	700 hPa	850 hPa	地面
干线	干侵入线	干侵入线	干侵入线	干线
温度槽	有	有	有	—
温度脊	—	有	—	有
湿舌	—	有	有	—
干舌	—	—	—	—
暖式切变线辐合区	—	—	—	—
冷式切变线辐合区	—	有	有	—
槽线	有	—	—	—
急流	—	—	—	—
显著气流	—	—	—	—
地面中尺度切变线	—	—	—	有(提前 6 h)
径向速度场中尺度辐合线	—	—	—	径向速度≥11 m·s^{-1}

表 4.108　2004 年 9 月 6 日 08 时冰雹特征物理量表

特征物理量	数值
K 指数/℃	35
SI 指数/℃	−1
CAPE/(J·kg^{-1})	150
dt85/℃	25

特征物理量	数值
500 hPa 的 $T-T_d$/℃	9
700 hPa 的 $T-T_d$/℃	3
850 hPa 的 $T-T_d$/℃	2
云顶亮温/K	230
组合反射率因子/dBZ	45
0 ℃层高度/km	3.7
−20 ℃层高度/km	7.0

4.2.4 2005 年 5 月 21 日 11—20 时

实况描述:2005 年 5 月 21 日 11—20 时,受后倾槽过境影响,山西省 32 个县(市)出现雷暴天气,其中 4 个县伴有冰雹,分别出现在灵丘县(11:40—11:43)、偏关县(12:47—12:48)、山阴县(13:34—13:35)、浑源县(13:47—13:53),冰雹最大直径为 4 mm,13:34—13:35 出现在山阴县;20 个县(市)伴有 7~11 级雷暴大风。

主要影响系统:500 hPa 槽、500 hPa 和 850 hPa 温度槽、500 hPa 和 700 hPa 及 850 hPa 干侵入线、地面干线、700 hPa 和 850 hPa 冷式切变线、地面冷锋、700 hPa 温度脊。

系统配置:850 hPa 和 700 hPa 及 500 hPa 系统结构为后倾,500 hPa 温度槽叠加在 700 hPa 温度脊之上,中低层大气层结不稳定,500 hPa 干侵入线、地面干线和冷锋、500 hPa 槽和 700 hPa 冷式切变线均位于 500 hPa 温度槽前不稳定区。

触发机制:500 hPa 干侵入线、地面干线和冷锋、500 hPa 槽和 700 hPa 冷式切变线、地面自动气象站极大风速风场中尺度切变线。见图 4.281~图 4.285 及表 4.109。

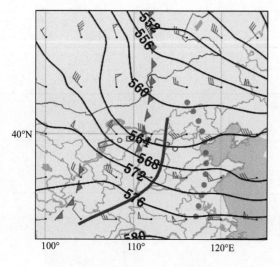

图 4.281　2005 年 5 月 21 日 08 时
500 hPa 高度场和风场

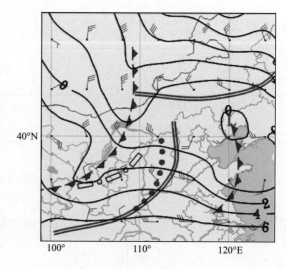

图 4.282　2005 年 5 月 21 日 08 时
700 hPa 风场和温度场

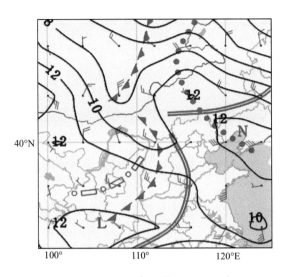

图 4.283　2005 年 5 月 21 日 08 时
850 hPa 风场和温度场

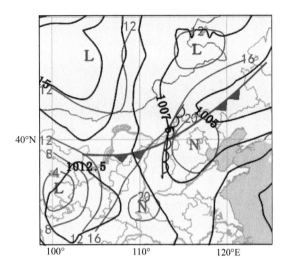

图 4.284　2005 年 5 月 21 日 08 时
地面气压场和温度场

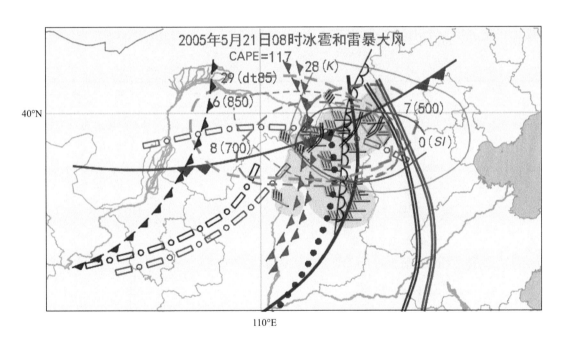

图 4.285　2005 年 5 月 21 日 08 时后倾槽冰雹综合分析图

表 4.109　2005 年 5 月 21 日 08 时冰雹中尺度天气系统表

系统	500 hPa	700 hPa	850 hPa	地面
干线	干侵入线	干侵入线	干侵入线	干线
温度槽	有	—	有	—
温度脊	—	有	—	暖区
湿舌	—	—	—	—

系统	500 hPa	700 hPa	850 hPa	地面
干舌	—	—	—	—
暖式切变线辐合区	—	—	—	—
冷式切变线辐合区	—	有	有	—
槽线	有	—	—	—
急流	—	—	—	—
显著气流	—	—	—	—
地面中尺度切变线				有(提前 9 h)
径向速度场中尺度辐合线	—	—	—	径向速度≥12 m·s^{-1}

冰雹落区:冰雹位于 500 hPa 温度槽前不稳定区,700 hPa $T-T_d$≤8 ℃、850 hPa $T-T_d$≤6 ℃、500 hPa $T-T_d$≤7 ℃、K≥28 ℃、SI≤0 ℃、dt85≥29 ℃相重叠的区域内,500 hPa 干侵入线和地面干线 0~50 km、地面冷锋和 700 hPa 冷式切变线 0~50 km 范围内,地面自动气象站极大风速风场中尺度切变线 10 km 附近,云顶亮温≤235 K 与多普勒天气雷达组合反射率因子≥40 dBZ 相对应的位置。见图 4.285 及表 4.110。

表 4.110 2005 年 5 月 21 日 08 时冰雹特征物理量表

特征物理量	数值
K 指数/℃	28
SI 指数/℃	0
CAPE/$(J\cdot kg^{-1})$	117
dt85/℃	29
500 hPa 的 $T-T_d$/℃	7
700 hPa 的 $T-T_d$/℃	8
850 hPa 的 $T-T_d$/℃	6
云顶亮温/K	235
组合反射率因子/dBZ	40
0 ℃层高度/km	2.6
−20 ℃层高度/km	6.0

4.2.5 2006 年 8 月 1 日 13—20 时

实况描述:2006 年 8 月 1 日 13—20 时,受后倾槽影响,山西省 43 个县(市)出现雷暴天气,其中 5 个县(市)伴有冰雹,分别出现在五台县(13:29—13:33)、朔州市(13:36—13:39)、临汾市(14:25—14:27)、平鲁县(14:54—15:12)、清徐县(16:04—16:20),冰雹最大直径为 5 mm,13:33 出现在五台县;2 个县(市)伴有 7 级以上雷暴大风。

主要影响系统:500 hPa 槽、700 hPa 冷式切变线、500 hPa 和 700 hPa 及 850 hPa 温度槽、500 hPa 和 700 hPa 及 850 hPa 干侵入线、地面干线和冷锋。

系统配置:850 hPa 至 500 hPa 系统结构后倾,850 hPa 至 500 hPa 均被温度槽控制,500 hPa 温度槽前大气层结不稳定,500 hPa 槽、700 hPa 冷式切变线、850 hPa 干侵入线和温度槽、地面干线、地面自动气象站极大风速风场中尺度切变线均位于 500 hPa 温度槽前不稳定区。

触发机制:500 hPa 槽、700 hPa 冷式切变线、850 hPa 干侵入线和温度槽、地面干线、地面自动气象站极大风速风场中尺度切变线。见图 4.286~图 4.290 及表 4.111。

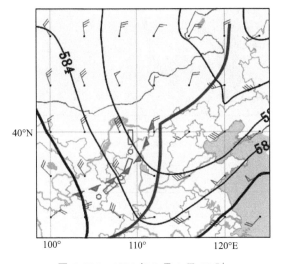

图 4.286　2006 年 8 月 1 日 08 时
500 hPa 高度场和风场

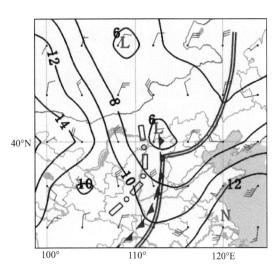

图 4.287　2006 年 8 月 1 日 08 时
700 hPa 风场和温度场

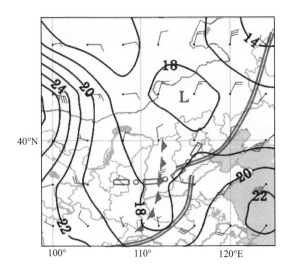

图 4.288　2006 年 8 月 1 日 08 时
850 hPa 风场和温度场

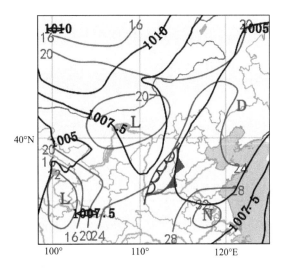

图 4.289　2006 年 8 月 1 日 08 时
地面气压场和温度场

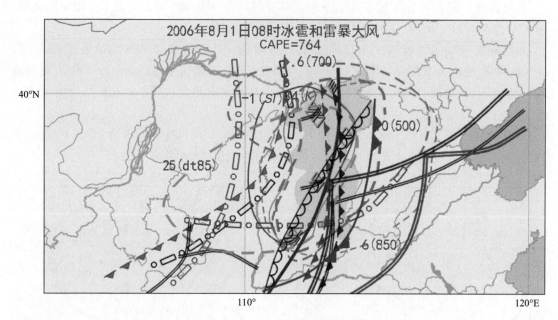

图 4.290　2006 年 8 月 1 日 08 时后倾槽冰雹综合分析图

表 4.111　2006 年 8 月 1 日 08 时冰雹中尺度天气系统表

系统	500 hPa	700 hPa	850 hPa	地面
干线	干侵入线	干侵入线	干侵入线	干线
温度槽	有	有	有	—
温度脊	—	—	—	—
湿舌	—	—	—	—
干舌	—	—	—	—
暖式切变线辐合区	—	—	—	—
冷式切变线辐合区	—	有	—	—
槽线	有	—	—	—
急流	—	—	—	—
显著气流	—	—	—	—
地面中尺度切变线	—	—	—	有（提前 11 h）
径向速度场中尺度辐合线	—	—	—	径向速度≥10 m·s^{-1}

　　冰雹落区：冰雹位于 500 hPa 温度槽前不稳定区，500 hPa $T-T_d$≤10 ℃、700 hPa $T-T_d$ ≤6 ℃、850 hPa $T-T_d$≤6 ℃、K≥34 ℃、SI≤—1 ℃、dt85≥25 ℃相重叠的区域内，地面干线 0～50 km、500 hPa 槽 0～50 km、850 hPa 干侵入线和温度槽 0～50 km 范围内，地面自动气象站极大风速风场中尺度切变线 10 km 附近，云顶亮温≤230 K 与多普勒天气雷达组合反射率因子≥45 dBZ 相对应的位置。见图 4.290 及表 4.112。

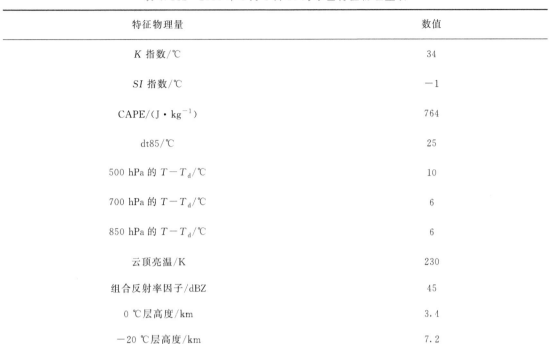

表 4.112　2006 年 8 月 1 日 08 时冰雹特征物理量表

特征物理量	数值
K 指数/℃	34
SI 指数/℃	−1
CAPE/$(\text{J} \cdot \text{kg}^{-1})$	764
dt85/℃	25
500 hPa 的 $T-T_d$/℃	10
700 hPa 的 $T-T_d$/℃	6
850 hPa 的 $T-T_d$/℃	6
云顶亮温/K	230
组合反射率因子/dBZ	45
0 ℃层高度/km	3.4
−20 ℃层高度/km	7.2

4.2.6　2007 年 6 月 26 日 13—20 时

实况描述:2007 年 6 月 26 日 13—20 时,受后倾槽过境影响,山西省 90 个县(市)出现雷暴天气,其中 4 个县伴有冰雹,分别出现在五台山(15:27—16:10)、隰县(16:19—16:30、20:00)、定襄县(16:30—16:33)和盂县(19:19—19:40),冰雹最大直径为 10 mm,20:00 出现在隰县;20 个县(市)伴有 7 级以上雷暴大风。

主要影响系统:500 hPa 槽、700 hPa 和 850 hPa 冷式切变线、500 hPa 温度槽、500 hPa 和 700 hPa 及 850 hPa 干侵入线、地面干线、700 hPa 和 850 hPa 及地面温度脊。

系统配置:500 hPa 槽与 700 hPa 和 850 hPa 冷式切变线呈后倾结构,500 hPa 温度槽叠加在 700 hPa 和 850 hPa 温度脊之上,中低层大气层结不稳定,500 hPa 干侵入线和 850 hPa 干侵入线、地面干线、850 hPa 冷式切变线均位于 700 hPa 冷式切变线前不稳定区。

触发机制:500 hPa 干侵入线和 850 hPa 干侵入线、地面干线、地面自动气象站极大风速中尺度切变线。见图 4.291~图 4.295 及表 4.113。

冰雹落区:冰雹位于 700 hPa 冷式切变线前不稳定区,500 hPa $T-T_d \leqslant 16$ ℃、700 hPa $T-T_d \leqslant 13$ ℃、850 hPa $T-T_d \leqslant 14$ ℃、$K \geqslant 26$ ℃、$SI \leqslant -2$ ℃、dt85 $\geqslant 32$ ℃相重叠的区域内,850 hPa 干侵入线 0~60 km、500 hPa 干侵入线 0~50 km、地面干线 0~50 km 范围内,地面自动气象站极大风速风场中尺度切变线 10 km 附近,云顶亮温 $\leqslant 220$ K 与多普勒天气雷达组合反射率因子 $\geqslant 50$ dBZ 相对应的位置。见图 4.295 及表 4.114。

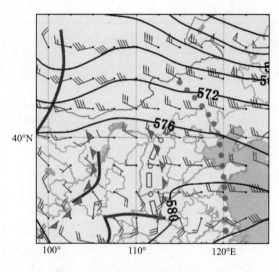

图 4.291 2007 年 6 月 26 日 08 时
500 hPa 高度场和风场

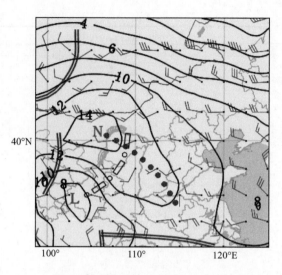

图 4.292 2007 年 6 月 26 日 08 时
700 hPa 风场和温度场

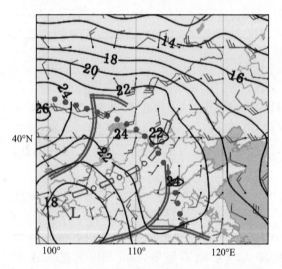

图 4.293 2007 年 6 月 26 日 08 时
850 hPa 风场和温度场

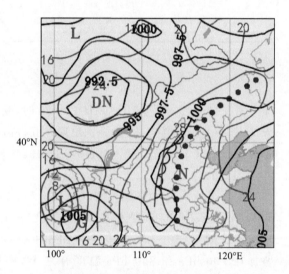

图 4.294 2007 年 6 月 26 日 08 时
地面气压场和温度场

表 4.113 2007 年 6 月 26 日 08 时冰雹中尺度天气系统表

系统	500 hPa	700 hPa	850 hPa	地面
干线	干侵入线	干侵入线	干侵入线	干线
温度槽	有	—	—	—
温度脊	—	有	有	有
湿舌	—	—	—	—
干舌	有	—	—	—

续表

系统	500 hPa	700 hPa	850 hPa	地面
暖式切变线辐合区	—	—	—	—
冷式切变线辐合区	—	有	有	—
槽线	有	—	—	—
急流	—	—	—	—
显著气流	—	—	—	—
地面中尺度切变线	—	—	—	有(提前 10 h)
径向速度场中尺度辐合线	—	—	—	径向速度≥16 m·s⁻¹

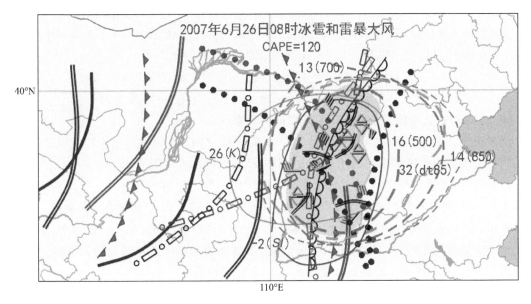

图 4.295　2007 年 6 月 26 日 08 时后倾槽冰雹综合分析图

表 4.114　2007 年 6 月 26 日 08 时冰雹特征物理量表

特征物理量	数值
K 指数/℃	26
SI 指数/℃	-2
CAPE/($J \cdot kg^{-1}$)	120
dt85/℃	32
500 hPa 的 $T-T_d$/℃	16
700 hPa 的 $T-T_d$/℃	13
850 hPa 的 $T-T_d$/℃	14
云顶亮温/K	220

特征物理量	数值
组合反射率因子/dBZ	50
0 ℃层高度/km	4.0
−20 ℃层高度/km	7.1

4.2.7　2008年6月3日11—20时

实况描述:2008年6月3日11—20时,受后倾槽影响,山西省79个县(市)出现雷暴天气,其中7个县(市)伴有冰雹,分别出现在尖草坪(11:22—11:32)、太原市(11:50—11:56)、和顺县(11:55—11:56)、小店(11:58—12:02)、中阳县(12:40—12:41)、长子县(12:50—12:53)、陵川县(13:01—13:10),冰雹最大直径为6 mm,11:50出现在太原市;19个县(市)伴有7级以上雷暴大风。

主要影响系统:500 hPa槽、700 hPa和850 hPa冷式切变线、500 hPa和700 hPa及850 hPa温度槽、500 hPa和700 hPa及850 hPa干侵入线、地面干线、地面温度脊。

系统配置:500 hPa温度槽超前700 hPa和850 hPa温度槽,500 hPa温度槽叠加在地面温度脊之上,中低层大气层结不稳定,500 hPa和850 hPa干侵入线及地面干线、700 hPa和850 hPa冷式切变线均位于700 hPa温度槽前不稳定区。

触发机制:500 hPa和850 hPa干侵入线、地面干线、700 hPa和850 hPa冷式切变线、地面自动气象站极大风速风场中尺度切变线。见图4.296~图4.300及表4.115。

冰雹落区:冰雹位于700 hPa温度槽前不稳定区,500 hPa $T-T_d \leqslant 15$ ℃、700 hPa $T-T_d \leqslant 4$ ℃、850 hPa $T-T_d \leqslant 6$ ℃、$K \geqslant 30$ ℃、$SI \leqslant 0$ ℃、dt85$\geqslant 30$ ℃相重叠的区域内,500 hPa和850 hPa干侵入线0~50 km、700 hPa和850 hPa冷式切变线0~50 km范围内,地面自动气象站极大风速风场中尺度切变线10 km附近,云顶亮温$\leqslant 240$ K与多普勒天气雷达组合反射率因子$\geqslant 45$ dBZ相对应的位置。见图4.300及表4.116。

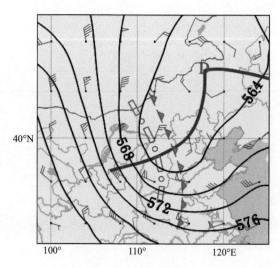

图4.296　2008年6月3日08时
500 hPa高度场和风场

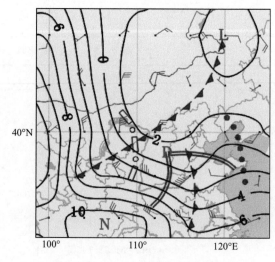

图4.297　2008年6月3日08时
700 hPa风场和温度场

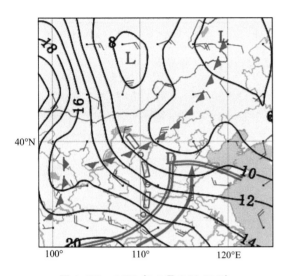

图 4.298　2008 年 6 月 3 日 08 时
850 hPa 风场和温度场

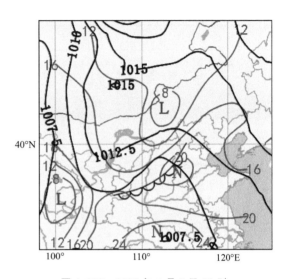

图 4.299　2008 年 6 月 3 日 08 时
地面气压场和温度场

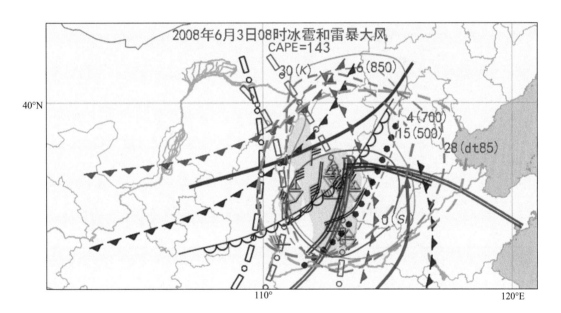

图 4.300　2008 年 6 月 3 日 08 时后倾槽型冰雹综合分析图

表 4.115　2008 年 6 月 3 日 08 时冰雹中尺度天气系统表

系统	500 hPa	700 hPa	850 hPa	地面
干线	干侵入线	干侵入线	干侵入线	干线
温度槽	有	有	有	—
温度脊	—	—	—	有
湿舌	—	有	—	—
干舌	—	—	—	—

系统	500 hPa	700 hPa	850 hPa	地面
暖式切变线辐合区	—	—	—	—
冷式切变线辐合区	—	有	有	—
槽线	有	—	—	—
急流	—	—	—	—
显著气流	—	—	有	—
地面中尺度切变线	—	—	—	有(提前 9 h)
径向速度场中尺度辐合线	—	—	—	径向速度≥14 m·s^{-1}

表 4.116　2008 年 6 月 3 日 08 时冰雹特征物理量表

特征物理量	数值
K 指数/℃	30
SI 指数/℃	0
CAPE/(J·kg^{-1})	143
dt85/℃	28
500 hPa 的 $T-T_d$/℃	15
700 hPa 的 $T-T_d$/℃	4
850 hPa 的 $T-T_d$/℃	6
云顶亮温/K	240
组合反射率因子/dBZ	45
0 ℃层高度/km	3.0
−20 ℃层高度/km	5.5

4.2.8　2014 年 6 月 21 日 13—20 时

实况描述:2014 年 6 月 21 日 13—20 时,受后倾槽过境影响,山西省 66 个县(市)出现雷暴天气,其中 6 个县(市)伴有冰雹,分别出现在汾西县(14:04—14:24)、晋城市(14:28—14:33)、阳曲县(15:04—15:26)、原平市(15:37—15:48)、洪洞县(15:51—15:52)、和顺县(17:02—17:11),冰雹最大直径为 6 mm,15:04 出现在阳曲县;1 个县(市)伴有 7 级以上雷暴大风。

主要影响系统:500 hPa 槽、700 hPa 和 850 hPa 冷式切变线、500 hPa 和 850 hPa 温度槽、700 hPa 和 850 hPa 及地面温度脊、500 hPa 和 700 hPa 及 850 hPa 干侵入线、地面干线。

系统配置:500 hPa 温度槽叠加在 850 hPa 温度脊之上,850 hPa 温度槽叠加在地面温度脊之上,中低层大气层结不稳定,700 hPa 和 850 hPa 干侵入线、地面干线、地面自动气象站极大风速风场中尺度切变线均位于 850 hPa 冷式切变线前不稳定区。

触发机制:700 hPa 和 850 hPa 干侵入线、地面干线、地面自动气象站极大风速风场中尺度切变线。见图 4.301~图 4.305 及表 4.117。

冰雹落区:冰雹位于 850 hPa 冷式切变线前不稳定区,500 hPa $T-T_d \leqslant 13$ ℃、700 hPa $T-T_d \leqslant 6$ ℃、850 hPa $T-T_d \leqslant 2$ ℃、$K \geqslant 29$ ℃、$SI \leqslant 1$ ℃、dt85$\geqslant 25$ ℃相重叠的区域内,700 hPa 干侵入线 0~50 km,850 hPa 干侵入线 0~50 km,地面干线 0~50 km,地面温度脊 0~50 km 范围内,地面自动气象站极大风速风场中尺度切变线 0~10 km,云顶亮温$\leqslant 235$ K 与多普勒天气雷达组合反射率因子$\geqslant 45$ dBZ 相对应的位置。见图 4.305 及表 4.118。

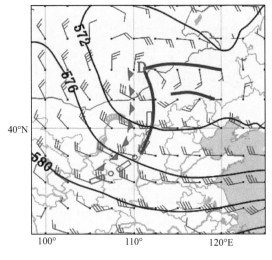

图 4.301　2014 年 6 月 21 日 08 时
500 hPa 高度场和风场

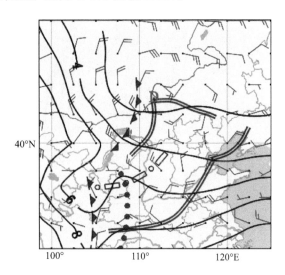

图 4.302　2014 年 6 月 21 日 08 时
700 hPa 风场和温度场

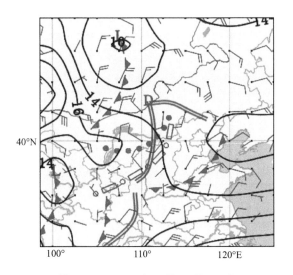

图 4.303　2014 年 6 月 21 日 08 时
850 hPa 风场和温度场

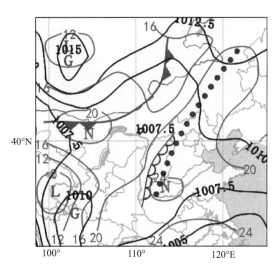

图 4.304　2014 年 6 月 21 日 08 时
地面气压场和温度场

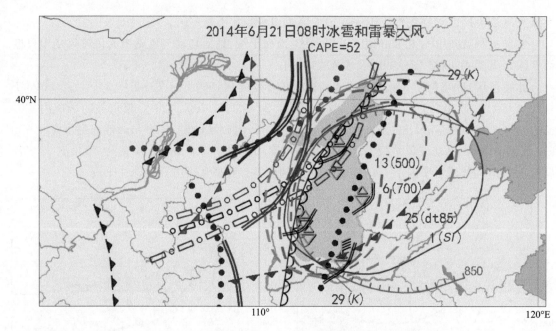

图 4.305　2014 年 6 月 21 日 08 时后倾槽冰雹综合分析图

表 4.117　2014 年 6 月 21 日 08 时冰雹中尺度天气系统表

系统	500 hPa	700 hPa	850 hPa	地面
干线	干侵入线	干侵入线	干侵入线	干线
温度槽	有	—	有	—
温度脊	—	有	有	有
湿舌	—	—	有	—
干舌	—	—	—	—
暖式切变线辐合区	—	—	—	—
冷式切变线辐合区	—	有	有	—
槽线	有	—	—	—
急流	—	—	—	—
显著气流	—	—	—	—
地面中尺度切变线	—	—	—	有（提前 11 h）
径向速度场中尺度辐合线	—	—	—	径向速度≥13 m·s⁻¹

表 4.118　2014 年 6 月 21 日 08 时冰雹特征物理量表

特征物理量	数值
K 指数/℃	29
SI 指数/℃	1
CAPE/(J·kg⁻¹)	52

续表

特征物理量	数值
dt85/℃	25
500 hPa 的 $T-T_d$/℃	13
700 hPa 的 $T-T_d$/℃	6
850 hPa 的 $T-T_d$/℃	2
云顶亮温/K	235
组合反射率因子/dBZ	45
0 ℃层高度/km	3.7
−20 ℃层高度/km	6.8

4.2.9　2014 年 7 月 14 日 11—20 时

实况描述:2014 年 7 月 14 日 11—20 时,受后倾槽过境影响,山西省 78 个县(市)出现雷暴天气,其中 3 个县(市)伴有冰雹,分别出现在朔州市(11:25—11:31)、平定县(14:32—14:35)、襄汾县(18:10—18:13),冰雹最大直径为 5 mm,11:25 和 18:10 分别出现在朔州市和襄汾县;1 个县(市)伴有 7 级以上雷暴大风。

主要影响系统:500 hPa 槽、700 hPa 和 850 hPa 冷式切变线、500 hPa 和 700 hPa 温度槽、850 hPa 和地面温度脊、850 hPa 干侵入线、地面干线。

系统配置:500 hPa 和 700 hPa 温度槽叠加在 850 hPa 和地面温度脊之上,中低层大气层结不稳定,500 hPa 槽、850 hPa 冷式切变线、850 hPa 干侵入线、地面干线、地面自动气象站极大风速风场中尺度切变线均位于 700 hPa 冷式切变线前不稳定区。

触发机制:500 hPa 槽、850 hPa 冷式切变线、850 hPa 干侵入线、地面干线、地面自动气象站极大风速风场中尺度切变线。见图 4.306～图 4.310 及表 4.119。

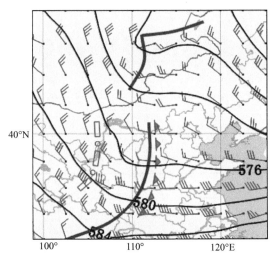

图 4.306　2014 年 7 月 14 日 08 时
500 hPa 高度场和风场

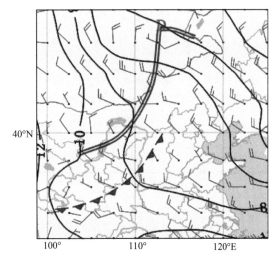

图 4.307　2014 年 7 月 14 日 08 时
700 hPa 风场和温度场

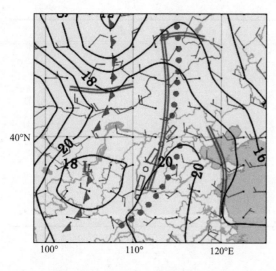

图 4.308　2014 年 7 月 14 日 08 时
850 hPa 风场和温度场

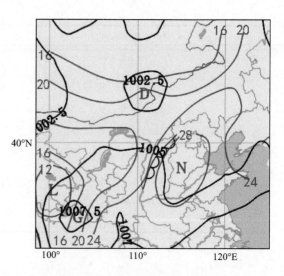

图 4.309　2014 年 7 月 14 日 08 时
地面气压场和温度场

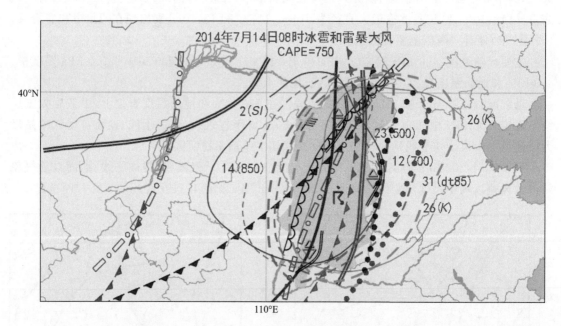

图 4.310　2014 年 7 月 14 日 08 时后倾槽冰雹综合分析图

表 4.119　2014 年 7 月 14 日 08 时冰雹中尺度天气系统表

系统	500 hPa	700 hPa	850 hPa	地面
干线	干侵入线	—	干侵入线	干线
温度槽	有	有	—	—
温度脊	—	—	有	有
湿舌	—	—	—	—

续表

系统	500 hPa	700 hPa	850 hPa	地面
干舌	有	—	—	—
暖式切变线辐合区	—	—	—	—
冷式切变线辐合区	—	—	有	—
槽线	有	—	—	—
急流	—	—	—	—
显著气流	—	—	—	—
地面中尺度切变线	—	—	—	有(提前 11 h)
径向速度场中尺度辐合线	—	—	—	径向速度≥11 m·s^{-1}

冰雹落区:冰雹位于 700 hPa 冷式切变线前不稳定区,500 hPa $T-T_d$≤23 ℃、700 hPa $T-T_d$≤12 ℃、850 hPa $T-T_d$≤14 ℃、K≥26 ℃、SI≤2 ℃、dt85≥31 ℃相重叠的区域内,500 hPa 槽 0~30 km、850 hPa 冷式切变线 0~50 km、地面干线 0~30 km、地面温度脊 0~30 km 范围内,地面自动气象站极大风速风场中尺度切变线 10 km 附近,云顶亮温≤235 K 与多普勒天气雷达组合反射率因子≥40 dBZ 相对应的位置。见图 4.310 及表 4.120。

表 4.120　2014 年 7 月 14 日 08 时冰雹特征物理量表

特征物理量	数值
K 指数/℃	26
SI 指数/℃	2
CAPE/(J·kg^{-1})	750
dt85/℃	31
500 hPa 的 $T-T_d$/℃	23
700 hPa 的 $T-T_d$/℃	12
850 hPa 的 $T-T_d$/℃	14
云顶亮温/K	235
组合反射率因子/dBZ	40
0 ℃层高度/km	3.8
−20 ℃层高度/km	7.0

4.2.10　2015 日 5 月 11 日 11—20 时

实况描述:2015 年 5 月 11 日 11—20 时,受后倾槽槽后温度槽过境影响,山西省 37 个县(市)出现雷暴,其中 3 个县伴有冰雹,分别出现在:应县(16:29,直径 4 mm)、繁峙县(17:06,直径 3 mm)和偏关县(17:18,直径 5 mm);冰雹最大直径 5 mm,17:18 出现在偏关县;36 个县(市)伴有 7~10 级雷暴大风。

主要影响系统:500 hPa 槽和温度槽、500 hPa 和 700 hPa 及 850 hPa 干侵入线、地面干线、700 hPa 和 850 hPa 冷式切变线、500 hPa 和 700 hPa 及 850 hPa 干舌、700 hPa 及 850 hPa 温度槽。

系统配置:500 hPa 和 700 hPa 及 850 hPa 温度槽呈后倾结构,700 hPa 西北风向与等温线成 90°夹角,冷平流很强,850 hPa 山西省北中部为偏西气流,有弱的暖平流输送,850 hPa 与 500 hPa 温差达 28 ℃,中低层大气不稳定,500 hPa 槽、700 hPa 及 850 hPa 温度槽、地面干线位于 500 hPa 温度槽前不稳定区,地面自动气象站极大风速风场有中尺度切变线。

触发机制:500 hPa 槽、700 hPa 及 850 hPa 温度槽、地面干线、地面自动气象站极大风速风场中尺度切变线。见图 4.311～图 4.315 及表 4.121。

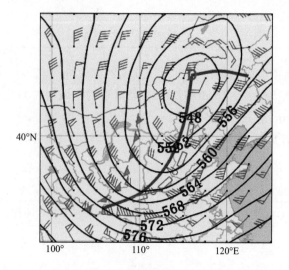

图 4.311　2015 年 5 月 11 日 08 时
500 hPa 高度场和风场

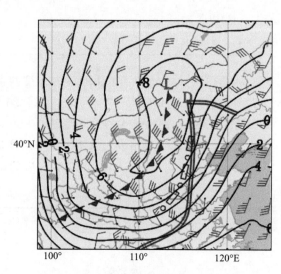

图 4.312　2015 年 5 月 11 日 08 时
700 hPa 风场和温度场

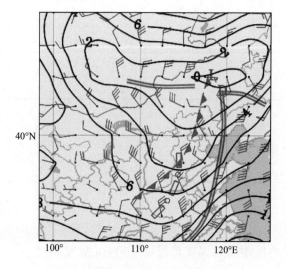

图 4.313　2015 年 5 月 11 日 08 时
850 hPa 风场和温度场

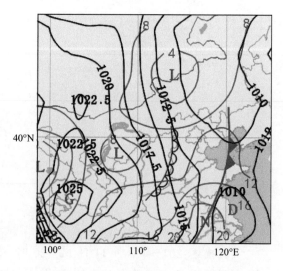

图 4.314　2015 年 5 月 11 日 08 时
地面气压场和温度场

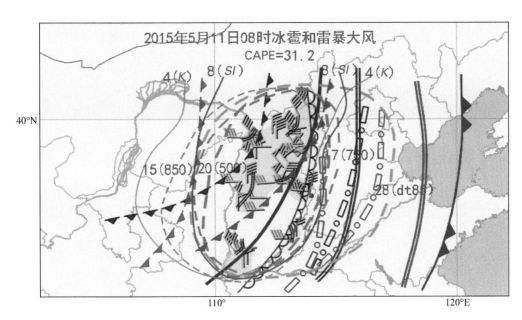

图 4.315　2015 年 5 月 11 日 08 时后倾槽冰雹综合分析图

表 4.121　2015 年 5 月 11 日 08 时冰雹中尺度天气系统表

系统	500 hPa	700 hPa	850 hPa	地面
干线	干侵入线	干侵入线	干侵入线	干线
温度槽	有	有	有	—
温度脊	—	—	—	—
湿舌	—	—	—	—
干舌	有	有	有	—
暖式切变线辐合区	—	—	—	—
冷式切变线辐合区	—	有	有	—
槽线	有	—	—	—
急流	—	—	—	—
显著气流	—	—	—	—
地面中尺度切变线	—	—	—	有(提前 11 h)
径向速度场中尺度辐合线	—	—	—	径向速度≥15 m·s⁻¹

　　冰雹落区:冰雹位于 700 hPa 温度槽与地面干线之间,850 hPa $T-T_d$≤15 ℃、700 hPa $T-T_d$≥17 ℃、500 hPa $T-T_d$≥20 ℃、K≥4 ℃、SI≤8 ℃、dt85≥28 ℃相重叠的区域内,850 hPa 和 700 hPa 温度槽 0～50 km、500 hPa 槽 0～50 km 范围内,地面自动气象站极大风速风场中尺度切变线 10 km 附近,云顶亮温≤235 K 与多普勒天气雷达组合反射率因子≥45 dBZ 相对应的位置。见图 4.315 及表 4.122。

表 4.122　2015 年 5 月 11 日 08 时冰雹特征物理量表

特征物理量	数值
K 指数/℃	4
SI 指数/℃	8
CAPE/$(J \cdot kg^{-1})$	31.2
dt85/℃	28
500 hPa 的 $T - T_d$/℃	20
700 hPa 的 $T - T_d$/℃	17
850 hPa 的 $T - T_d$/℃	15
云顶亮温/K	235
组合反射率因子/dBZ	45
0 ℃层高度/km	2
−20 ℃层高度/km	4.5

4.2.11　2015 日 6 月 4 日 11—20 时

实况描述:2015 年 6 月 4 日 11—20 时,受后倾槽和干侵入线过境影响,山西省 36 个县(市)出现雷暴,其中 4 个县伴有冰雹,分别出现在:偏关县(11:25,冰雹直径 5 mm)、兴县(11:43,冰雹直径 8 mm)、方山县(13:18,冰雹直径 3 mm)和大同县(14:37,冰雹直径 3 mm);22 个县(市)伴有 7~11 级雷暴大风。

主要影响系统:500 hPa 槽和温度槽、500 hPa 和 700 hPa 及 850 hPa 干侵入线、700 hPa 和 850 hPa 冷式切变线、700 hPa 和 850 hPa 温度槽、地面冷锋。

系统配置:700 hPa 冷式切变线超前 850 hPa 冷式切变线,700 hPa 干侵入线超前 850 hPa 干侵入线,850 hPa 与 700 hPa 层存在不稳定能量,地面冷锋后部温度梯度和气压梯度都很大,地面自动气象站极大风速风场有中尺度切变线。

触发机制:700 hPa 和 850 hPa 干侵入线、地面冷锋、700 hPa 和 850 hPa 冷式切变线、地面自动气象站极大风速风场中尺度切变线。见图 4.316~图 4.320 及表 4.123。

冰雹落区:冰雹位于地面冷锋与 850 hPa 温度槽之间,850 hPa $T - T_d \leqslant 8$ ℃、700 hPa $T - T_d \leqslant 3$ ℃、500 hPa $T - T_d \leqslant 4$ ℃、$K \geqslant 24$ ℃、$SI \leqslant 7$ ℃、dt85$\geqslant$22 ℃相重叠的区域内,700 hPa 冷式切变线 0~80 km、850 hPa 冷式切变线 0~70 km、850 hPa 干侵入线 0~50 km、地面冷锋 0~60 km 范围内,地面自动气象站极大风速风场中尺度切变线 10 km 附近,云顶亮温$\leqslant$230 K 与多普勒天气雷达组合反射率因子$\geqslant$45 dBZ 相对应的位置。见图 4.320 及表 4.124。

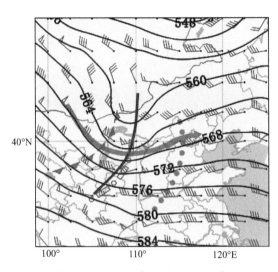

图 4.316　2015 年 6 月 4 日 08 时
500 hPa 高度场和风场

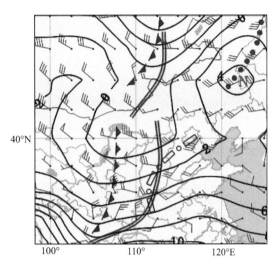

图 4.317　2015 年 6 月 4 日 08 时
700 hPa 风场和温度场

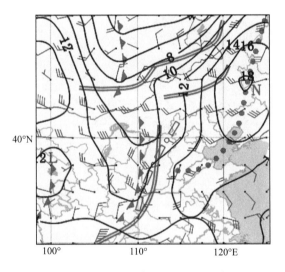

图 4.318　2015 年 6 月 4 日 08 时
850 hPa 风场和温度场

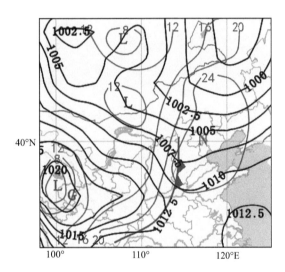

图 4.319　2015 年 6 月 4 日 08 时
地面气压场和温度场

表 4.123　2015 年 6 月 4 日 08 时冰雹中尺度天气系统表

系统	500 hPa	700 hPa	850 hPa	地面
干线	干侵入线	干侵入线	干侵入线	—
温度槽	有	有	有	—
温度脊	—	—	—	—
湿舌	有	有	—	—

续表

系统	500 hPa	700 hPa	850 hPa	地面
干舌	—	—	—	—
暖式切变线辐合区	—	—	—	—
冷式切变线辐合区	—	有	有	冷锋
槽线	有	—	—	—
急流	有	—	—	—
显著气流				
地面中尺度切变线	—	—	—	有(提前 11 h)
径向速度场中尺度辐合线	—	—	—	径向速度≥14 m·s⁻¹

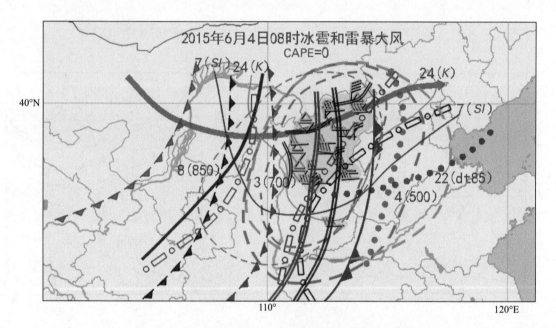

图 4.320 2015 年 6 月 4 日 08 时后倾槽冰雹综合分析图

表 4.124 2015 年 6 月 4 日 08 时冰雹特征物理量表

特征物理量	数值
K 指数/℃	24
SI 指数/℃	7
CAPE/$(J \cdot kg^{-1})$	0
dt85/℃	22
500 hPa 的 $T - T_d$/℃	4

续表

特征物理量	数值
700 hPa 的 $T-T_d$/℃	3
850 hPa 的 $T-T_d$/℃	8
云顶亮温/K	230
组合反射率因子/dBZ	45
0 ℃层高度/km	3.0
−20 ℃层高度/km	6.8

4.2.12　2018 年 9 月 12 日 12—20 时

实况描述:2018 年 9 月 12 日 12—20 时,受后倾槽过境影响,山西省 30 个县(市)出现雷暴天气,其中 4 个县(市)伴有冰雹,分别出现在:五寨县(12:38—12:45)、神池县(12:52—12:59)、宁武县(13:04—13:15)、原平市(14:12—14:23),冰雹最大直径为 8 mm,14:12 出现在原平市;2 个县(市)伴有 7 级以上雷暴大风。

主要影响系统:500 hPa 槽、500 hPa 和 850 hPa 温度槽、500 hPa 和 700 hPa 及 850 hPa 干侵入线、地面干线、地面温度脊。

系统配置:500 hPa 和 700 hPa 干侵入线超前 850 hPa 干侵入线,850 hPa 温度槽叠加在地面温度脊之上,低层大气层结不稳定,500 hPa 和 700 hPa 干侵入线、地面干线、地面自动气象站极大风速风场中尺度切变线均位于 850 hPa 温度槽前不稳定区。

触发机制:500 hPa 和 700 hPa 干侵入线、地面干线、850 hPa 温度槽、地面自动气象站极大风速风场中尺度切变线。见图 4.321~图 4.325 及表 4.125。

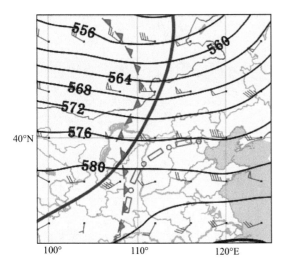

图 4.321　2018 年 9 月 12 日 08 时
500 hPa 高度场和风场

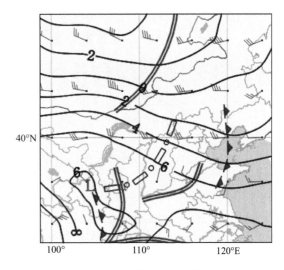

图 4.322　2018 年 9 月 12 日 08 时
700 hPa 风场和温度场

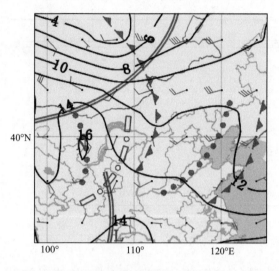

图 4.323　2018 年 9 月 12 日 08 时
850 hPa 风场和温度场

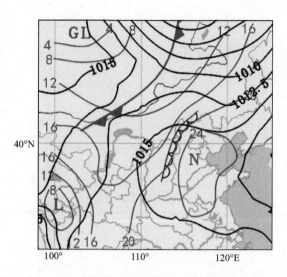

图 4.324　2018 年 9 月 12 日 08 时
地面气压场和温度场

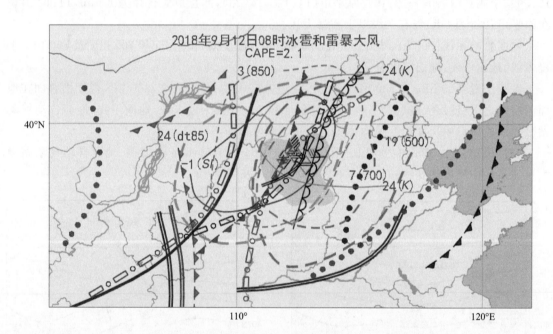

图 4.325　2018 年 9 月 12 日 08 时后倾槽冰雹综合分析图

表 4.125　2018 年 9 月 12 日 08 时冰雹中尺度天气系统表

系统	500 hPa	700 hPa	850 hPa	地面
干线	干侵入线	干侵入线	干侵入线	干线
温度槽	有	—	有	—
温度脊	—	—	—	有
湿舌	—	—	有	—

续表

系统	500 hPa	700 hPa	850 hPa	地面
干舌	有	—	—	—
暖式切变线辐合区	—	—	—	—
冷式切变线辐合区	—	有	有	—
槽线	有	—	—	—
急流	—	—	—	—
显著气流	—	—	—	—
地面中尺度切变线	—	—	—	有(提前 10 h)
径向速度场中尺度辐合线	—	—	—	径向速度≥12 m·s⁻¹

冰雹落区:冰雹位于 500 hPa 槽前不稳定区,500 hPa $T-T_d$≤19 ℃、700 hPa $T-T_d$≤7 ℃、850 hPa $T-T_d$≤3 ℃、K≥24 ℃、SI≤−1 ℃、dt85≥24 ℃ 相重叠的区域内,500 hPa 和 700 hPa 干侵入线 0～30 km、地面干线 0～50 km、850 hPa 温度槽 0～50 km 范围内,地面自动气象站极大风速风场中尺度切变线 10 km 附近,云顶亮温≤230 K 与多普勒天气雷达组合反射率因子≥45 dBZ 相对应的位置。见图 4.325 及表 4.126。

表 4.126　2018 年 9 月 12 日 08 时冰雹特征物理量表

特征物理量	数值
K 指数/℃	24
SI 指数/℃	−1
CAPE/(J·kg⁻¹)	2.1
dt85/℃	24
500 hPa 的 $T-T_d$/℃	19
700 hPa 的 $T-T_d$/℃	7
850 hPa 的 $T-T_d$/℃	3
云顶亮温/K	230
组合反射率因子/dBZ	45
0 ℃层高度/km	3.3
−20 ℃层高度/km	6.3

4.3　低空暖式切变线型冰雹中尺度分析

4.3.1　2005 年 6 月 8 日 13—22 时

实况描述:2005 年 6 月 8 日 13—22 时,受低空暖式切变线影响,山西省 28 个县(市)出现雷暴天气,其中 4 个县伴有冰雹,分别出现在:五台山(15:52—15:56)、兴县(21:30—21:34)、临县(21:40—21:42)、方山县(21:42),冰雹最大直径为 7 mm,15:52—15:56 出现在五台山;3 个县(市)伴有 7 级以上雷暴大风。

主要影响系统:500 hPa 槽、700 hPa 和 850 hPa 冷式切变线、850 hPa 暖式切变线、500 hPa 温度槽、500 hPa 和 700 hPa 及 850 hPa 干侵入线、地面干线和冷锋、700 hPa 温度脊。

系统配置:地面冷锋与 850 hPa 和 700 hPa 冷式切变线呈前倾结构,500 hPa 温度槽叠加在 700 hPa 温度脊之上,中低层大气层结不稳定,850 hPa 和 700 hPa 干侵入线、地面干线、850 hPa 暖式切变线均位于 700 hPa 冷式切变线前不稳定区。

触发机制:850 hPa 和 700 hPa 干侵入线、地面干线、850 hPa 暖式切变线、地面自动气象站极大风速风场中尺度切变线。见图 4.326~图 4.330 及表 4.127。

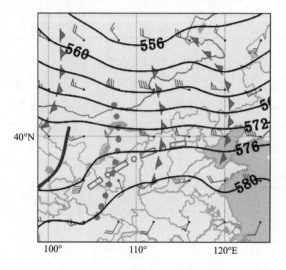

图 4.326　2005 年 6 月 8 日 08 时
500 hPa 高度场和风场

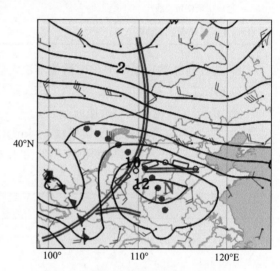

图 4.327　2005 年 6 月 8 日 08 时
700 hPa 风场和温度场

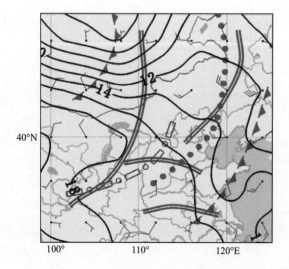

图 4.328　2005 年 6 月 8 日 08 时
850 hPa 风场和温度场

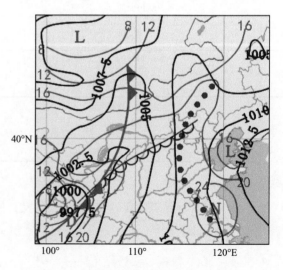

图 4.329　2005 年 6 月 8 日 08 时
地面气压场和温度场

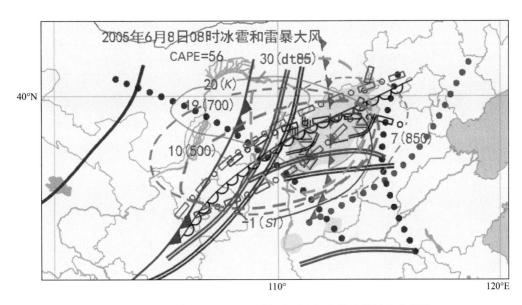

图 4.330　2005 年 6 月 8 日 08 时低空暖式切变线冰雹综合分析图

表 4.127　2005 年 6 月 8 日 08 时冰雹中尺度天气系统表

系统	500 hPa	700 hPa	850 hPa	地面
干线	干侵入线	干侵入线	干侵入线	干线
温度槽	有	—	—	—
温度脊	—	有	有	有
湿舌	—	—	—	—
干舌	—	有	—	—
暖式切变线辐合区	—	—	有	—
冷式切变线辐合区	—	有	有	—
槽线	有	—	—	—
急流	—	—	—	—
显著气流	—	—	—	—
地面中尺度切变线	—	—	—	有(提前 8 h)
径向速度场中尺度辐合线	—	—	—	径向速度≥11 m·s^{-1}

冰雹落区:冰雹位于 700 hPa 冷式切变线前不稳定区,500 hPa $T-T_d$≤10 ℃、700 hPa $T-T_d$≤19 ℃、850 hPa $T-T_d$≤7 ℃、K≥20 ℃、SI≤－1 ℃、dt85≥30 ℃相重叠的区域内,700 hPa 和 850 hPa 干侵入线 0～50 km、地面干线和 850 hPa 暖式切变线 0～50 km 范围内,地面自动气象站极大风速风场中尺度切变线 10 km 附近,云顶亮温≤235 K 与多普勒天气雷

达组合反射率因子≥45 dBZ 相对应的位置。见图 4.330 及表 4.128。

表 4.128   2005 年 6 月 8 日 08 时冰雹特征物理量表

特征物理量	数值
K 指数/℃	20
SI 指数/℃	−1
CAPE/$(J \cdot kg^{-1})$	56
dt85/℃	30
500 hPa 的 $T-T_d$/℃	10
700 hPa 的 $T-T_d$/℃	19
850 hPa 的 $T-T_d$/℃	7
云顶亮温/K	235
组合反射率因子/dBZ	45
0 ℃层高度/km	4.1
−20 ℃层高度/km	7.0

4.3.2   2005 年 7 月 13 日 13—20 时

实况描述:2005 年 7 月 13 日 13—20 时,受低空暖式切变线影响,山西省 57 个县(市)出现雷暴天气,其中 3 个县(市)伴有冰雹,分别出现在:古交市(15:53—15:55)、天镇县(16:10—16:13)、左权县(18:40—18:43),冰雹最大直径为 6 mm,16:10—16:13 出现在天镇县;11 个县(市)伴有 8~10 级雷暴大风。

主要影响系统:500 hPa 和 850 hPa 温度槽、500 hPa 和 700 hPa 及 850 hPa 干侵入线、地面干线、700 hPa 和 850 hPa 冷式切变线、850 hPa 暖式切变线、地面温度脊。

系统配置:500 hPa 温度槽和 850 hPa 温度槽分别叠加在 700 hPa 和 850 hPa 暖区及地面温度脊之上,中低层大气层结不稳定,500 hPa 和 700 hPa 及 850 hPa 干侵入线、地面干线、850 hPa 暖式切变线均位于 850 hPa 冷式切变线前不稳定区。

触发机制:500 hPa 和 700 hPa 及 850 hPa 干侵入线、地面干线、850 hPa 暖式切变线、地面自动气象站极大风速风场中尺度切变线。见图 4.331~图 4.335 及表 4.129。

冰雹落区:冰雹位于 850 hPa 冷式切变线前不稳定区,500 hPa $T-T_d \leqslant 10$ ℃、700 hPa $T-T_d \leqslant 14$ ℃、850 hPa $T-T_d \leqslant 5$ ℃、$K \geqslant 29$ ℃、$SI \leqslant -4$ ℃、dt85$\geqslant 29$ ℃相重叠的区域内,500 hPa 干侵入线和地面干线 0~50 km、850 hPa 暖式切变线 0~50 km 范围内,地面自动气象站极大风速风场中尺度切变线 10 km 附近,云顶亮温≤220 K 与多普勒天气雷达组合反射率因子≥45 dBZ 相对应的位置。见图 4.335 及表 4.130。

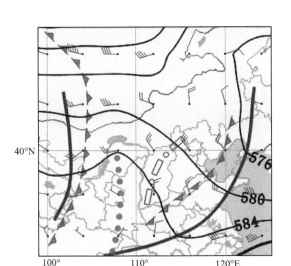

图 4.331　2005 年 7 月 13 日 08 时
500 hPa 高度场和风场

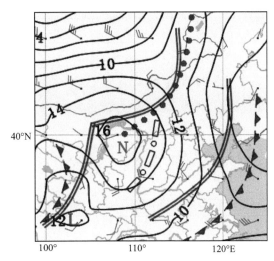

图 4.332　2005 年 7 月 13 日 08 时
700 hPa 风场和温度场

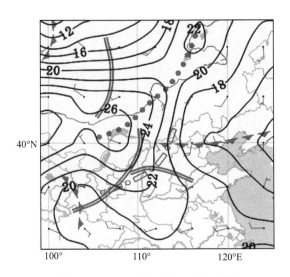

图 4.333　2005 年 7 月 13 日 08 时
850 hPa 风场和温度场

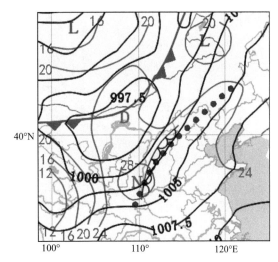

图 4.334　2005 年 7 月 13 日 08 时
地面气压场和温度场

表 4.129　2005 年 7 月 13 日 08 时冰雹中尺度天气系统表

系统	500 hPa	700 hPa	850 hPa	地面
干线	干侵入线	干侵入线	干侵入线	干线
温度槽	有	—	有	—
温度脊	—	有	—	有
湿舌	—	—	—	—
干舌	—	有	—	—

系统	500 hPa	700 hPa	850 hPa	地面
暖式切变线辐合区	—	—	有	—
冷式切变线辐合区	—	有	有	—
槽线	—	—	—	—
急流	—	—	—	—
显著气流	—	—	—	—
地面中尺度切变线	—	—	—	有(提前 7 h)
径向速度场中尺度辐合线	—	—	—	径向速度≥13 m·s⁻¹

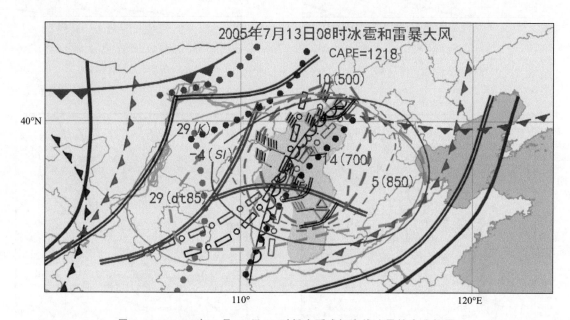

图 4.335　2005 年 7 月 13 日 08 时低空暖式切变线冰雹综合分析图

表 4.130　2005 年 7 月 13 日 08 时冰雹特征物理量表

特征物理量	数值
K 指数/℃	29
SI 指数/℃	−4
CAPE/(J·kg⁻¹)	1218
dt85/℃	29
500 hPa 的 $T-T_d$/℃	10
700 hPa 的 $T-T_d$/℃	14
850 hPa 的 $T-T_d$/℃	5
云顶亮温/K	220

续表

特征物理量	数值
组合反射率因子/dBZ	45
0 ℃层高度/km	4.5
−20 ℃层高度/km	7.5

4.3.3 2008 年 5 月 17 日 12 时—23 时 30 分

实况描述:2008 年 5 月 17 日 12 时—23 时 30 分,受低空暖式切变线影响,山西省 72 个县(市)出现雷暴天气,其中 11 个县(市)伴有冰雹,分别出现在:和顺县(12:58—13:14)、沁县(13:11—13:12)、阳曲县(13:47—13:52)、万荣县(14:46—14:55)、寿阳县(14:49—14:55)、大宁县(14:52—14:56)、临汾市(14:55—15:02)、屯留县(15:22—15:23)、夏县(15:42—15:49)、阳城县(16:26—16:28)、垣曲县(23:20—23:22);冰雹最大直径为 10 mm,14:46 出现在万荣县;5 个县(市)伴有 7 级以上雷暴大风。

主要影响系统:700 hPa 和 850 hPa 冷式切变线、850 hPa 暖式切变线、500 hPa 温度槽、500 hPa 和 700 hPa 及 850 hPa 干侵入线、地面干线、700 hPa 和地面温度脊。

系统配置:500 hPa 温度槽叠加在 700 hPa 温度脊之上,中低层大气层结不稳定,500 hPa 和 850 hPa 干侵入线及地面干线、700 hPa 冷式切变线、850 hPa 暖式切变线、地面自动气象站极大风速风场中尺度切变线均位于 500 hPa 温度槽前不稳定区。

触发机制:500 hPa 和 850 hPa 干侵入线及地面干线、700 hPa 冷式切变线、850 hPa 暖式切变线、地面自动气象站极大风速风场中尺度切变线。见图 4.336～图 4.340 及表 4.131。

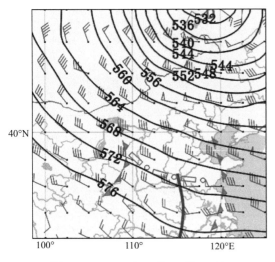

图 4.336 2008 年 5 月 17 日 08 时
500 hPa 高度场和风场

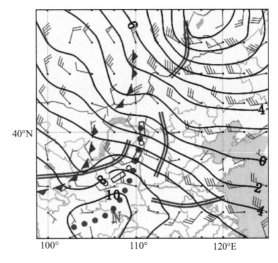

图 4.337 2008 年 5 月 17 日 08 时
700 hPa 风场和温度场

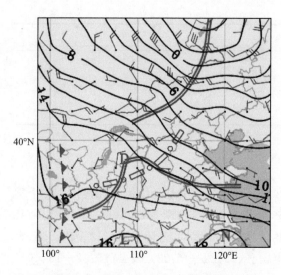

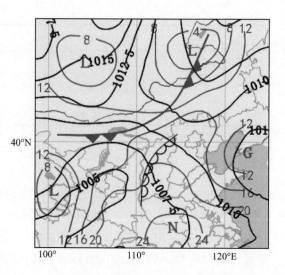

图 4.338　2008 年 5 月 17 日 08 时
850 hPa 风场和温度场

图 4.339　2008 年 5 月 17 日 08 时
地面气压场和温度场

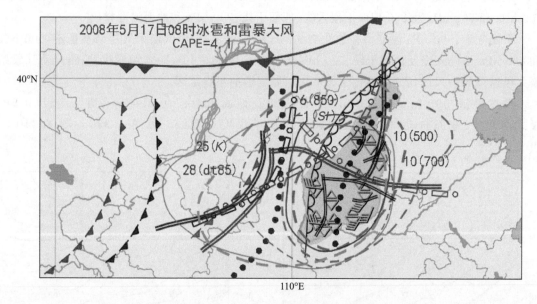

图 4.340　2008 年 5 月 17 日 08 时低空暖式切变线冰雹综合分析图

表 4.131　2008 年 5 月 17 日 08 时冰雹中尺度天气系统表

系统	500 hPa	700 hPa	850 hPa	地面
干线	干侵入线	干侵入线	干侵入线	干线
温度槽	有	—	—	—
温度脊	—	有	—	有
湿舌	—	—	—	—
干舌	—	—	—	—

续表

系统	500 hPa	700 hPa	850 hPa	地面
暖式切变线辐合区	—	—	有	—
冷式切变线辐合区	—	有	有	—
槽线	—	—	—	—
急流	—	—	—	—
显著气流	—	—	—	—
地面中尺度切变线	—	—	—	有(提前 10 h)
径向速度场中尺度辐合线	—	—	—	径向速度≥15 m·s⁻¹

冰雹落区:冰雹位于地面干线东部不稳定区,500 hPa $T-T_d$≤10 ℃,700 hPa $T-T_d$≤10 ℃,850 hPa $T-T_d$≤6 ℃,K≥25 ℃,SI≤-1 ℃,dt85≥28 ℃相重叠的区域内,500 hPa 和 850 hPa 干侵入线 0~50 km、700 hPa 冷式切变线 0~50 km、850 hPa 暖式切变线 0~80 km 范围内,地面自动气象站极大风速风场中尺度切变线 10 km 附近,云顶亮温≤220 K 与多普勒天气雷达组合反射率因子≥50 dBZ 相对应的位置。见图 4.340 及表 4.132。

表 4.132　2008 年 5 月 17 日 08 时冰雹特征物理量表

特征物理量	数值
K 指数/℃	25
SI 指数/℃	-1
CAPE/(J·kg⁻¹)	4.1
dt85/℃	28
500 hPa 的 $T-T_d$/℃	10
700 hPa 的 $T-T_d$/℃	10
850 hPa 的 $T-T_d$/℃	6
云顶亮温/K	220
组合反射率因子/dBZ	50
0 ℃层高度/km	3.2
-20 ℃层高度/km	6.1

4.3.4　2008 年 6 月 28 日 13—21 时

实况描述:2008 年 6 月 28 日 13—21 时,受低空暖切变过境影响,山西省 73 个县(市)出现雷暴天气,9 个县(市)伴有冰雹,分别出现在:忻州市(15:58—16:05、17:31—17:36)、和顺县(17:39—17:41)、阳曲县(18:34—18:50)、太原市(19:15—19:20)、太原南郊(19:17—19:26)、岢岚(19:29—19:35)、襄垣县(20:00—20:05)、沁县(无时间记录)、潞城市(无时间记录),冰雹最大直径 18 mm,19:20 出现在太原;6 个县(市)伴有 7 级以上雷暴大风。

主要影响系统：500 hPa 槽和温度槽、500 hPa 和 700 hPa 及 850 hPa 干侵入线、700 hPa 和 850 hPa 冷式切变线、850 hPa 暖式切变线。

系统配置：500 hPa 温度槽叠加在 850 hPa 和地面暖区之上导致中低层大气不稳定，850 hPa 暖式切变线、500 hPa 干侵入线和温度槽、地面自动气象站极大风速风场中尺度切变线均位于 850 hPa 冷式切变线前不稳定区。

触发机制：500 hPa 干侵入线和温度槽、850 hPa 暖式和冷式切变线、地面自动气象站极大风速风场中尺度切变线。见图 4.341～图 4.345 及表 4.133。

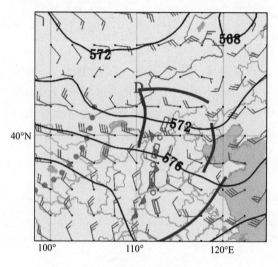

图 4.341　2008 年 6 月 28 日 08 时
500 hPa 高度场和风场

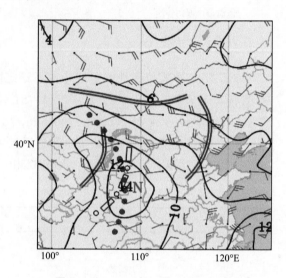

图 4.342　2008 年 6 月 28 日 08 时
700 hPa 风场和温度场

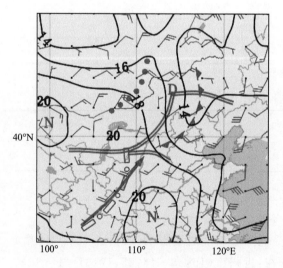

图 4.343　2008 年 6 月 28 日 08 时
850 hPa 风场和温度场

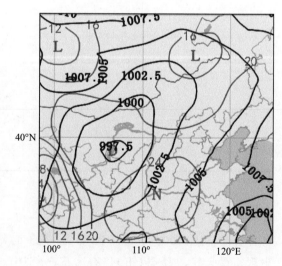

图 4.344　2008 年 6 月 28 日 08 时
地面气压场和温度场

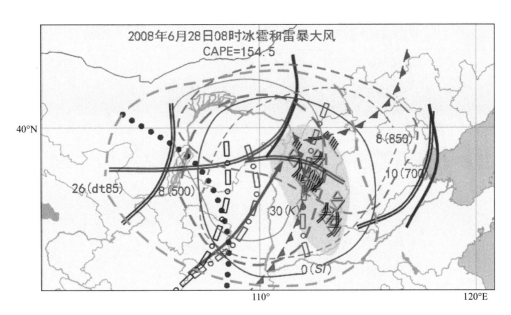

图 4.345　2008 年 6 月 28 日 08 时暖切变冰雹综合分析图

表 4.133　2008 年 6 月 28 日 08 时冰雹中尺度天气系统表

系统	500 hPa	700 hPa	850 hPa	地面
干线	干侵入线	干侵入线	干侵入线	—
温度槽	有	—	有	—
温度脊	—	有	—	暖区
湿舌	—	—	—	—
干舌	—	—	—	—
暖式切变线辐合区	—	—	有	—
冷式切变线辐合区	—	有	有	—
槽线	有	—	—	—
急流	—	—	—	—
显著气流	—	—	有	—
地面中尺度切变线	—	—	—	有（提前 9 h）
径向速度场中气旋	—	—	—	径向速度≥18 m·s⁻¹

　　冰雹落区：冰雹位于 850 hPa 冷式切变线前，500 hPa $T-T_d$≤8 ℃、700 hPa $T-T_d$≤10 ℃、850 hPa $T-T_d$≤8 ℃、K≥30 ℃、SI≤0 ℃、dt85≥26 ℃相重叠的区域内，500 hPa 温度槽和干侵入线 0~150 km、850 hPa 暖式切变线 0~50 km 范围内、地面自动气象站极大风速风场中尺度切变线 10 km 附近，云顶亮温≤210 K 与多普勒天气雷达组合反射率因子≥55 dBZ 相对应的位置。见图 4.345 及表 4.134。

表 4.134 2008 年 6 月 28 日 08 时冰雹特征物理量表

特征物理量	数值
K 指数/℃	30
SI 指数/℃	0
CAPE/($J \cdot kg^{-1}$)	154.5
dt85/℃	26
500 hPa 的 $T - T_d$/℃	8
700 hPa 的 $T - T_d$/℃	10
850 hPa 的 $T - T_d$/℃	8
云顶亮温/K	210
组合反射率因子/dBZ	55
0 ℃层高度/km	4.1
−20 ℃层高度/km	7.0

4.3.5　2008 年 8 月 28 日 13—20 时

实况描述:2008 年 8 月 28 日 13—20 时,受低空暖式切变线影响,山西省 21 个县(市)出现雷暴天气,其中 3 个县(市)伴有冰雹,分别出现在:壶关县(14:25—14:28)、平定县(17:31—17:34)和阳泉市(17:43—17:50),冰雹最大直径为 9 mm,14:26 出现在壶关县。

主要影响系统:850 hPa 暖式切变线、500 hPa 和 700 hPa 及 850 hPa 温度槽、700 hPa 和 850 hPa 及地面温度脊、500 hPa 和 700 hPa 及 850 hPa 干侵入线、地面干线、850 hPa 显著气流。

系统配置:500 hPa 和 700 hPa 及 850 hPa 温度槽叠加在地面温度脊之上,中低层大气层结不稳定,850 hPa 暖式切变线、850 hPa 干侵入线、地面干线、地面自动气象站极大风速风场中尺度切变线均位于 700 hPa 温度槽前不稳定区。

触发机制:850 hPa 暖式切变线、850 hPa 干侵入线、地面干线、地面自动气象站极大风速风场中尺度切变线。见图 4.346~图 4.350 及表 4.135。

冰雹落区:冰雹位于 700 hPa 温度槽与地面温度脊之间,500 hPa $T - T_d \leqslant 16$ ℃、700 hPa $T - T_d \leqslant 7$ ℃、850 hPa $T - T_d \leqslant 5$ ℃、$K \geqslant 32$ ℃、$SI \leqslant -3$ ℃、dt85$\geqslant 28$ ℃相重叠的区域内,地面干线 0~150 km、850 hPa 暖式切变线 0~50 km、850 hPa 干侵入线 0~50 km、地面温度脊 0~50 km 范围内,地面自动气象站极大风速风场中尺度切变线 10 km 附近,云顶亮温≤240 K 与多普勒天气雷达组合反射率因子≥45 dBZ 相对应的位置。见图 4.350 及表 4.136。

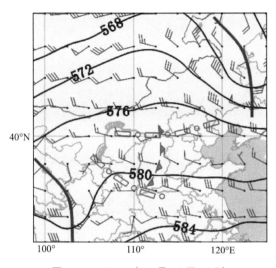

图 4.346　2008 年 8 月 28 日 08 时
500 hPa 高度场和风场

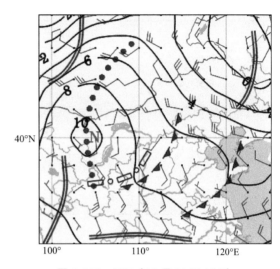

图 4.347　2008 年 8 月 28 日 08 时
700 hPa 风场和温度场

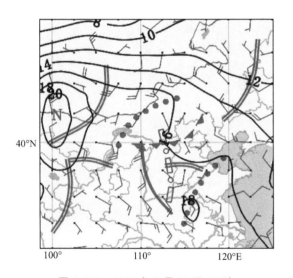

图 4.348　2008 年 8 月 28 日 08 时
850 hPa 风场和温度场

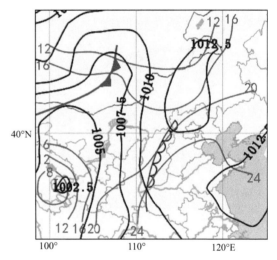

图 4.349　2008 年 8 月 28 日 08 时
地面气压场和温度场

表 4.135　2008 年 8 月 28 日 08 时冰雹中尺度天气系统表

系统	500 hPa	700 hPa	850 hPa	地面
干线	干侵入线	干侵入线	干侵入线	干线
温度槽	有	有	有	—
温度脊	—	有	有	有
湿舌	—	—	—	—
干舌	有	—	—	—

续表

系统	500 hPa	700 hPa	850 hPa	地面
暖式切变线辐合区	—	—	有	—
冷式切变线辐合区	—	—	—	—
槽线	—	—	—	—
急流	—	—	—	—
显著气流	—	—	有	—
地面中尺度切变线	—	—	—	有（提前 10 h）
径向速度场中尺度辐合线	—	—	—	径向速度≥12 m·s⁻¹

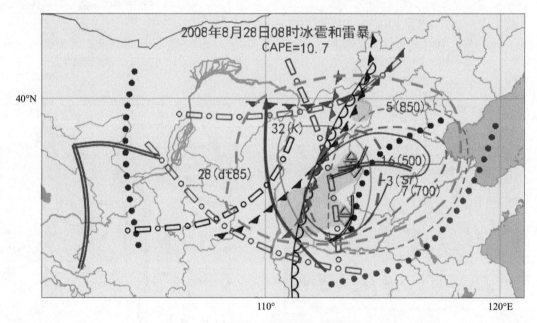

图 4.350　2008 年 8 月 28 日 08 时低空暖式切变线冰雹综合分析图

表 4.136　2008 年 8 月 28 日 08 时冰雹特征物理量表

特征物理量	数值
K 指数/℃	32
SI 指数/℃	−3
CAPE/(J·kg⁻¹)	10.7
dt85/℃	28
500 hPa 的 $T-T_d$/℃	16
700 hPa 的 $T-T_d$/℃	7
850 hPa 的 $T-T_d$/℃	5
云顶亮温/K	240

续表

特征物理量	数值
组合反射率因子/dBZ	45
0 ℃层高度/km	3.7
−20 ℃层高度/km	6.9

4.3.6　2009 年 6 月 14 日 13—20 时

实况描述:2009 年 6 月 14 日 13—20 时,受低空暖式切变线影响,山西省 59 个县(市)出现雷暴天气,其中 4 个县伴有冰雹,分别出现在长子县(14:32—14:33)、高平县(16:03—16:06)、曲沃县(17:59—18:07)和垣曲县(19:09—19:11),冰雹最大直径为 8 mm,16:03 出现在高平县;4 个县(市)伴有 7 级以上雷暴大风。

主要影响系统:850 hPa 暖式切变线、500 hPa 和 850 hPa 温度槽、700 hPa 和地面温度脊、500 hPa 和 700 hPa 及 850 hPa 干侵入线、地面干线。

系统配置:500 hPa 温度槽叠加在 700 hPa 温度脊之上,850 hPa 温度槽叠加在地面温度脊之上,中低层大气层结不稳定,700 hPa 干侵入线、地面干线、地面自动气象站极大风速风场中尺度切变线均位于 850 hPa 温度槽前不稳定区。

触发机制:700 hPa 干侵入线、地面干线、地面自动气象站极大风速风场中尺度切变线。见图 4.351～图 4.355 及表 4.137。

冰雹落区:冰雹位于 850 hPa 温度槽前不稳定区,500 hPa $T-T_d \leqslant 9$ ℃、700 hPa $T-T_d \leqslant 12$ ℃、850 hPa $T-T_d \leqslant 8$ ℃、$K \geqslant 32$ ℃、$SI \leqslant -4$ ℃、dt85$\geqslant 34$ ℃相重叠的区域内,700 hPa 干侵入线 0～50 km、地面干线 0～50 km、地面温度脊 0～50 km 范围内,地面自动气象站极大风速风场中尺度切变线 10 km 附近,云顶亮温$\leqslant 220$ K 与多普勒天气雷达组合反射率因子$\geqslant 45$ dBZ 相对应的位置。见图 4.355 及表 4.138。

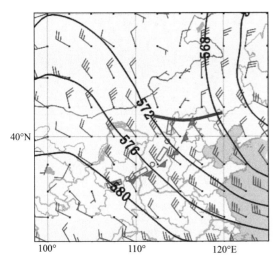

图 4.351　2009 年 6 月 14 日 08 时
500 hPa 高度场和风场

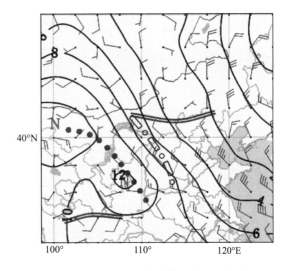

图 4.352　2009 年 6 月 14 日 08 时
700 hPa 风场和温度场

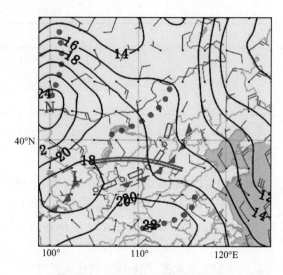

图 4.353　2009 年 6 月 14 日 08 时
850 hPa 风场和温度场

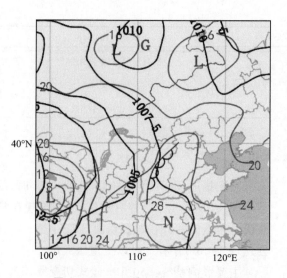

图 4.354　2009 年 6 月 14 日 08 时
地面气压场和温度场

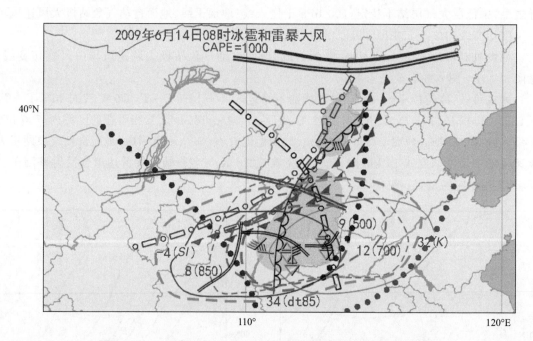

图 4.355　2009 年 6 月 14 日 08 时低空暖式切变线冰雹综合分析图

表 4.137　2009 年 6 月 14 日 08 时冰雹中尺度天气系统表

系统	500 hPa	700 hPa	850 hPa	地面
干线	干侵入线	干侵入线	干侵入线	干线
温度槽	有	—	有	—
温度脊	—	有	—	有
湿舌	—	—	—	—

续表

系统	500 hPa	700 hPa	850 hPa	地面
干舌	—	—	—	—
暖式切变线辐合区	—	—	有	—
冷式切变线辐合区	—	—	—	—
槽线	—	—	—	—
急流	—	—	—	—
显著气流	—	—	—	—
地面中尺度切变线	—	—	—	有(提前 10 h)
径向速度场中尺度辐合线	—	—	—	径向速度≥14 m·s^{-1}

表 4.138　2009 年 6 月 14 日 08 时冰雹特征物理量表

特征物理量	数值
K 指数/℃	32
SI 指数/℃	−4
CAPE/(J·kg^{-1})	1000
dt85/℃	34
500 hPa 的 $T-T_d$/℃	9
700 hPa 的 $T-T_d$/℃	12
850 hPa 的 $T-T_d$/℃	8
云顶亮温/K	220
组合反射率因子/dBZ	45
0 ℃层高度/km	3.6
−20 ℃层高度/km	6.7

4.3.7　2010 年 6 月 3 日 13—20 时

实况描述:2010 年 6 月 3 日 13—20 时,受低空暖式切变线影响,山西省 44 个县(市)出现雷暴天气,其中 3 个县伴有冰雹,分别出现在:洪洞县(无时间记录)、乡宁县(15:13—15:23)、永和县(16:29—16:39),冰雹最大直径为 10 mm,15:13 和 16:29 分别出现在乡宁县和永和县;2 个县(市)伴有 7 级以上雷暴大风。

主要影响系统:500 hPa 横槽、700 hPa 和 850 hPa 冷式切变线、850 hPa 暖式切变线、500 hPa 和 850 hPa 温度槽、850 hPa 温度脊、500 hPa 和 700 hPa 及 850 hPa 干侵入线、地面干线。

系统配置:500 hPa 横槽超前 700 hPa 冷式切变线,500 hPa 温度槽叠加在 850 hPa 温度脊之上,中低层大气层结不稳定,850 hPa 冷式切变线、850 hPa 暖式切变线和 850 hPa 干侵入

215

线、地面干线、地面自动气象站极大风速风场中尺度切变线均位于 500 hPa 温度槽前不稳定区。

触发机制:850 hPa 冷式切变线、850 hPa 暖式切变线和 850 hPa 干侵入线、地面干线、地面自动气象站极大风速风场中尺度切变线。见图 4.356～图 4.360 及表 4.139。

冰雹落区:冰雹位于 500 hPa 干侵入线南部不稳定区,500 hPa $T-T_d \leqslant 20$ ℃、700 hPa $T-T_d \leqslant 8$ ℃、850 hPa $T-T_d \leqslant 7$ ℃、$K \geqslant 28$ ℃、$SI \leqslant 0$ ℃、dt85 $\geqslant 30$ ℃ 相重叠的区域内,850 hPa 冷式切变线 0～50 km、850 hPa 暖式切变线 0～50 km、850 hPa 干侵入线 0～50 km、地面干线 0～50 km 范围内,地面自动气象站极大风速风场中尺度切变线 10 km 附近,云顶亮温 $\leqslant 220$ K 与多普勒天气雷达组合反射率因子 $\geqslant 50$ dBZ 相对应的位置。见图 4.360 及表 4.140。

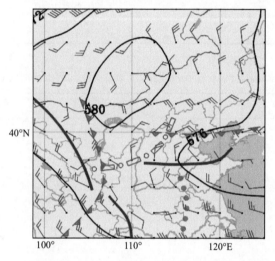

图 4.356 2010 年 6 月 3 日 08 时
500 hPa 高度场和风场

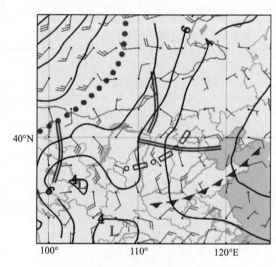

图 4.357 2010 年 6 月 3 日 08 时
700 hPa 风场和温度场

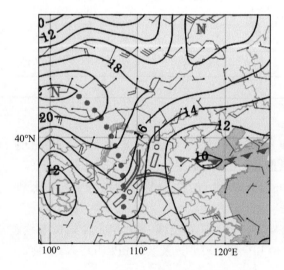

图 4.358 2010 年 6 月 3 日 08 时
850 hPa 风场和温度场

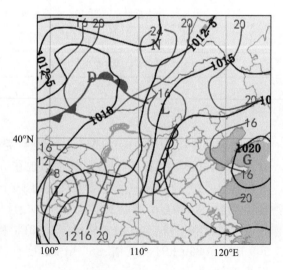

图 4.359 2010 年 6 月 3 日 08 时
地面气压场和温度场

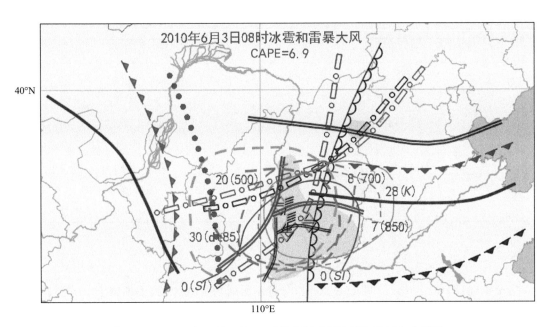

图 4.360 2010 年 6 月 3 日 08 时低空暖式切变线冰雹综合分析图

表 4.139 2010 年 6 月 3 日 08 时冰雹中尺度天气系统表

系统	500 hPa	700 hPa	850 hPa	地面
干线	干侵入线	干侵入线	干侵入线	干线
温度槽	有	—	有	—
温度脊	—	—	有	—
湿舌	—	—	有	—
干舌	有	—	—	—
暖式切变线辐合区	—	—	有	—
冷式切变线辐合区	—	有	有	—
槽线	有	—	—	—
急流	—	—	—	—
显著气流	—	—	—	—
地面中尺度切变线	—	—	—	有(提前 10 h)
径向速度场中尺度辐合线	—	—	—	径向速度≥15 m·s⁻¹

表 4.140 2010 年 6 月 3 日 08 时冰雹特征物理量表

特征物理量	数值
K 指数/℃	28
SI 指数/℃	0
CAPE/(J·kg⁻¹)	6.9
dt85/℃	30

续表

特征物理量	数值
500 hPa 的 $T-T_d$/℃	20
700 hPa 的 $T-T_d$/℃	8
850 hPa 的 $T-T_d$/℃	7
云顶亮温/K	220
组合反射率因子/dBZ	50
0 ℃层高度/km	3.7
−20 ℃层高度/km	6.6

4.3.8　2013 年 6 月 4 日 13—20 时

实况描述：2013 年 6 月 4 日 13—20 时，受低空暖式切变线影响，山西省 21 个县(市)出现雷暴天气，其中 3 个县(市)伴有冰雹，分别出现在：天镇县(14:59—15:10)、平遥县(15:10—15:15)、榆次市(15:18—15:26)，冰雹最大直径为 8 mm，15:10 和 15:18 分别出现在平遥县和榆次市；4 个县(市)伴有 7 级以上雷暴大风。

主要影响系统：500 hPa 槽、850 hPa 暖式切变线、500 hPa 和 850 hPa 温度槽、850 hPa 和地面温度脊、500 hPa 和 700 hPa 及 850 hPa 干侵入线、地面干线。

系统配置：500 hPa 温度槽叠加在 850 hPa 和地面温度脊之上，低层大气层结不稳定，850 hPa 暖式切变线、500 hPa 和 700 hPa 及 850 hPa 干侵入线、地面干线、地面自动气象站极大风速风场中尺度切变线均位于 500 hPa 槽前不稳定区。

触发机制：850 hPa 暖式切变线、500 hPa 和 700 hPa 及 850 hPa 干侵入线、地面干线、地面自动气象站极大风速风场中尺度切变线。见图 4.361～图 4.365 及表 4.141。

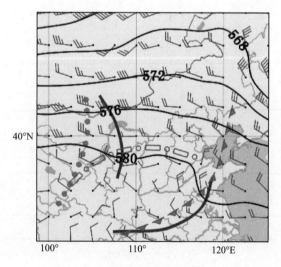

图 4.361　2013 年 6 月 4 日 08 时
500 hPa 高度场和风场

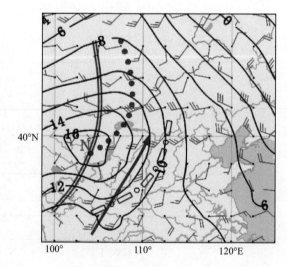

图 4.362　2013 年 6 月 4 日 08 时
700 hPa 风场和温度场

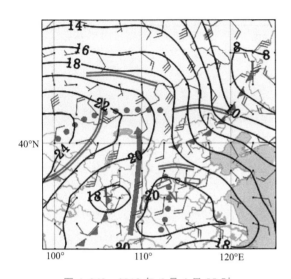

图 4.363　2013 年 6 月 4 日 08 时
850 hPa 风场和温度场

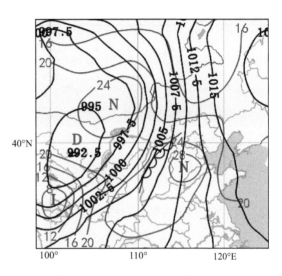

图 4.364　2013 年 6 月 4 日 08 时
地面气压场和温度场

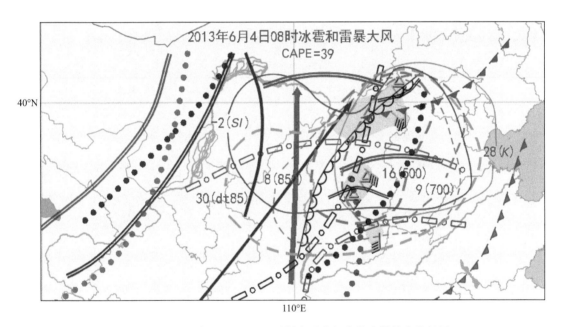

图 4.365　2013 年 6 月 4 日 08 时低空暖式切变线冰雹综合分析图

表 4.141　2013 年 6 月 4 日 08 时冰雹中尺度天气系统表

系统	500 hPa	700 hPa	850 hPa	地面
干线	干侵入线	干侵入线	干侵入线	干线
温度槽	有	—	有	—
温度脊	—	—	有	有
湿舌	—	—	—	—

系统	500 hPa	700 hPa	850 hPa	地面
干舌	有	—	—	—
暖式切变线辐合区	—	—	有	—
冷式切变线辐合区	—	—	—	—
槽线	有	—	—	—
急流	—	—	有	—
显著气流	—	有	—	—
地面中尺度切变线	—	—	—	有（提前 10 h）
径向速度场中尺度辐合线	—	—	—	径向速度≥14 m·s^{-1}

冰雹落区：冰雹位于 500 hPa 槽前不稳定区，500 hPa $T-T_d$≤16 ℃、700 hPa $T-T_d$≤9 ℃、850 hPa $T-T_d$≤8 ℃、K≥28 ℃、SI≤−2 ℃、dt85≥30 ℃ 相重叠的区域内，700 hPa 干侵入线 0～80 km、850 hPa 暖式切变线 0～100 km、850 hPa 温度脊 0～50 km、地面干线 0～50 km 范围内，地面自动气象站极大风速风场中尺度切变线 10 km 附近，云顶亮温≤225 K 与多普勒天气雷达组合反射率因子≥45 dBZ 相对应的位置。见图 4.365 及表 4.142。

表 4.142　2013 年 6 月 4 日 08 时冰雹特征物理量表

特征物理量	数值
K 指数/℃	28
SI 指数/℃	−2
CAPE/(J·kg^{-1})	39
dt85/℃	30
500 hPa 的 $T-T_d$/℃	16
700 hPa 的 $T-T_d$/℃	9
850 hPa 的 $T-T_d$/℃	8
云顶亮温/K	225
组合反射率因子/dBZ	45
0 ℃层高度/km	3.9
−20 ℃层高度/km	6.9

4.3.9　2015 年 7 月 4 日 13—20 时

实况描述：2015 年 7 月 4 日 13—20 时，受低空暖式切变线影响，山西省 31 个县（市）出现雷暴天气，其中 3 个县（市）伴有冰雹，分别出现在：五台山（15：15—15：18）、大同市（16：13—16：18）、浑源县（18：01—18：03），冰雹最大直径为 15 mm，15：15 出现在五台山；1 个县（市）伴有 7 级以上雷暴大风。

主要影响系统：850 hPa 暖式切变线、500 hPa 温度槽、700 hPa 温度脊、500 hPa 和 700 hPa 及 850 hPa 干侵入线。

系统配置：500 hPa 温度槽叠加在 700 hPa 温度脊和 850 hPa 暖平流及地面暖区之上，中低层大气层结不稳定，850 hPa 暖式切变线、700 hPa 和 850 hPa 干侵入线、500 hPa 温度槽、地面自动气象站极大风速风场中尺度切变线均位于 500 hPa 干侵入线前不稳定区。

触发机制：850 hPa 暖式切变线、700 hPa 和 850 hPa 干侵入线、500 hPa 温度槽、地面自动气象站极大风速风场中尺度切变线。见图 4.366～图 4.370 及表 4.143。

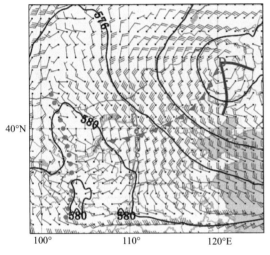

图 4.366　2015 年 7 月 4 日 08 时
500 hPa 高度场和风场

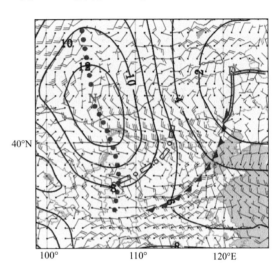

图 4.367　2015 年 7 月 4 日 08 时
700 hPa 风场和温度场

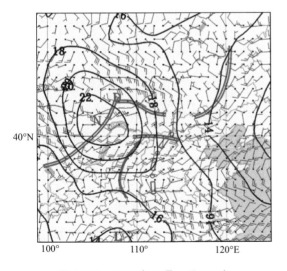

图 4.368　2015 年 7 月 4 日 08 时
850 hPa 风场和温度场

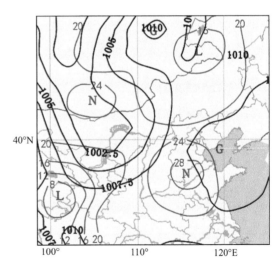

图 4.369　2015 年 7 月 4 日 08 时
地面气压场和温度场

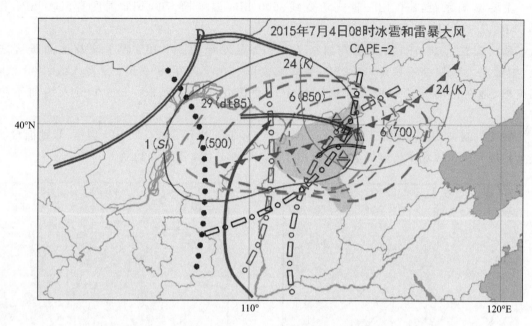

图 4.370　2015 年 7 月 4 日 08 时低空暖式切变线冰雹综合分析图

表 4.143　2015 年 7 月 4 日 08 时冰雹中尺度天气系统表

系统	500 hPa	700 hPa	850 hPa	地面
干线	干侵入线	干侵入线	干侵入线	—
温度槽	有	—	—	—
温度脊	—	有	—	—
湿舌	—	—	—	—
干舌	—	—	—	—
暖式切变线辐合区	—	—	有	—
冷式切变线辐合区	—	—	—	—
槽线	—	—	—	—
急流	—	—	—	—
显著气流	—	—	有	—
地面中尺度切变线				有(提前 11 h)
径向速度场中尺度辐合线				径向速度≥17 m·s⁻¹

　　冰雹落区:冰雹位于 500 hPa 干侵入线前不稳定区,500 hPa $T-T_d$≤7 ℃、700 hPa $T-T_d$≤6 ℃、850 hPa $T-T_d$≤6 ℃、K≥24 ℃、SI≤1 ℃、dt85≥29 ℃相重叠的区域内,500 hPa 温度槽 0~50 km、850 hPa 暖式切变线 0~50 km、850 hPa 干侵入线 0~50 km、700 hPa 干侵入线 0~50 km 范围内,地面自动气象站极大风速风场中尺度切变线 10 km 附近,云顶亮温

≤220 K 与多普勒天气雷达组合反射率因子≥50 dBZ 相对应的位置。见图 4.370 及表 4.144。

表 4.144　2015 年 7 月 4 日 08 时冰雹特征物理量表

特征物理量	数值
K 指数/℃	24
SI 指数/℃	1
CAPE/$(J \cdot kg^{-1})$	2
dt85/℃	29
500 hPa 的 $T - T_d$/℃	7
700 hPa 的 $T - T_d$/℃	6
850 hPa 的 $T - T_d$/℃	6
云顶亮温/K	220
组合反射率因子/dBZ	50
0 ℃层高度/km	3.9
−20 ℃层高度/km	7.4

4.3.10　2016 年 6 月 12 日 13—20 时

实况描述:2016 年 6 月 12 日 13—20 时,受低空暖式切变线和干侵入线过境影响,山西省 69 个县(市)出现雷暴天气,其中 3 个县伴有冰雹,分别出现在:沁县(17:20,冰雹直径 5 mm)、汾西县(17:40,冰雹直径 6 mm)和吉县(19:02,冰雹直径 7 mm);8 个县(市)伴有 7 级以上雷暴大风。

主要影响系统:500 hPa 和 700 hPa 及 850 hPa 温度槽、500 hPa 和 700 hPa 及 850 hPa 干侵入线、地面干线、700 hPa 冷式切变线、850 hPa 暖式切变线、500 hPa 和 850 hPa 温度脊。

系统配置:700 hPa 干侵入线超前 850 hPa 干侵入线,700 hPa 及 850 hPa 温度槽叠加在地面暖区之上,低层大气层结不稳定,700 hPa 和 850 hPa 干侵入线、地面干线、850 hPa 暖式切变线位于 850 hPa 温度槽前不稳定区,地面自动气象站极大风速风场有中尺度切变线。

触发机制:700 hPa 和 850 hPa 干侵入线、地面干线、850 hPa 暖式切变线、地面自动气象站极大风速风场中尺度切变线。见图 4.371~图 4.375 及表 4.145。

冰雹落区:冰雹位于 850 hPa 暖式切变线、地面干线、850 hPa 温度槽、700 hPa 干侵入线所围成的区域,并与 850 hPa $T - T_d$≤8 ℃、700 hPa $T - T_d$≥17 ℃、500 hPa $T - T_d$≥26 ℃、K≥22 ℃、SI≤3 ℃、dt85≥24 ℃相重叠的区域内,850 hPa 温度槽 0~200 km、700 hPa 干侵入线 0~50 km 范围内,地面自动气象站极大风速风场中尺度切变线 10 km 附近,云顶亮温≤215 K 与多普勒天气雷达组合反射率因子≥45 dBZ 相对应的位置。见图 4.375 及表 4.146。

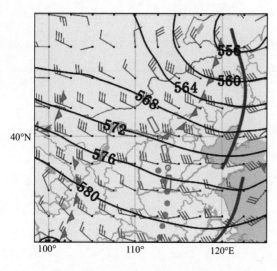

图 4.371　2016 年 6 月 12 日 08 时
500 hPa 高度场和风场

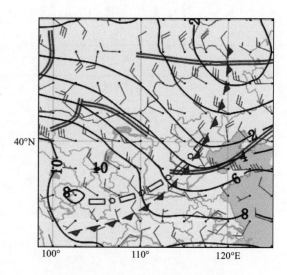

图 4.372　2016 年 6 月 12 日 08 时
700 hPa 风场和温度场

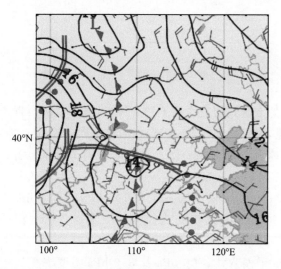

图 4.373　2016 年 6 月 12 日 08 时
850 hPa 风场和温度场

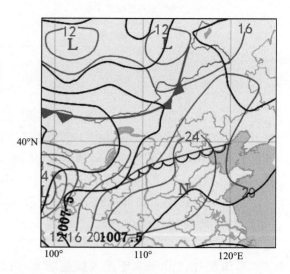

图 4.374　2016 年 6 月 12 日 08 时
地面气压场和温度场

表 4.145　2016 年 6 月 12 日 08 时冰雹中尺度天气系统表

系统	500 hPa	700 hPa	850 hPa	地面
干线	干侵入线	干侵入线	干侵入线	干线
温度槽	有	有	有	—
温度脊	有	—	有	暖区
湿舌	—	—	—	—
干舌	有	有	—	—

续表

系统	500 hPa	700 hPa	850 hPa	地面
暖式切变线辐合区	—	—	有	—
冷式切变线辐合区	—	有	—	冷锋
槽线	—	—	—	—
急流	—	—	—	—
显著气流	—	—	有	—
地面中尺度切变线	—	—	—	有(提前 10 h)
径向速度场中尺度辐合线	—	—	—	径向速度≥16 m·s⁻¹

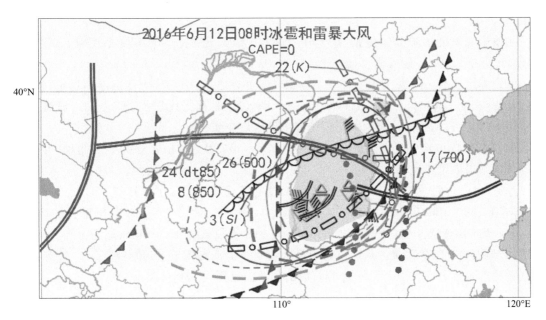

图 4.375　2016 年 6 月 12 日 08 时低空暖式切变线型冰雹综合分析图

表 4.146　2016 年 6 月 12 日 08 时冰雹特征物理量表

特征物理量	数值
K 指数/℃	22
SI 指数/℃	3
CAPE/(J·kg⁻¹)	206.6
dt85/℃	24
500 hPa 的 $T-T_d$/℃	26
700 hPa 的 $T-T_d$/℃	17
850 hPa 的 $T-T_d$/℃	8
云顶亮温/K	215

续表

特征物理量	数值
组合反射率因子/dBZ	45
0 ℃层高度/km	3.7
−20 ℃层高度/km	7.1

4.3.11 2016年7月4日13—20时

实况描述:2016年7月4日13—20时,受低空暖式切变线和干侵入线过境影响,山西省65个县(市)出现雷暴天气,其中3个县伴有冰雹,分别出现在:兴县(15:22,冰雹直径1 mm)、翼城县(16:02,冰雹直径5 mm)和岚县(16:25,冰雹直径2 mm);4个县(市)伴有7级以上雷暴大风。

主要影响系统:500 hPa横槽、500 hPa和850 hPa温度槽、700 hPa温度脊、500 hPa和700 hPa及850 hPa干侵入线、地面干线、700 hPa暖式切变线。

系统配置:500 hPa温度槽叠加在700 hPa温度脊之上,中低层大气层结不稳定,700 hPa暖式切变线、500 hPa和700 hPa及850 hPa干侵入线、地面干线均位于500 hPa横槽南部不稳定区域,地面自动气象站极大风速风场有中尺度切变线。

触发机制:700 hPa暖式切变线、500 hPa和700 hPa及850 hPa干侵入线、地面干线、地面自动气象站极大风速风场中尺度切变线。见图4.376～图4.380及表4.147。

冰雹落区:冰雹位于500 hPa横槽南部不稳定区域,850 hPa $T-T_d \leqslant 4$ ℃、700 hPa $T-T_d \leqslant 13$ ℃、500 hPa $T-T_d \geqslant 18$ ℃、$K \geqslant 28$ ℃、$SI \leqslant 0$ ℃、dt85$\geqslant 26$ ℃相重叠的区域内,700 hPa暖式切变线0～50 km、700 hPa和850 hPa干侵入线0～50 km、地面干线0～50 km范围内,地面自动气象站极大风速风场中尺度切变线10 km附近,云顶亮温$\leqslant 225$ K与多普勒天气雷达组合反射率因子$\geqslant 40$ dBZ相对应的位置。见图4.380及表4.148。

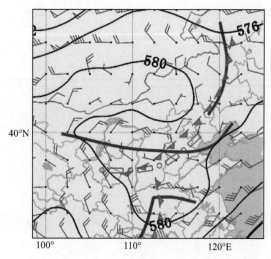

图4.376 2016年7月4日08时
500 hPa高度场和风场

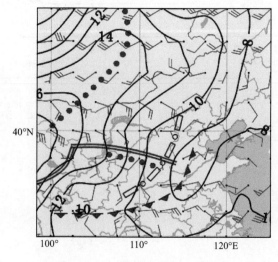

图4.377 2016年7月4日08时
700 hPa风场和温度场

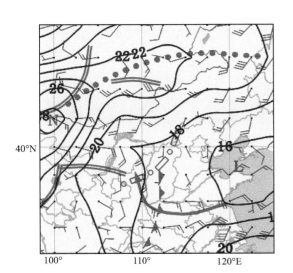

图 4.378　2016 年 7 月 4 日 08 时
850 hPa 风场和温度场

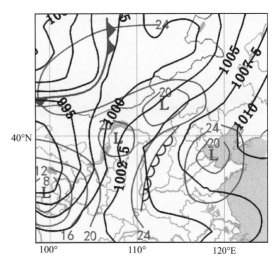

图 4.379　2016 年 7 月 4 日 08 时
地面气压场和温度场

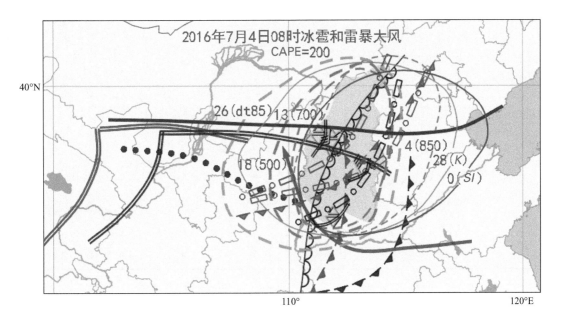

图 4.380　2016 年 7 月 4 日 08 时暖式切变线冰雹综合分析图

表 4.147　2016 年 7 月 4 日 08 时冰雹中尺度天气系统表

系统	500 hPa	700 hPa	850 hPa	地面
干线	干侵入线	干侵入线	干侵入线	干线
温度槽	有	—	有	—
温度脊	—	有	—	—
湿舌	—	—	有	—

系统	500 hPa	700 hPa	850 hPa	地面
干舌	有	—	—	—
暖式切变线辐合区	—	有	—	—
冷式切变线辐合区	—	—	—	—
槽线	有	—	—	—
急流	—	—	—	—
显著气流	—	—	有	—
地面中尺度切变线	—	—	—	有(提前 11 h)
径向速度场中尺度辐合线	—	—	—	径向速度≥14 m·s⁻¹

表 4.148 2016 年 7 月 4 日 08 时冰雹特征物理量表

特征物理量	数值
K 指数/℃	28
SI 指数/℃	0
CAPE/$(J \cdot kg^{-1})$	200
dt85/℃	26
500 hPa 的 $T-T_d$/℃	18
700 hPa 的 $T-T_d$/℃	13
850 hPa 的 $T-T_d$/℃	4
云顶亮温/K	225
组合反射率因子/dBZ	40
0 ℃层高度/km	4.2
−20 ℃层高度/km	7.5

4.3.12 2017 年 5 月 29 日 13—20 时

实况描述:2017 年 5 月 29 日 13—20 时,受低空暖式切变线影响,山西省 28 个县(市)出现雷暴天气,其中 5 个县(市)伴有冰雹,分别出现在:静乐县(14:41—14:43)、原平市(15:51—15:58)、代县(16:47—16:55)、繁峙县(17:19—17:25)、五台山(17:37—17:46),冰雹最大直径为 10 mm,16:47 出现在代县;3 个县(市)伴有 7 级以上雷暴大风。

主要影响系统:500 hPa 槽、700 hPa 冷式切变线和 850 hPa 暖式切变线、500 hPa 和 850 hPa 干侵入线、地面干线、500 hPa 和 700 hPa 及 850 hPa 和地面温度脊。

系统配置:700 hPa 和 850 hPa 西南显著气流及地面倒槽前部偏南气流导致低层暖平流强盛,暖空气在 850 hPa 暖式切变线南部形成强烈的辐合抬升,中低层大气层结不稳定,850 hPa 干侵入线和暖式切变线、地面干线、地面自动气象站极大风速风场中尺度切变线均位于

700 hPa 冷式切变线前部不稳定区。

触发机制：850 hPa 干侵入线、地面干线、850 hPa 暖式切变线、地面自动气象站极大风速风场中尺度切变线。见图 4.381～图 4.385 及表 4.149。

冰雹落区：冰雹位于 700 hPa 冷式切变线前部不稳定区，500 hPa $T-T_d\leqslant30$ ℃、700 hPa $T-T_d\leqslant15$ ℃、850 hPa $T-T_d\leqslant10$ ℃、$K\geqslant20$ ℃、$SI\leqslant1$ ℃、dt85$\geqslant30$ ℃相重叠的区域内，850 hPa 干侵入线 0～50 km、地面干线 0～50 km、850 hPa 暖式切变线 0～50 km 范围内，地面自动气象站极大风速风场中尺度切变线 10 km 附近，云顶亮温≤220 K 与多普勒天气雷达组合反射率因子≥50 dBZ 相对应的位置。见图 4.385 及表 4.150。

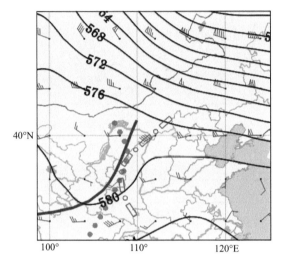

图 4.381　2017 年 5 月 29 日 08 时
500 hPa 高度场和风场

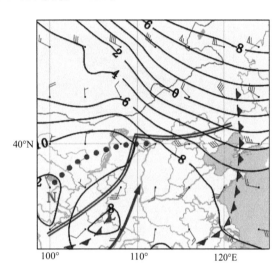

图 4.382　2017 年 5 月 29 日 08 时
700 hPa 风场和温度场

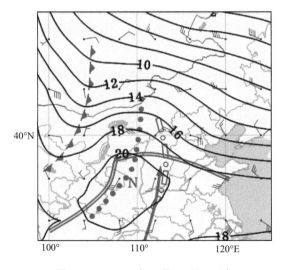

图 4.383　2017 年 5 月 29 日 08 时
850 hPa 风场和温度场

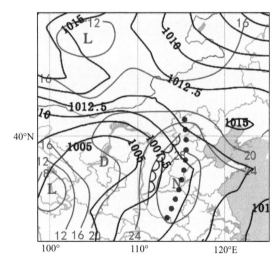

图 4.384　2017 年 5 月 29 日 08 时
地面气压场和温度场

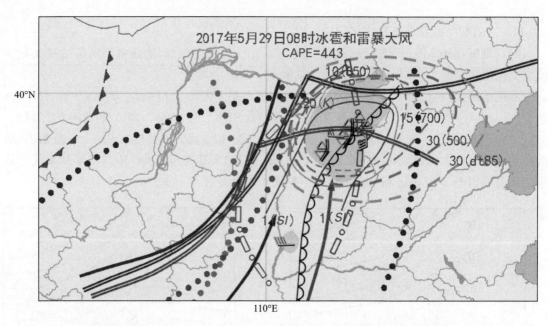

图 4.385 2017 年 5 月 29 日 08 时低空暖式切变线冰雹综合分析图

表 4.149 2017 年 5 月 29 日 08 时冰雹中尺度天气系统表

系统	500 hPa	700 hPa	850 hPa	地面
干线	干侵入线	—	干侵入线	干线
温度槽	—	—	有	—
温度脊	有	有	有	有
湿舌	—	—	—	—
干舌	有	有	—	—
暖式切变线辐合区	—	—	有	—
冷式切变线辐合区	—	有	—	—
槽线	有	—	—	—
急流	—	—	—	—
显著气流	—	有	有	—
地面中尺度切变线	—	—	—	有(提前 8 h)
径向速度场中尺度辐合线	—	—	—	径向速度≥15 m·s^{-1}

表 4.150 2017 年 5 月 29 日 08 时冰雹特征物理量表

特征物理量	数值
K 指数/℃	20
SI 指数/℃	1
CAPE/(J·kg^{-1})	443
dt85/℃	30
500 hPa 的 $T-T_d$/℃	30

续表

特征物理量	数值
700 hPa 的 $T - T_d$/℃	15
850 hPa 的 $T - T_d$/℃	10
云顶亮温/K	220
组合反射率因子/dBZ	50
0 ℃层高度/km	3.9
−20 ℃层高度/km	6.7

4.4　低空冷式切变线型冰雹中尺度分析

4.4.1　2005 年 6 月 21 日 13—20 时

实况描述:2005 年 6 月 21 日 13—20 时,受低空冷式切变线影响,山西省 29 个县(市)出现雷暴天气,其中 3 个县伴有冰雹,分别出现在:乡宁县(13:25—13:28)、翼城县(14:55—15:45)、万荣县(16:11—16:19),冰雹最大直径为 12 mm,14:55—15:45 出现在翼城县;1 个县(市)伴有 8 级雷暴大风。

主要影响系统:500 hPa 温度槽、500 hPa 和 700 hPa 及 850 hPa 干侵入线、850 hPa 冷式切变线、地面干线、地面温度脊。

系统配置:500 hPa 温度槽叠加在 700 hPa 和 850 hPa 暖区及地面温度脊之上,中低层大气层结不稳定,700 hPa 干侵入线、850 hPa 冷式切变线、地面干线均位于 850 hPa 干侵入线前不稳定区。

触发机制:700 hPa 干侵入线、850 hPa 冷式切变线、地面干线、地面自动气象站极大风速风场中尺度切变线。见图 4.386~图 4.390 及表 4.151。

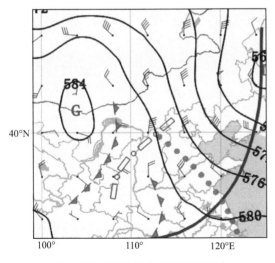

图 4.386　2005 年 6 月 21 日 08 时
500 hPa 高度场和风场

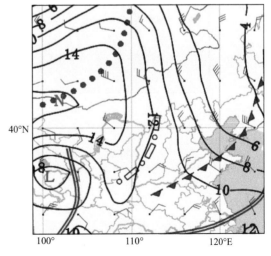

图 4.387　2005 年 6 月 21 日 08 时
700 hPa 风场和温度场

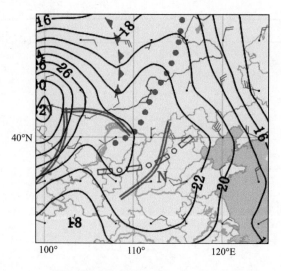

图 4.388 2005 年 6 月 21 日 08 时
850 hPa 风场和温度场

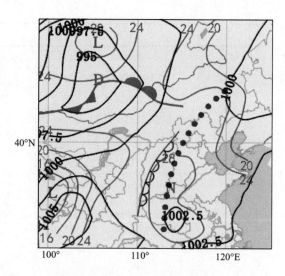

图 4.389 2005 年 6 月 21 日 08 时
地面气压场和温度场

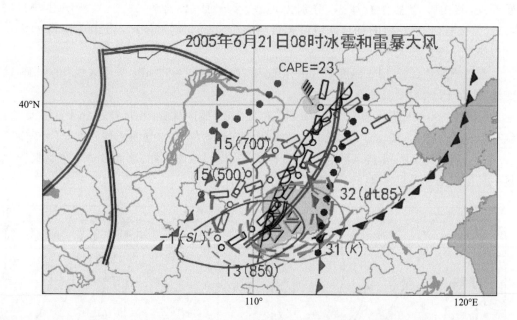

图 4.390 2005 年 6 月 21 日 08 时低空冷式切变线冰雹综合分析图

表 4.151 2005 年 6 月 21 日 08 时冰雹中尺度天气系统表

系统	500 hPa	700 hPa	850 hPa	地面
干线	干侵入线	干侵入线	干侵入线	干线
温度槽	有	—	—	—
温度脊	—	—	有	有
湿舌	—	—	—	—

续表

系统	500 hPa	700 hPa	850 hPa	地面
干舌	有	有	—	—
暖式切变线辐合区	—	—	—	—
冷式切变线辐合区	—	有	有	—
槽线	—	—	—	—
急流	—	—	—	—
显著气流	—	—	—	—
地面中尺度切变线	—	—	—	有(提前 8 h)
径向速度场中尺度辐合线	—	—	—	径向速度≥15 m·s^{-1}

冰雹落区:冰雹位于 850 hPa 干侵入线前不稳定区,500 hPa $T-T_d$≤15 ℃、700 hPa $T-T_d$≤15 ℃、850 hPa $T-T_d$≤13 ℃、K≥31 ℃、SI≤-1 ℃、dt85≥32 ℃相重叠的区域内,700 hPa 干侵入线 0~50 km、850 hPa 冷式切变线 0~50 km、地面干线 0~50 km 范围内,地面自动气象站极大风速风场中尺度切变线 10 km 附近,云顶亮温≤228 K 与多普勒天气雷达组合反射率因子≥50 dBZ 相对应的位置。见图 4.390 及表 4.152。

表 4.152　2005 年 6 月 21 日 08 时冰雹特征物理量表

特征物理量	数值
K 指数/℃	31
SI 指数/℃	-1
CAPE/(J·kg^{-1})	23
dt85/℃	32
500 hPa 的 $T-T_d$/℃	15
700 hPa 的 $T-T_d$/℃	15
850 hPa 的 $T-T_d$/℃	13
云顶亮温/K	228
组合反射率因子/dBZ	50
0 ℃层高度/km	4.3
-20 ℃层高度/km	7.4

4.4.2　2007 年 6 月 4 日 14—20 时

实况描述:2007 年 6 月 4 日 14—20 时,受低空冷式切变线影响,山西省 36 个县(市)出现雷暴天气,其中,4 个县伴有冰雹,分别出现在:左权县(14:02—14:20)、长治县(15:23—15:47)、长子县(16:34—16:35)、沁水县(19:20—19:24),冰雹最大直径为 7 mm,15:23 出现在长治县;其中1个县(市)伴有7级以上雷暴大风。

主要影响系统:500 hPa 槽、700 hPa 和 850 hPa 冷式切变线、500 hPa 和 700 hPa 温度槽、500 hPa 和 700 hPa 及 850 hPa 干侵入线、地面干线、地面温度脊。

系统配置:500 hPa 温度槽和 700 hPa 温度槽叠加在地面温度脊之上,中低层大气层结不稳定,500 hPa 和 700 hPa 及 850 hPa 干侵入线、地面干线、850 hPa 冷式切变线均位于 500 hPa 温度槽前不稳定区。

触发机制:500 hPa 和 700 hPa 及 850 hPa 干侵入线、地面干线、850 hPa 冷式切变线、地面自动气象站极大风速风场中尺度切变线。见图 4.391~图 4.395 及表 4.153。

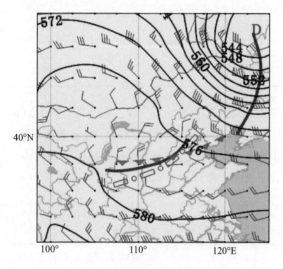

图 4.391　2007 年 6 月 4 日 14 时
500 hPa 高度场和风场

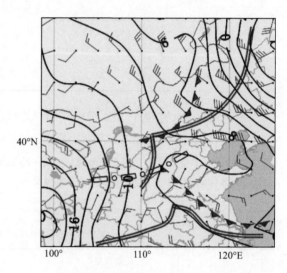

图 4.392　2007 年 6 月 4 日 14 时
700 hPa 风场和温度场

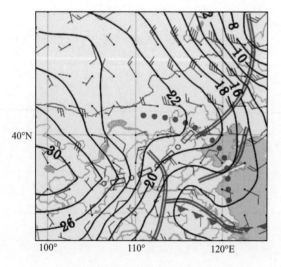

图 4.393　2007 年 6 月 4 日 14 时
850 hPa 风场和温度场

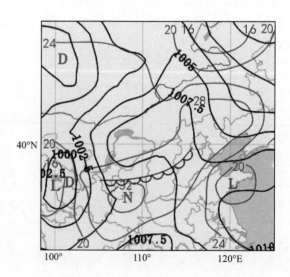

图 4.394　2007 年 6 月 4 日 14 时
地面气压场和温度场

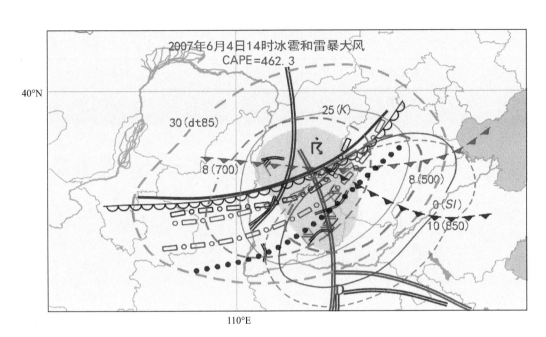

图 4.395　2007 年 6 月 4 日 14 时低空冷式切变线冰雹综合分析图

表 4.153　2007 年 6 月 4 日 14 时冰雹中尺度天气系统表

系统	500 hPa	700 hPa	850 hPa	地面
干线	干侵入线	干侵入线	干侵入线	干线
温度槽	有	有	—	—
温度脊	—	—	—	有
湿舌	—	—	—	—
干舌	—	—	—	—
暖式切变线辐合区	—	—	—	—
冷式切变线辐合区	—	有	有	—
槽线	有	—	—	—
急流	—	—	—	—
显著气流	—	—	—	—
地面中尺度切变线	—	—	—	有(提前 8 h)
径向速度场中尺度辐合线	—	—	—	径向速度≥13 m·s^{-1}

　　冰雹落区:冰雹位于地面干线南部不稳定区,500 hPa $T-T_d$≤8 ℃、700 hPa $T-T_d$≤8 ℃、850 hPa $T-T_d$≤10 ℃、K≥25 ℃、SI≤0 ℃、dt85≥30 ℃相重叠的区域内,850 hPa 干侵入线 0~50 km、地面温度脊线 0~50 km、850 hPa 冷式切变线 0~50 km 范围内,地面自动气象站极大风速风场中尺度切变线 10 km 附近,云顶亮温≤225 K 与多普勒天气雷达组合反

射率因子≥45 dBZ 相对应的位置。见图 4.395 及表 4.154。

表 4.154   2007 年 6 月 4 日 14 时冰雹特征物理量表

特征物理量	数值
K 指数/℃	25
SI 指数/℃	0
CAPE/(J·kg^{-1})	462.3
dt85/℃	30
500 hPa 的 $T-T_d$/℃	8
700 hPa 的 $T-T_d$/℃	8
850 hPa 的 $T-T_d$/℃	10
云顶亮温/K	225
组合反射率因子/dBZ	45
0 ℃层高度/km	3.8
−20 ℃层高度/km	6.9

4.4.3   2008 年 6 月 25 日 14—20 时

实况描述:2008 年 6 月 25 日 14—20 时,受蒙古冷涡和低空冷式切变线过境影响,山西省 85 个县(市)出现雷暴天气,其中 3 个县(市)伴有冰雹,分别出现在:阳曲县(15:25—15:31)、盂县(16:44—16:49)、原平市(17:06—17:18),冰雹最大直径 12 mm,17:06 出现在原平市;17 个县(市)伴有 7～10 级雷暴大风。

主要影响系统:500 hPa 槽和 500 hPa 温度槽、850 hPa 干侵入线、地面干线、700 hPa 和 850 hPa 冷式切变线、700 hPa 和 850 hPa 温度脊、850 hPa 显著西南气流。

系统配置:500 hPa 温度槽叠加在低层温度脊之上导致中低层大气不稳定,850 hPa 冷式切变线、850 hPa 干侵入线和地面干线及地面自动气象站极大风速风场中尺度切变线均位于 700 hPa 冷式切变线前不稳定区。

触发机制:850 hPa 冷式切变线、850 hPa 干侵入线和地面干线、地面自动气象站极大风速风场中尺度切变线。见图 4.396～图 4.400 及表 4.155。

冰雹落区:冰雹位于 700 hPa 冷式切变线与地面干线之间,850 hPa $T-T_d$≤15 ℃、700 hPa $T-T_d$≤18 ℃、500 hPa $T-T_d$≥8 ℃、K≥26 ℃、SI≤0 ℃、dt85≥33 ℃相重叠的区域内,850 hPa 显著西南气流 0～50 km、850 hPa 干侵入线 0～50 km 范围内,地面自动气象站极大风速风场中尺度切变线 10 km 附近,云顶亮温≤220 K 与多普勒天气雷达组合反射率因子≥50 dBZ 相对应的位置。见图 4.400 及表 4.156。

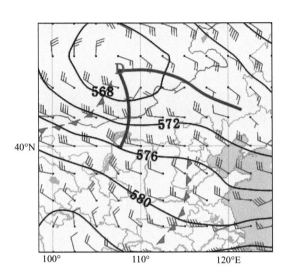

图 4.396 2008 年 6 月 25 日 08 时
500 hPa 高度场和风场

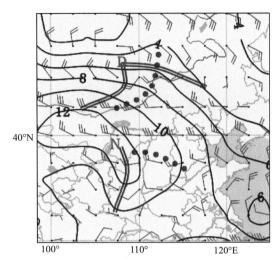

图 4.397 2008 年 6 月 25 日 08 时
700 hPa 风场和温度场

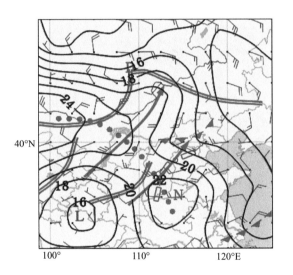

图 4.398 2008 年 6 月 25 日 08 时
850 hPa 风场和温度场

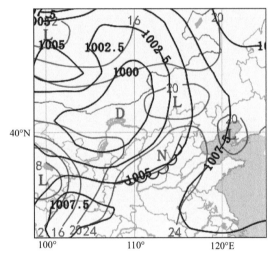

图 4.399 2008 年 6 月 25 日 08 时
地面气压场和温度场

表 4.155 2008 年 6 月 25 日 08 时冰雹中尺度天气系统表

系统	500 hPa	700 hPa	850 hPa	地面
干线	—	—	干侵入线	干线
温度槽	有	—	—	—
温度脊	—	有	有	暖区
湿舌	—	—	—	—
干舌	—	有	有	—

续表

系统	500 hPa	700 hPa	850 hPa	地面
暖式切变线辐合区	—	—	—	—
冷式切变线辐合区		有	有	—
槽线	有	—	—	—
急流	—	—	—	—
显著气流	—	—	有	—
地面中尺度切变线	—	—	—	有（提前 10 h）
径向速度场中尺度辐合线	—	—		径向速度≥16 m·s⁻¹

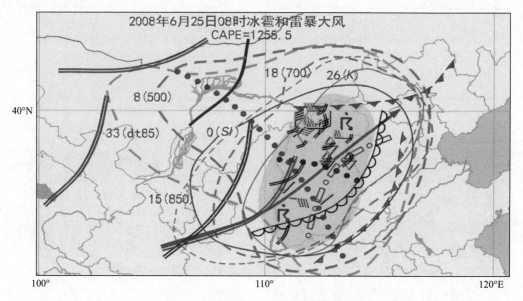

图 4.400 2008 年 6 月 25 日 08 时蒙古冷涡和低空冷式切变线冰雹综合分析图

表 4.156 2008 年 6 月 25 日 08 时冰雹特征物理量表

特征物理量	数值
K 指数/℃	26
SI 指数/℃	0
CAPE/$(\mathrm{J \cdot kg^{-1}})$	1255.5
dt85/℃	33
500 hPa 的 $T-T_d$/℃	8
700 hPa 的 $T-T_d$/℃	18
850 hPa 的 $T-T_d$/℃	15
云顶亮温/K	220

续表

特征物理量	数值
组合反射率因子/dBZ	50
0 ℃层高度/km	3.9
−20 ℃层高度/km	6.8

4.4.4　2010 年 6 月 2 日 13—20 时

实况描述:2010 年 6 月 2 日 13—20 时,受低空冷式切变线过境影响,山西省 46 个县(市)出现雷暴天气,其中 6 个县伴有冰雹,分别出现在:平顺县(16:23,直径 8 mm)、沁源县(17:08,直径 8 mm)、沁县(17:09,直径 5 mm)、垣曲县(19:41,直径 10 mm)、壶关县(20:00,直径 8 mm)、黎城县(20:00,直径 35 mm);冰雹最大直径 35 mm,20:00 出现在黎城县;3 个县(市)伴有大风,最大风力 12 级,20:00 出现在石楼县(东风 61 m·s^{-1})。

主要影响系统:500 hPa 冷式切变线和温度槽、500 hPa 和 700 hPa 及 850 hPa 干侵入线、地面干线、700 hPa 和 850 hPa 冷式切变线、850 hPa 暖式切变线。

系统配置:500 hPa 超前 700 hPa 冷式切变线,中低层大气层结不稳定,500 hPa 和 700 hPa 及 850 hPa 干侵入线、地面干线、850 hPa 冷式切变线均位于 700 hPa 冷式切变线南部不稳定区。

触发机制:850 hPa 冷式切变线、500 hPa 和 700 hPa 及 850 hPa 干侵入线、地面干线、地面自动气象站极大风速风场中尺度切变线。见图 4.401~图 4.405 及表 4.157。

冰雹落区:冰雹位于 700 hPa 干侵入线与地面干线之间,850 hPa $T-T_d \leqslant 6$ ℃、700 hPa $T-T_d \leqslant 17$ ℃、500 hPa $T-T_d \leqslant 10$ ℃、$K \geqslant 22$ ℃、$SI \leqslant -1$ ℃、dt85$\geqslant 30$ ℃相重叠的区域内,850 hPa 冷式切变线 0~50 km、地面干线 0~50 km、500 hPa 干侵入线 0~50 km、850 hPa 干侵入线 0~50 km 范围内,地面自动气象站极大风速风场中尺度切变线 10 km 附近,云顶亮温$\leqslant 220$ K 与多普勒天气雷达组合反射率因子$\geqslant 55$ dBZ 相对应的位置。见图 4.405 及表 4.158。

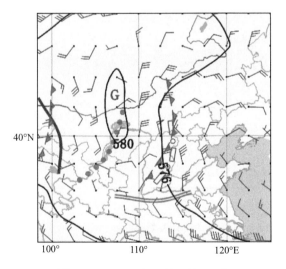

图 4.401　2010 年 6 月 2 日 08 时
500 hPa 高度场和风场

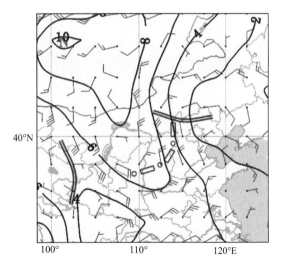

图 4.402　2010 年 6 月 2 日 08 时
700 hPa 风场和温度场

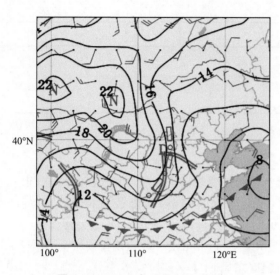

图 4.403 2010 年 6 月 2 日 08 时
850 hPa 风场和温度场

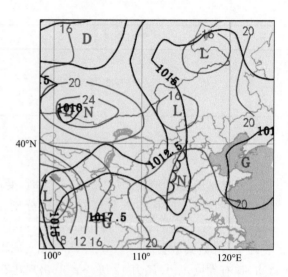

图 4.404 2010 年 6 月 2 日 08 时
地面气压场和温度场

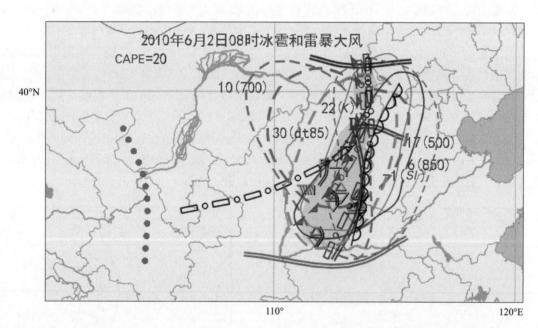

图 4.405 2010 年 6 月 2 日 08 时冷式切变线冰雹综合分析图

表 4.157 2010 年 6 月 2 日 08 时冰雹中尺度天气系统表

系统	500 hPa	700 hPa	850 hPa	地面
干线	干侵入线	干侵入线	干侵入线	干线
温度槽	有	—	—	—
温度脊	—	—	—	暖区
湿舌	—	—	—	—

续表

系统	500 hPa	700 hPa	850 hPa	地面
干舌	有	—	—	—
暖式切变线辐合区	—	—	有	—
冷式切变线辐合区	有	有	有	—
槽线	—	—	—	—
急流	—	—	—	—
显著气流	—	—	—	—
地面中尺度切变线	—	—	—	有(提前 10 h)
径向速度场中气旋	—	—	—	径向速度≥21 m·s^{-1}

表 4.158　2010 年 6 月 2 日 08 时冰雹特征物理量表

特征物理量	数值
K 指数/℃	22
SI 指数/℃	−1
CAPE/(J·kg^{-1})	20
dt85/℃	30
500 hPa 的 $T-T_d$/℃	17
700 hPa 的 $T-T_d$/℃	10
850 hPa 的 $T-T_d$/℃	6
云顶亮温/K	220
组合反射率因子/dBZ	55
0 ℃层高度/km	3.7
−20 ℃层高度/km	6.8

4.4.5　2011 年 6 月 24 日 13—21 时

实况描述:2011 年 6 月 24 日 13—21 时,受低空冷式切变线过境影响,山西省 56 个县(市)出现雷暴天气,其中 6 个县(市)伴有冰雹,分别出现在:沁源县(14:52,直径 15 mm;20:00,直径 21 mm)、高平县(15:30,直径 14 mm;20:00,直径 14 mm)、晋城市(17:40,直径 5 mm)、沁水县(18:25,直径 12 mm)、曲沃县(20:00,直径 10 mm)、绛县(20:03,直径 8 mm);冰雹最大直径 21 mm,20:00 出现在沁源县;4 个县(市)伴有 7 级以上雷暴大风。

主要影响系统:500 hPa 槽和温度槽、500 hPa 和 700 hPa 及 850 hPa 干侵入线、地面干线、700 hPa 和 850 hPa 冷式切变线、700 hPa 和 850 hPa 温度脊。

系统配置:500 hPa 温度槽叠加在 700 hPa 和 850 hPa 温度脊之上,中低层大气层结不稳定,500 hPa 和 700 hPa 及 850 hPa 干侵入线、地面干线、700 hPa 冷式切变线、850 hPa 低涡切变线均位于 850 hPa 冷式切变线前部不稳定湿区。

触发机制:500 hPa 干侵入线、地面干线、850 hPa 低涡切变线、地面自动气象站极大风速风场中尺度切变线。见图 4.406～图 4.410 及表 4.159。

冰雹落区:冰雹位于 850 hPa 冷式切变线与 500 hPa 槽之间,850 hPa $T-T_d \leqslant 4$ ℃、700 hPa $T-T_d \leqslant 17$ ℃、500 hPa $T-T_d \leqslant 21$ ℃、$K \geqslant 26$ ℃、$SI \leqslant 0$ ℃、dt85$\geqslant 24$ ℃相重叠的区域内,850 hPa 低涡切变线 0～50 km、地面干线 0～50 km 范围内,地面自动气象站极大风速风场中尺度切变线 10 km 附近,云顶亮温≤225 K 与多普勒天气雷达组合反射率因子≥55 dBZ 相对应的位置。见图 4.410 及表 4.160。

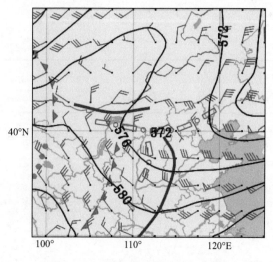

图 4.406 2011 年 6 月 24 日 08 时
500 hPa 高度场和风场

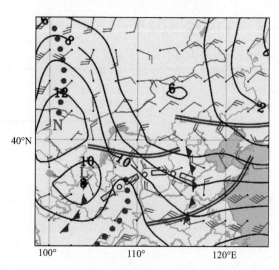

图 4.407 2011 年 6 月 24 日 08 时
700 hPa 风场和温度场

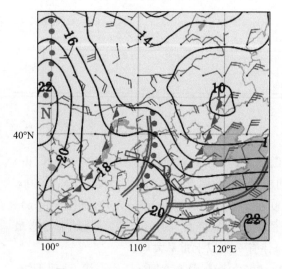

图 4.408 2011 年 6 月 24 日 08 时
850 hPa 风场和温度场

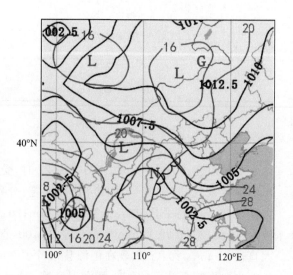

图 4.409 2011 年 6 月 24 日 08 时
地面气压场和温度场

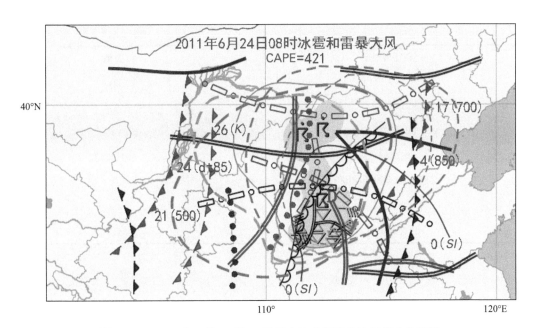

图 4.410　2011 年 6 月 24 日 08 时低空冷式切变线冰雹综合分析图

表 4.159　2011 年 6 月 24 日 08 时冰雹中尺度天气系统表

系统	500 hPa	700 hPa	850 hPa	地面
干线	干侵入线	干侵入线	干侵入线	干线
温度槽	有	—	—	—
温度脊	—	有	有	有
湿舌	—	—	有	—
干舌	有	有	—	—
暖式切变线辐合区	—	—	—	—
冷式切变线辐合区	—	有	有	—
槽线	有	—	—	—
急流	—	—	—	—
显著气流	—	—	—	—
地面中尺度切变线	—	—	—	有（提前 9 h）
径向速度场中气旋	—	—	—	径向速度≥21 m·s^{-1}

表 4.160　2011 年 6 月 24 日 08 时冰雹特征物理量表

特征物理量	数值
K 指数/℃	26
SI 指数/℃	0
CAPE/(J·kg^{-1})	421
dt85/℃	24

续表

特征物理量	数值
500 hPa 的 $T-T_d$/℃	21
700 hPa 的 $T-T_d$/℃	17
850 hPa 的 $T-T_d$/℃	4
云顶亮温/K	225
组合反射率因子/dBZ	55
0 ℃层高度/km	4.0
−20 ℃层高度/km	7.0

4.4.6　2012 年 9 月 19 日 08—20 时

实况描述:2012 年 9 月 19 日 08—20 时,受低空冷式切变线过境影响,山西省 46 个县(市)出现雷暴天气,其中 3 个县伴有冰雹,分别出现在:和顺县(10:24—10:32)、沁水县(14:00—14:05)、寿阳县(17:33—17:36),冰雹最大直径为 16 mm,10:24 出现在和顺县;1 个县(市)伴有 7 级以上雷暴大风。

主要影响系统:700 hPa 和 850 hPa 冷式切变线、500 hPa 和 850 hPa 温度槽、700 hPa 和地面温度脊、500 hPa 和 850 hPa 干侵入线、地面干线。

系统配置:700 hPa 温度槽叠加在地面温度脊之上,低层大气层结不稳定,700 hPa 和 850 hPa 冷式切变线、850 hPa 干侵入线、地面干线、地面自动气象站极大风速风场中尺度切变线均位于 500 hPa 温度槽前不稳定区。

触发机制:700 hPa 和 850 hPa 冷式切变线、850 hPa 干侵入线、地面干线、地面自动气象站极大风速风场中尺度切变线。见图 4.411~图 4.415 及表 4.161。

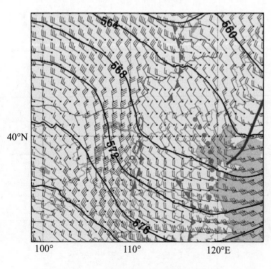

图 4.411　2012 年 9 月 19 日 08 时
500 hPa 高度场和风场

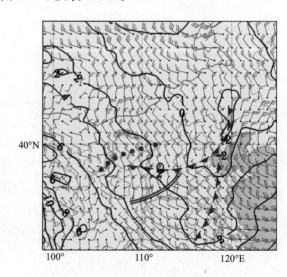

图 4.412　2012 年 9 月 19 日 08 时
700 hPa 风场和温度场

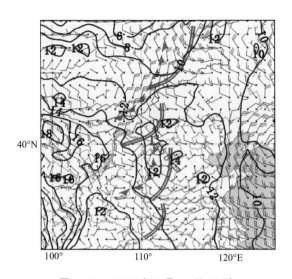

图 4.413 2012 年 9 月 19 日 08 时
850 hPa 风场和温度场

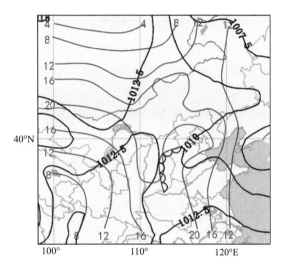

图 4.414 2012 年 9 月 19 日 08 时
地面气压场和温度场

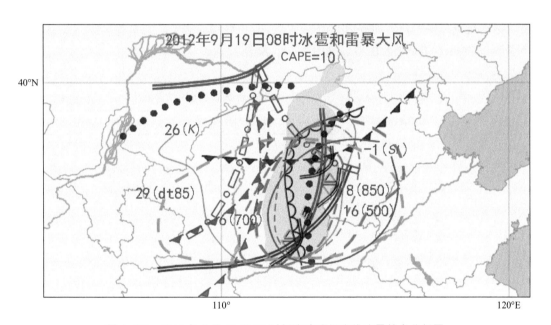

图 4.415 2012 年 9 月 19 日 08 时低空冷式切变线冰雹综合分析图

表 4.161 2012 年 9 月 19 日 08 时冰雹中尺度天气系统表

系统	500 hPa	700 hPa	850 hPa	地面
干线	干侵入线	—	干侵入线	干线
温度槽	有	有	有	—
温度脊	—	—	—	有
湿舌	—	—	—	—

系统	500 hPa	700 hPa	850 hPa	地面
干舌	有	—	—	—
暖式切变线辐合区	—	—	—	—
冷式切变线辐合区	—	有	有	—
槽线	—	—	—	—
急流	—	—	—	—
显著气流	—	—	—	—
地面中尺度切变线	—	—	—	有(提前 8 h)
径向速度场中尺度辐合线	—	—	—	径向速度≥15 m·s^{-1}

冰雹落区:冰雹位于 500 hPa 温度槽前不稳定区,500 hPa $T-T_d$≤16 ℃,700 hPa $T-T_d$≤6 ℃、850 hPa $T-T_d$≤8 ℃、K≥26 ℃、SI≤−1 ℃、dt85≥29 ℃相重叠的区域内,850 hPa 和 700 hPa 冷式切变线 0～50 km、850 hPa 干侵入线 0～50 km、地面干线 0～50 km,地面自动气象站极大风速风场中尺度切变线 20 km 附近,云顶亮温≤220 K 与多普勒天气雷达组合反射率因子≥50 dBZ 相对应的位置。见图 4.415 及表 4.162。

表 4.162　2012 年 9 月 19 日 08 时冰雹特征物理量表

特征物理量	数值
K 指数/℃	26
SI 指数/℃	−1
CAPE/(J·kg^{-1})	10
dt85/℃	29
500 hPa 的 $T-T_d$/℃	16
700 hPa 的 $T-T_d$/℃	6
850 hPa 的 $T-T_d$/℃	8
云顶亮温/K	220
组合反射率因子/dBZ	50
0 ℃层高度/km	3.7
−20 ℃层高度/km	6.8

4.4.7　2013 年 5 月 22 日 12—20 时

实况描述:2013 年 5 月 22 日 12—20 时,受低空冷式切变线影响,山西省 85 个县(市)出现雷暴天气,其中 6 个县伴有冰雹,分别出现在:安泽县(13:04—13:11)、长治县(14:00—14:19)、长子县(14:30—14:36)、沁水县(14:55—14:59)、乡宁县(17:20—17:29)、临猗县(18:35—18:41),冰雹最大直径为 15 mm,14:55 出现在沁水县;13 个县(市)伴有 7 级以上雷暴大风。

　　主要影响系统:500 hPa 槽、700 hPa 和 850 hPa 冷式切变线、500 hPa 和 850 hPa 温度槽、700 hPa 和 850 hPa 及地面温度脊、500 hPa 和 700 hPa 及 850 hPa 干侵入线、地面干线。

　　系统配置:500 hPa 温度槽叠加在 700 hPa 温度脊之上,850 hPa 温度槽叠加在地面温度脊之上,中低层大气层结不稳定,700 hPa 和 850 hPa 冷式切变线、700 hPa 和 850 hPa 干侵入线、地面干线、850 hPa 温度槽、地面自动气象站极大风速风场中尺度切变线均位于 500 hPa 温度槽前不稳定区。

　　触发机制:850 hPa 冷式切变线、700 hPa 和 850 hPa 干侵入线、地面干线 850 hPa 温度槽、地面自动气象站极大风速风场中尺度切变线。见图 4.416～图 4.420 及表 4.163。

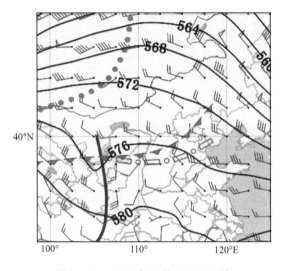

图 4.416　2013 年 5 月 22 日 08 时
500 hPa 高度场和风场

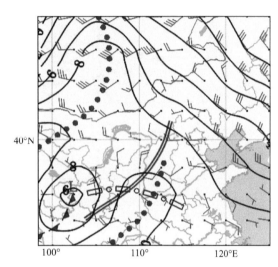

图 4.417　2013 年 5 月 22 日 08 时
700 hPa 风场和温度场

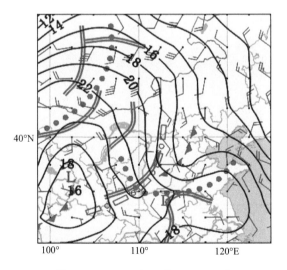

图 4.418　2013 年 5 月 22 日 08 时
850 hPa 风场和温度场

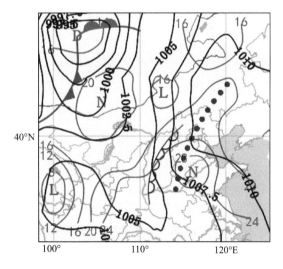

图 4.419　2013 年 5 月 22 日 08 时
地面气压场和温度场

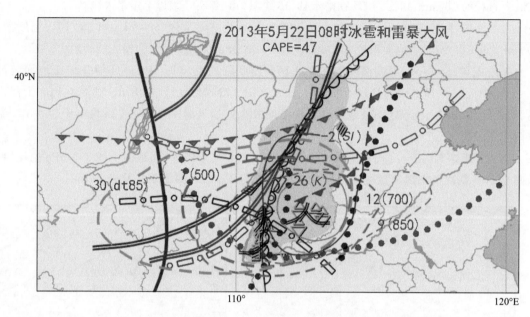

图 4.420　2013 年 5 月 22 日 08 时低空冷式切变线冰雹综合分析图

表 4.163　2013 年 5 月 22 日 08 时冰雹中尺度天气系统表

系统	500 hPa	700 hPa	850 hPa	地面
干线	干侵入线	干侵入线	干侵入线	干线
温度槽	有	—	有	—
温度脊	—	有	有	有
湿舌	—	—	—	—
干舌	—	—	—	—
暖式切变线辐合区	—	—	—	—
冷式切变线辐合区	—	有	有	—
槽线	有	—	—	—
急流	—	—	—	—
显著气流	—	—	—	—
地面中尺度切变线	—	—	—	有(提前 9 h)
径向速度场中尺度辐合线	—	—	—	径向速度≥16 m·s⁻¹

冰雹落区：冰雹位于 500 hPa 温度槽前不稳定区，500 hPa $T-T_d \leqslant 7$ ℃、700 hPa $T-T_d \leqslant 12$ ℃、850 hPa $T-T_d \leqslant 9$ ℃、$K \geqslant 26$ ℃、$SI \leqslant -2$ ℃、dt85$\geqslant 30$ ℃ 相重叠的区域内，地面干线 0～30 km、700 hPa 温度脊 0～80 km、850 hPa 温度槽 0～50 km 范围内，地面自动气象站极大风速风场中尺度切变线 10 km 附近，云顶亮温≤220 K 与多普勒天气雷达组合反射率因子≥50 dBZ 相对应的位置。见图 4.420 及表 4.164。

表 4.164　2013 年 5 月 22 日 08 时冰雹特征物理量表

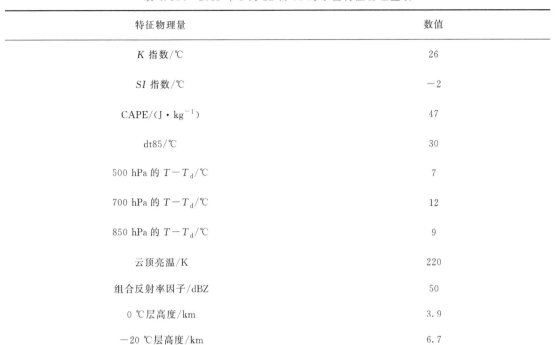

特征物理量	数值
K 指数/℃	26
SI 指数/℃	-2
CAPE/(J·kg^{-1})	47
dt85/℃	30
500 hPa 的 $T-T_d$/℃	7
700 hPa 的 $T-T_d$/℃	12
850 hPa 的 $T-T_d$/℃	9
云顶亮温/K	220
组合反射率因子/dBZ	50
0 ℃层高度/km	3.9
-20 ℃层高度/km	6.7

4.4.8　2013 年 6 月 25 日 13—20 时

实况描述:2013 年 6 月 25 日 13—20 时,受低空冷式切变线过境影响,山西省 71 个县(市)出现雷暴,其中 8 个县伴有冰雹,分别出现在:偏关县(14:00,直径 6 mm)、交城县(14:17,直径 10 mm,14:33,直径 60 mm)、祁县(15:39,直径 8 mm)、天镇县(15:53,直径 5 mm)、吉县(16:15,直径 8 mm)、榆社县(16:43,直径 2 mm)、代县(17:35,直径 1 mm)和汾西县(20:00,直径 25 mm);冰雹最大直径 60 mm,14:33 出现在交城县;9 个县(市)伴有 7 级以上雷暴大风。

主要影响系统:850 hPa 冷式切变线和温度脊、500 hPa 和 700 hPa 及 850 hPa 干侵入线、地面干线、500 hPa 冷平流、700 hPa 和地面温度脊。

系统配置:500 hPa 西北干冷平流叠加在 850 hPa 和地面温度脊之上,中低层大气不稳定,850 hPa 冷式切变线、500 hPa 和 850 hPa 干侵入线及地面干线位于 700 hPa 干侵入线前不稳定湿区,地面自动气象站极大风速风场有中尺度切变线。

触发机制:850 hPa 冷式切变线、500 hPa 和 850 hPa 干侵入线、地面干线、地面自动气象站极大风速风场中尺度切变线。见图 4.421～图 4.425 及表 4.165。

冰雹落区:冰雹位于 700 hPa 干侵入线前不稳定湿区,850 hPa $T-T_d$≤4 ℃、700 hPa $T-T_d$≤12 ℃、500 hPa $T-T_d$≥15 ℃、K≥28 ℃、SI≤-2 ℃、dt85≥27 ℃相重叠的区域内,850 hPa 冷式切变线 0～50 km、地面温度脊 0～50 km、地面干线 0～50 km、地面自动气象站极大风速风场中尺度切变线 0～10 km 范围内,云顶亮温≤220 K 与多普勒天气雷达组合反射率因子≥60 dBZ 相对应的位置。见图 4.425 及表 4.166。

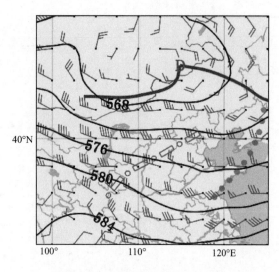

图 4.421　2013 年 6 月 25 日 08 时
500 hPa 高度场和风场

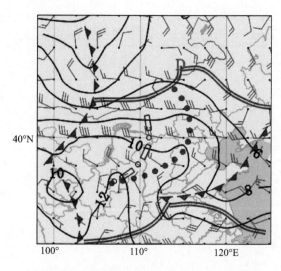

图 4.422　2013 年 6 月 25 日 08 时 700 hPa
风场和温度场

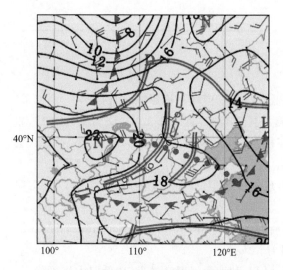

图 4.423　2013 年 6 月 25 日 08 时
850 hPa 风场和温度场

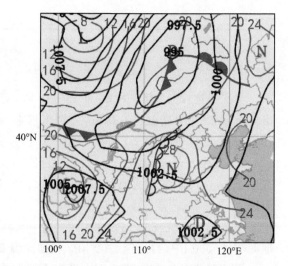

图 4.424　2013 年 6 月 25 日 08 时
地面气压场和温度场

表 4.165　2013 年 6 月 25 日 08 时冰雹中尺度天气系统表

系统	500 hPa	700 hPa	850 hPa	地面
干线	干侵入线	干侵入线	干侵入线	干线
温度槽	—	—	—	—
温度脊	—	有	有	有
湿舌	—	—	有	—

续表

系统	500 hPa	700 hPa	850 hPa	地面
干舌	有	—	—	—
暖式切变线辐合区	—	—	—	—
冷式切变线辐合区	—	—	有	—
槽线	—	—	—	—
急流	—	—	—	—
显著气流	—	—	—	—
地面中尺度切变线	—	—	—	有(提前 11 h)
径向速度场中气旋	—	—	—	径向速度≥21 m·s⁻¹

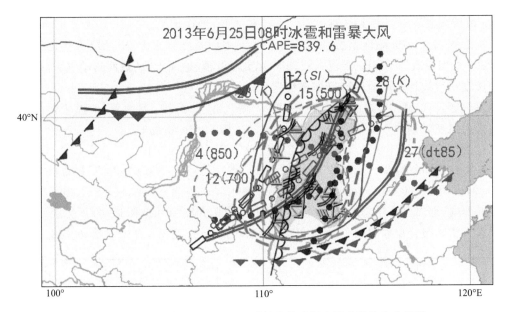

图 4.425　2013 年 6 月 25 日 08 时低空冷式切变线冰雹综合分析图

表 4.166　2013 年 6 月 25 日 08 时冰雹特征物理量表

特征物理量	数值
K 指数/℃	28
SI 指数/℃	-2
CAPE/$(J \cdot kg^{-1})$	839.6
dt85/℃	27
500 hPa 的 $T-T_d$/℃	15
700 hPa 的 $T-T_d$/℃	12
850 hPa 的 $T-T_d$/℃	4

续表

特征物理量	数值
云顶亮温/K	220
组合反射率因子/dBZ	60
0 ℃层高度/km	4.0
−20 ℃层高度/km	7.2

4.4.9　2014 年 7 月 3 日 11—20 时

实况描述:2014 年 7 月 3 日 11—20 时,受低空冷式切变线影响,山西省 67 个县(市)出现雷暴天气,其中 3 个县伴有冰雹,分别出现在:和顺县(11:52—11:58)、孟县(13:13—13:18)、大同县(15:07—15:10),冰雹最大直径为 6 mm,13:13 出现在孟县。

主要影响系统:500 hPa 槽、700 hPa 和 850 hPa 冷式切变线、500 hPa 温度槽、700 hPa 和 850 hPa 及地面温度脊、500 hPa 和 850 hPa 干侵入线、地面干线。

系统配置:500 hPa 温度槽叠加在 850 hPa 和地面温度脊之上,中低层大气层结不稳定,850 hPa 冷式切变线、500 hPa 干侵入线、500 hPa 温度槽、地面干线、地面自动气象站极大风速风场中尺度切变线均位于地面冷锋前不稳定区。

触发机制:850 hPa 冷式切变线、500 hPa 干侵入线、500 hPa 温度槽、地面干线、地面自动气象站极大风速风场中尺度切变线。见图 4.426～图 4.430 及表 4.167。

冰雹落区:冰雹位于 850 hPa 冷式切变线前不稳定区,500 hPa $T-T_d \leqslant 4$ ℃、700 hPa $T-T_d \leqslant 8$ ℃、850 hPa $T-T_d \leqslant 6$ ℃、$K \geqslant 34$ ℃、$SI \leqslant -2$ ℃、dt85$\geqslant$30 ℃相重叠的区域内,500 hPa 温度槽 0～80 km、500 hPa 干侵入线 0～50 km、地面干线 0～50 km、地面温度脊 0～30 km 范围内,地面自动气象站极大风速风场中尺度切变线 20 km 附近,云顶亮温$\leqslant$225 K 与多普勒天气雷达组合反射率因子$\geqslant$40 dBZ 相对应的位置。见图 4.430 及表 4.168。

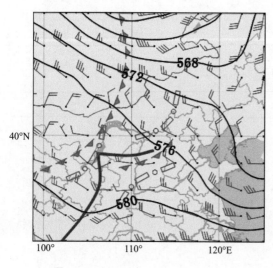

图 4.426　2014 年 7 月 3 日 08 时
500 hPa 高度场和风场

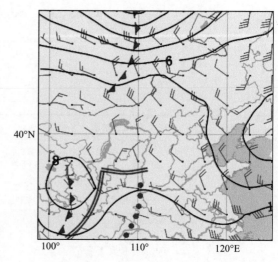

图 4.427　2014 年 7 月 3 日 08 时
700 hPa 风场和温度场

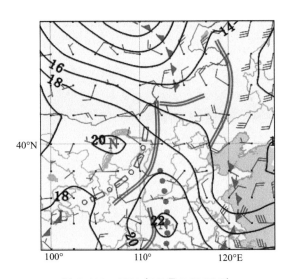

图 4.428　2014 年 7 月 3 日 08 时
850 hPa 风场和温度场

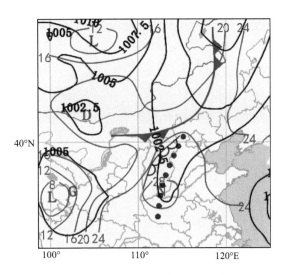

图 4.429　2014 年 7 月 3 日 08 时
地面气压场和温度场

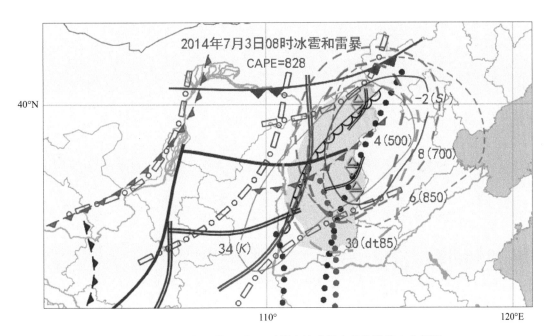

图 4.430　2014 年 7 月 3 日 08 时低空冷式切变线冰雹综合分析图

表 4.167　2014 年 7 月 3 日 08 时冰雹中尺度天气系统表

系统	500 hPa	700 hPa	850 hPa	地面
干线	干侵入线	—	干侵入线	干线
温度槽	有	—	—	—
温度脊	—	有	有	有

系统	500 hPa	700 hPa	850 hPa	地面
湿舌	有	—	—	—
干舌	—	—	—	—
暖式切变线辐合区	—	—	—	—
冷式切变线辐合区	—	有	有	—
槽线	有	—	—	—
急流	—	—	—	—
显著气流	—	—	—	—
地面中尺度切变线	—	—	—	有(提前 10 h)
径向速度场中尺度辐合线	—	—	—	径向速度≥12 m·s⁻¹

表 4.168　2014 年 7 月 3 日 08 时冰雹特征物理量表

特征物理量	数值
K 指数/℃	34
SI 指数/℃	−2
CAPE/$(J \cdot kg^{-1})$	828
dt85/℃	30
500 hPa 的 $T-T_d$/℃	4
700 hPa 的 $T-T_d$/℃	8
850 hPa 的 $T-T_d$/℃	6
云顶亮温/K	225
组合反射率因子/dBZ	40
0 ℃层高度/km	4.0
−20 ℃层高度/km	7.4

4.4.10　2015 日 5 月 6 日 11—21 时

实况描述:2015 年 5 月 6 日 11—21 时,受低空冷式切变线影响,山西省 68 个县(市)出现雷暴,其中 6 个县(市)伴有冰雹,分别出现在:沁县(15:13,冰雹直径 6 mm)、武乡县(15:23,冰雹直径 3 mm)、沁水县(18:51,冰雹直径 7 mm)、长子县(19:05,冰雹直径 7 mm)、闻喜县(19:28,冰雹直径 5 mm)和晋城市(20:23,冰雹直径 8 mm);14 个县(市)伴有 7~10 级雷暴大风。此次强风暴天气给山西省造成了巨大经济损失。

主要影响系统:500 hPa 槽和温度槽、500 hPa 和 700 hPa 及 850 hPa 干侵入线、地面干线、

700 hPa 和 850 hPa 冷式切变线、地面中尺度切变线、850 hPa 温度脊、700 hPa 干舌。

系统配置:500 hPa 槽超前 850 hPa 冷式切变线,500 hPa 温度槽叠加在 850 hPa 温度脊之上致使大气层结不稳定,500 hPa 和 700 hPa 及 850 hPa 干侵入线、地面干线位于 500 hPa 槽后不稳定区,地面自动气象站极大风速风场有中尺度切变线。

触发机制:500 hPa 槽、850 hPa 冷式切变线、500 hPa 和 700 hPa 及 850 hPa 干侵入线、地面干线、地面自动气象站极大风速风场中尺度切变线。见图 4.431～图 4.437 及表 4.169。

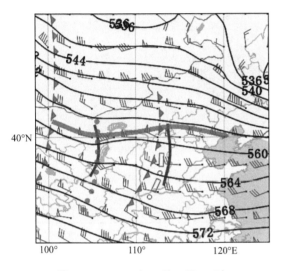

图 4.431　2015 年 5 月 6 日 08 时
500 hPa 高度场和风场

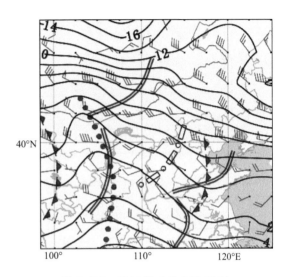

图 4.432　2015 年 5 月 6 日 08 时
700 hPa 风场和温度场

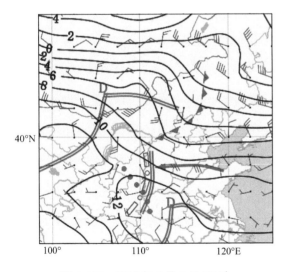

图 4.433　2015 年 5 月 6 日 08 时
850 hPa 风场和温度场

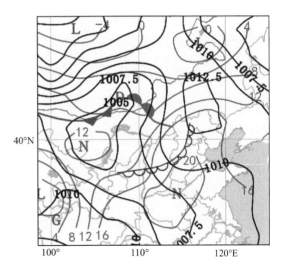

图 4.434　2015 年 5 月 6 日 08 时
地面气压场和温度场

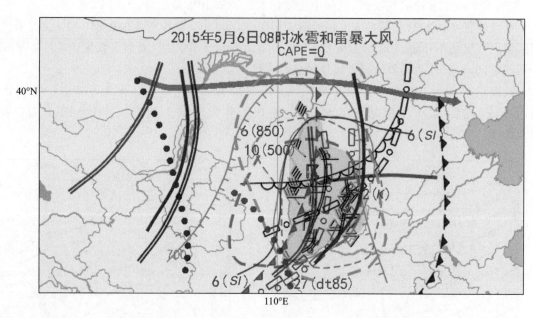

图 4.435　2015 年 5 月 6 日 08 时低空冷式切变线冰雹综合分析图

表 4.169　2015 年 5 月 6 日 08 时冰雹中尺度天气系统表

系统	500 hPa	700 hPa	850 hPa	地面
干线	干侵入线	干侵入线	干侵入线	干线
温度槽	有	—	—	—
温度脊	—	—	有	暖区
湿舌	—	—	—	—
干舌	—	有	—	—
暖式切变线辐合区	—	—	—	—
冷式切变线辐合区	—	有	有	—
槽线	有	—	—	—
急流	有	—	—	—
显著气流	—	—	有	—
地面中尺度切变线	—	—	—	有(提前 10 h)
径向速度场中尺度辐合线	—	—	—	径向速度≥17 m·s^{-1}

　　冰雹落区:冰雹位于 500 hPa 温度槽前不稳定区,850 hPa $T-T_d$≤6 ℃、700 hPa $T-T_d$≥19 ℃、500 hPa $T-T_d$≤10 ℃、K≥12 ℃、SI≤6 ℃、dt85≥27 ℃相重叠的区域内,850 hPa 冷式切变线和干侵入线 0~50 km、500 hPa 槽和干侵入线 0~50 km 范围内,地面自动气象站极大风速风场中尺度切变线 10 km 附近,云顶亮温≤210 K 与多普勒天气雷达组合反射率因子≥45 dBZ 相对应的位置。见图 4.435 及表 4.170。

表 4.170　2015 年 5 月 6 日 08 时冰雹特征物理量表

特征物理量	数值
K 指数/℃	12
SI 指数/℃	6
CAPE/(J・kg^{-1})	0.0
dt85/℃	27
500 hPa 的 $T-T_d$/℃	10
700 hPa 的 $T-T_d$/℃	19
850 hPa 的 $T-T_d$/℃	6
云顶亮温/K	210
组合反射率因子/dBZ	45
0 ℃层高度/km	3
−20 ℃层高度/km	5.8

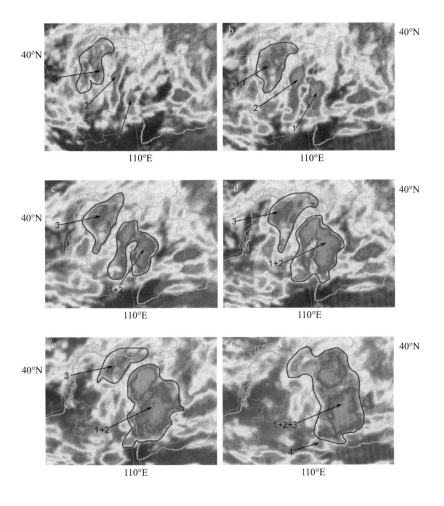

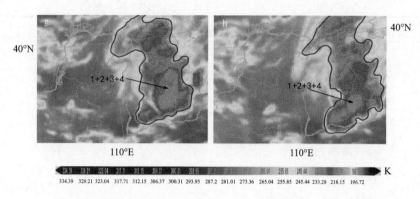

图 4.436 2015 年 5 月 6 日飑线冰雹和雷暴大风云系红外云图演变(FY-2C)
(a)14:00,(b)15:00,(c)15:30,(d)16:00,(e)17:00,(f)18:00,(g)19:00,(h)20:00

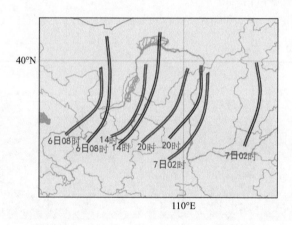

图 4.437 2015 年 5 月 6 日 08 时—7 日 02 时
700 hPa 和 850 hPa 切变线动态

4.4.11 2015 日 7 月 14 日 11—20 时

实况描述:2015 年 7 月 14 日 11—20 时,受蒙古冷涡及低空冷式切变线过境影响,山西省 84 个县(市)出现雷暴天气,其中 4 个县(市)伴有冰雹,分别出现在:左权县(12:48,冰雹直径 5 mm)、阳高县(12:49,冰雹直径 5 mm)、定襄县(17:41,冰雹直径 5 mm)和忻州市(17:50,冰雹直径 4 mm);7 个县(市)伴有 7~10 级雷暴大风。

主要影响系统:500 hPa 槽和温度槽、500 hPa 和 700 hPa 及 850 hPa 干侵入线、地面干线、700 hPa 和 850 hPa 温度脊、850 hPa 人字形切变线。

系统配置:500 hPa 温度槽叠加在 700 hPa 和 850 hPa 温度脊之上,中低层大气层结不稳定,850 hPa 干侵入线和地面干线、850 hPa 人字形切变线均位于 500 hPa 槽前不稳定区,地面自动气象站极大风速风场有中尺度切变线。

触发机制:850 hPa 干侵入线和地面干线、850 hPa 人字形切变线、地面自动气象站极大风速风场中尺度切变线。见图 4.438~图 4.442 及表 4.171。

冰雹落区:冰雹位于地面干线与 500 hPa 干侵入线之间,850 hPa $T-T_d \leqslant 13$ ℃、700 hPa $T-T_d \leqslant 10$ ℃、500 hPa $T-T_d \geqslant 26$ ℃、$K \geqslant 8$ ℃、$SI \leqslant 0$ ℃、dt85$\geqslant 32$ ℃相重叠的区域内,850 hPa 人字形切变线 0~50 km、850 hPa 干侵入线 0~50 km、850 hPa 温度脊 0~50 km 范围内,地面自动气象站极大风速风场中尺度切变线 10 km 附近、云顶亮温$\leqslant 218$ K 与多普勒天气雷达组合反射率因子$\geqslant 40$ dBZ 相对应的位置。见图 4.442 及表 4.172。

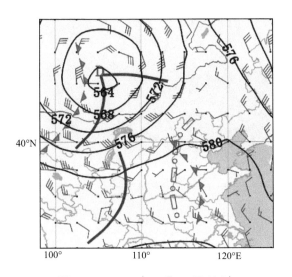

图 4.438　2015 年 7 月 14 日 08 时
500 hPa 高度场和风场

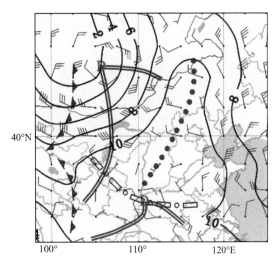

图 4.439　2015 年 7 月 14 日 08 时
700 hPa 风场和温度场

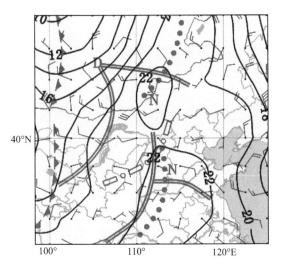

图 4.440　2015 年 7 月 14 日 08 时
850 hPa 风场和温度场

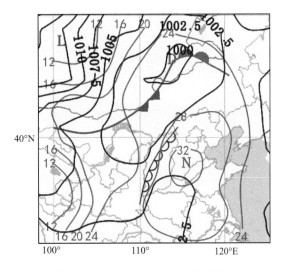

图 4.441　2015 年 7 月 14 日 08 时
地面气压场和温度场

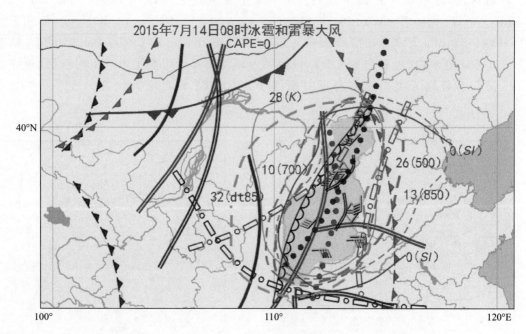

图 4.442 2015 年 7 月 14 日 08 时低空冷式切变线冰雹综合分析图

表 4.171 2015 年 7 月 14 日 08 时冰雹中尺度天气系统表

系统	500 hPa	700 hPa	850 hPa	地面
干线	干侵入线	干侵入线	干侵入线	干线
温度槽	有	—	—	—
温度脊	—	有	有	暖区
湿舌				
干舌	有			
暖式切变线辐合区	—	—	有	—
冷式切变线辐合区	—	—	有	—
槽线	有	—	—	—
急流				
显著气流				
地面中尺度切变线	—	—	—	有(提前 10 h)
径向速度场中尺度辐合线	—	—	—	径向速度≥15 m·s⁻¹

表 4.172　2015 年 7 月 14 日 08 时冰雹特征物理量表

特征物理量	数值
K 指数/℃	28
SI 指数/℃	0
CAPE/$(J \cdot kg^{-1})$	0
dt85/℃	32
500 hPa 的 $T-T_d$/℃	26
700 hPa 的 $T-T_d$/℃	10
850 hPa 的 $T-T_d$/℃	13
云顶亮温/K	218
组合反射率因子/dBZ	40
0 ℃层高度/km	4.1
−20 ℃层高度/km	7.4

4.4.12　2017 年 7 月 14 日 13—20 时

实况描述:2017 年 7 月 14 日 13—20 时,受低空冷式切变线过境影响,山西省 82 个县(市)出现雷暴天气,其中 3 个县伴有冰雹,分别出现在:太谷县(14:15,冰雹直径 4 mm)、河津县(17:05,冰雹直径 6 mm;17:22,冰雹直径 20 mm)和隰县(17:10,冰雹直径 8 mm;17:15,冰雹直径 19 mm);冰雹最大直径 20 mm ,17:22 出现在河津县;10 个县(市)伴有 7~10 级雷暴大风。

主要影响系统:500 hPa 和 700 hPa 及 850 hPa 温度槽、500 hPa 和 700 hPa 及 850 hPa 温度脊、500 hPa 和 700 hPa 及 850 hPa 干侵入线、地面干线、500 hPa 人字形切变线、700 hPa 和 850 hPa 冷式切变线、850 hPa 暖式切变线。

系统配置:500 hPa 与 850 hPa 冷式切变线呈后倾结构,地面到 500 hPa 高空,山西省中南部被暖空气控制,但低层暖平流强于中层暖平流,致使大气层结不稳定,地面自动气象站极大风速风场有中尺度切变线。

触发机制:500 hPa 人字形切变线、700 hPa 干侵入线、地面干线、地面自动气象站极大风速风场中尺度切变线。见图 4.443~图 4.447 及表 4.173。

冰雹落区:冰雹位于 500 hPa 干侵入线南部不稳定区域,850 hPa $T-T_d \leqslant 8$ ℃、700 hPa $T-T_d \leqslant 20$ ℃、500 hPa $T-T_d \geqslant 42$ ℃、$K \geqslant 26$ ℃、$SI \leqslant -1$ ℃、dt85$\geqslant 27$ ℃相重叠的区域内,700 hPa 干侵入线 0~50 km、地面干线 0~50 km 范围内,地面自动气象站极大风速风场中尺度切变线 10 km 附近,云顶亮温$\leqslant 210$ K 与多普勒天气雷达组合反射率因子$\geqslant 55$ dBZ 相对应的位置。见图 4.447 及表 4.174。

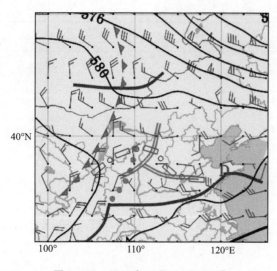

图 4.443　2017 年 7 月 14 日 08 时
500 hPa 高度场和风场

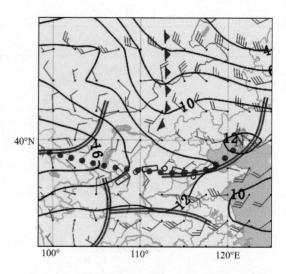

图 4.444　2017 年 7 月 14 日 08 时
700 hPa 风场和温度场

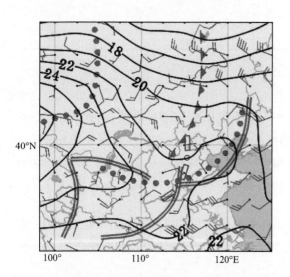

图 4.445　2017 年 7 月 14 日 08 时
850 hPa 风场和温度场

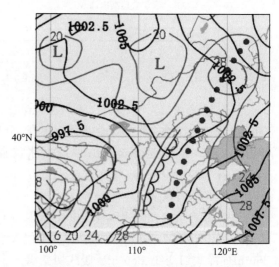

图 4.446　2017 年 7 月 14 日 08 时
地面气压场和温度场

表 4.173　2017 年 7 月 14 日 08 时冰雹中尺度天气系统表

系统	500 hPa	700 hPa	850 hPa	地面
干线	干侵入线	干侵入线	干侵入线	干线
温度槽	有	有	有	—
温度脊	有	有	有	有
湿舌	—	—	—	—
干舌	有	有	—	—

续表

系统	500 hPa	700 hPa	850 hPa	地面
暖式切变线辐合区	—	—	有	—
冷式切变线辐合区	有	有	有	—
槽线	—	—	—	—
急流	—	—	—	—
显著气流	—	—	有	—
地面中尺度切变线	—	—	—	有(提前 10 h)
径向速度场中气旋	—	—	—	径向速度≥21 m·s^{-1}

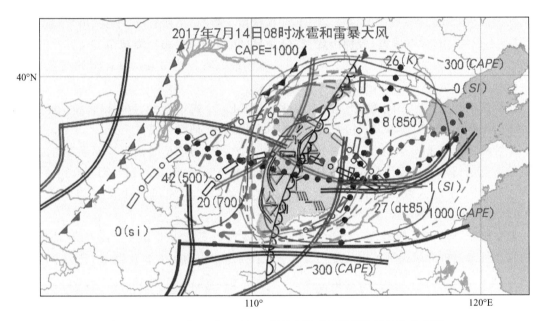

图 4.447　2017 年 7 月 14 日 08 时低空冷式切变线冰雹综合分析图

表 4.174　2017 年 7 月 14 日 08 时冰雹特征物理量表

特征物理量	数值
K 指数/℃	26
SI 指数/℃	−1
CAPE/(J·kg^{-1})	1000
dt85/℃	27
500 hPa 的 $T-T_d$/℃	42
700 hPa 的 $T-T_d$/℃	20
850 hPa 的 $T-T_d$/℃	8
云顶亮温/K	210

续表

特征物理量	数值
组合反射率因子/dBZ	55
0 ℃层高度/km	4.6
−20 ℃层高度/km	7.9

4.5　横槽型冰雹中尺度分析

4.5.1　2006年8月2日08—20时

实况描述:2006年8月2日08—20时,受横槽南压影响,山西省90个县(市)出现雷暴天气,其中4个县(市)伴有冰雹,分别出现在:壶关县(08:33—08:36)、潞城市(09:05—09:09)、浑源县(15:43—15:49)、临县(15:45—15:50),冰雹最大直径为8 mm,15:50出现在临县;2个县(市)伴有7级以上雷暴大风。

主要影响系统:500 hPa横槽、700 hPa和850 hPa冷式切变线、500 hPa和700 hPa及850 hPa温度槽、500 hPa和700 hPa及850 hPa干侵入线、地面干线。

系统配置:850 hPa至500 hPa系统结构后倾,700 hPa温度槽叠加在地面温度脊之上,大气层结不稳定,500 hPa温度槽前大气层结不稳定,500 hPa横槽、700 hPa和850 hPa冷式切变线、850 hPa干侵入线、地面干线、地面自动气象站极大风速风场中尺度切变线均位于500 hPa温度槽前不稳定区。

触发机制:500 hPa横槽、700 hPa和850 hPa冷式切变线、850 hPa干侵入线、地面干线、地面自动气象站极大风速风场中尺度切变线。见图4.448~图4.452及表4.175。

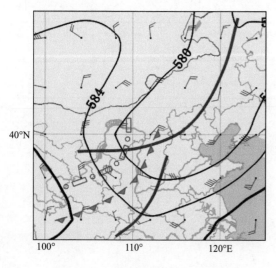

图4.448　2006年8月2日08时
500 hPa高度场和风场

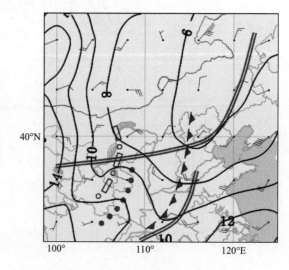

图4.449　2006年8月21日08时
700 hPa风场和温度场

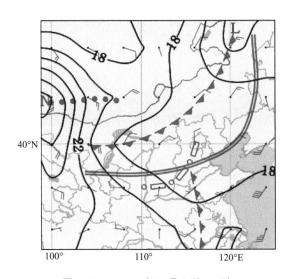

图 4.450　2006 年 8 月 2 日 08 时
850 hPa 风场和温度场

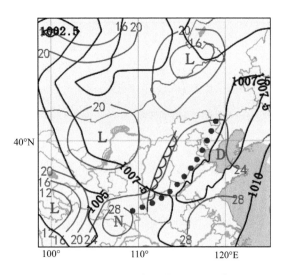

图 4.451　2006 年 8 月 2 日 08 时
地面气压场和温度场

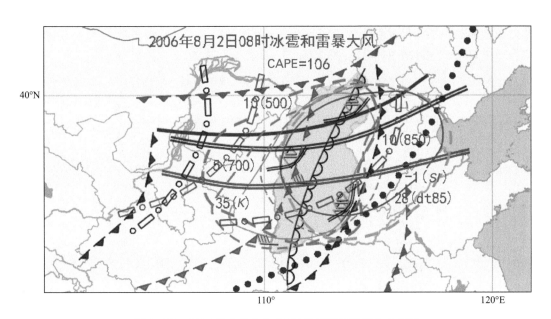

图 4.452　2006 年 8 月 2 日 08 时横槽型冰雹综合分析图

表 4.175　2006 年 8 月 2 日 08 时冰雹中尺度天气系统表

系统	500 hPa	700 hPa	850 hPa	地面
干线	干侵入线	干侵入线	干侵入线	干线
温度槽	有	有	有	—
温度脊	—	—	—	有
湿舌	—	—	—	—

系统	500 hPa	700 hPa	850 hPa	地面
干舌	—	—	—	—
暖式切变线辐合区	—	—	—	—
冷式切变线辐合区	—	有	有	—
槽线	有	—	—	—
急流				
显著气流				
地面中尺度切变线				有(提前 10 h)
径向速度场中尺度辐合线	—	—	—	径向速度≥11 m·s⁻¹

冰雹落区:冰雹位于 500 hPa 温度槽前不稳定区,500 hPa $T-T_d$≤10 ℃,700 hPa $T-T_d$≤5 ℃,850 hPa $T-T_d$≤10 ℃、K≥35 ℃、SI≤-1 ℃、dt85≥28 ℃相重叠的区域内,地面干线 0~50 km、850 hPa 干侵入线 0~50 km、700 hPa 冷式切变线 0~50 km 范围内,地面自动气象站极大风速风场中尺度切变线 10 km 附近,云顶亮温≤235 K 与多普勒天气雷达组合反射率因子≥45 dBZ 相对应的位置。见图 4.452 及表 4.176。

表 4.176　2006 年 8 月 2 日 08 时冰雹特征物理量表

特征物理量	数值
K 指数/℃	35
SI 指数/℃	-1
CAPE/(J·kg⁻¹)	106
dt85/℃	28
500 hPa 的 $T-T_d$/℃	10
700 hPa 的 $T-T_d$/℃	5
850 hPa 的 $T-T_d$/℃	10
云顶亮温/K	235
组合反射率因子/dBZ	45
0 ℃层高度/km	4.0
-20 ℃层高度/km	7.4

4.5.2　2008 年 6 月 10 日 13—20 时

实况描述:2008 年 6 月 10 日 13—20 时,受横槽和低空冷式切变过境影响,山西省 85 个县(市)出现雷暴天气,其中 3 个县伴有冰雹,分别出现在:壶关县(14:10—14:15)、武乡县

（15:32—15:36）、榆社县（15:42—15:45），冰雹最大直径 8 mm，15:32 出现在武乡县;7 个县（市）伴有 7 级以上雷暴大风。

主要影响系统:500 hPa 横槽和温度槽、500 hPa 和 700 hPa 及 850 hPa 干侵入线、地面干线、850 hPa 冷式切变线、850 hPa 温度脊。

系统配置:500 hPa 温度槽叠加在 850 hPa 温度脊之上导致中低层大气不稳定,850 hPa 冷式切变线和干侵入线、700 hPa 和 500 hPa 干侵入线、地面干线均位于 500 hPa 温度槽前不稳定区,500 hPa 有干舌,地面自动气象站极大风速风场有中尺度切变线。

触发机制:500 hPa 和 850 hPa 干侵入线、地面干线、850 hPa 冷式切变线、地面自动气象站极大风速风场中尺度切变线。见图 4.453～图 4.457 及表 4.177。

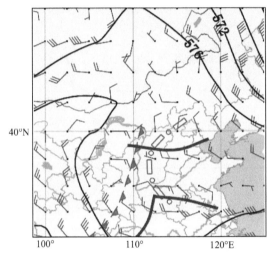

图 4.453　2008 年 6 月 10 日 08 时
500 hPa 高度场和风场

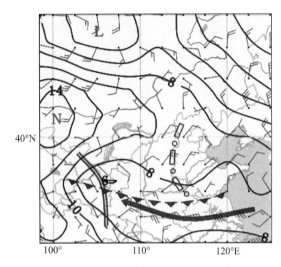

图 4.454　2008 年 6 月 10 日 08 时
700 hPa 风场和温度场

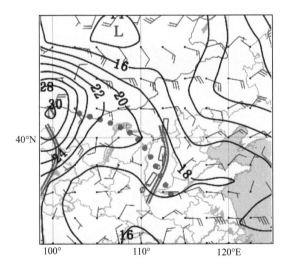

图 4.455　2008 年 6 月 10 日 08 时
850 hPa 风场和温度场

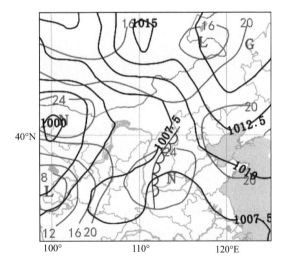

图 4.456　2008 年 6 月 10 日 08 时
地面气压场和温度场

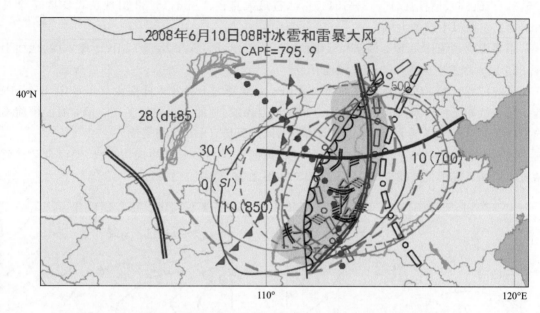

图 4.457　2008 年 6 月 10 日 08 时横槽型(低空冷式切变线)冰雹综合分析图

表 4.177　2008 年 6 月 10 日 08 时冰雹中尺度天气系统表

系统	500 hPa	700 hPa	850 hPa	地面
干线	干侵入线	干侵入线	干侵入线	干线
温度槽	有	—	—	—
温度脊	—	—	有	暖区
湿舌	—	—	—	—
干舌	有	—	—	—
暖式切变线辐合区	—	—	—	—
冷式切变线辐合区	—	—	有	—
槽线	有	—	—	—
急流	—	—	—	—
显著气流	—	—	—	—
地面中尺度切变线	—	—	—	有(提前 10 h)
径向速度场中尺度辐合线	—	—	—	径向速度≥13 m·s^{-1}

冰雹落区:冰雹位于 500 hPa 横槽与地面干线及 850 hPa 冷式切变线所围成的、并与 700 hPa $T-T_d$≤10 ℃、850 hPa $T-T_d$≤10 ℃、500 hPa $T-T_d$≥24 ℃、K≥28 ℃、SI≤0 ℃、dt85≥28 ℃相重叠的区域内,500 hPa 干侵入线 0~80 km、850 hPa 干侵入线 0~50 km 范围内,地面自动气象站极大风速风场中尺度切变线 10 km 附近,云顶亮温≤220 K 与多普勒天

气雷达组合反射率因子≥45 dBZ 相对应的位置。见图 4.457 及表 4.178。

表 4.178　2008 年 6 月 10 日 08 时冰雹特征物理量表

特征物理量	数值
K 指数/℃	30
SI 指数/℃	0
CAPE/$(\mathrm{J \cdot kg^{-1}})$	0.1
dt85/℃	28
500 hPa 的 $T-T_\mathrm{d}$/℃	24
700 hPa 的 $T-T_\mathrm{d}$/℃	10
850 hPa 的 $T-T_\mathrm{d}$(℃)	10
云顶亮温/K	220
组合反射率因子/dBZ	45
0 ℃层高度/km	4.0
−20 ℃层高度/km	7.0

4.5.3　2010 年 6 月 22 日 13—20 时

实况描述:2010 年 6 月 22 日 13—20 时,受横槽过境影响,山西省 80 个县(市)出现雷暴天气,其中 4 个县伴有冰雹,分别出现在:沁县(13:18,直径 10 mm)、静乐县(14:13,直径 6 mm)、豆村(14:28,直径 4 mm)、定襄县(16:25,直径 5 mm);冰雹最大直径 10 mm,13:18 出现在沁县;17 个县(市)伴有 7 级以上雷暴大风。此次强对流天气给山西省的航空、供电、商业、建筑和农业等部门都造成了巨大损失。

主要影响系统:500 hPa 横槽和温度槽、500 hPa 和 700 hPa 干侵入线、地面干线、700 hPa 和 850 hPa 冷式切变线、700 hPa 和 850 hPa 温度槽。

系统配置:500 hPa 横槽与 700 hPa 和 850 hPa 冷式切变线呈前倾结构,500 hPa 温度槽叠加在 850 hPa 和地面暖区之上,中低层大气层结不稳定,500 hPa 干侵入线和地面干线、700 hPa 和 850 hPa 冷式切变线均位于 700 hPa 干侵入线前部不稳定区。

触发机制:500 hPa 温度槽、700 hPa 和 850 hPa 冷式切变线、500 hPa 干侵入线、地面干线、地面自动气象站极大风速风场中尺度切变线。见图 4.458～图 4.462 及表 4.179。

冰雹落区:冰雹位于 500 hPa 横槽后部不稳定区域,850 hPa $T-T_\mathrm{d}$≤15 ℃、700 hPa $T-T_\mathrm{d}$≤12 ℃、500 hPa $T-T_\mathrm{d}$≤5 ℃、K≥28 ℃、SI≤0 ℃、dt85≥32 ℃相重叠的区域内,地面干线 0～50 km、500 hPa 温度槽 0～50 km、850 hPa 冷式切变线 0～50 km 范围内,地面自动气象站极大风速风场中尺度切变线 10 km 附近,云顶亮温≤220 K 与多普勒天气雷达组合反射率因子≥50 dBZ 相对应的位置。见图 4.462 及表 4.180。

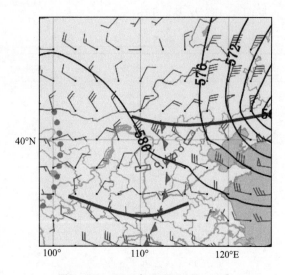

图 4.458 2010 年 6 月 22 日 08 时
500 hPa 高度场和风场

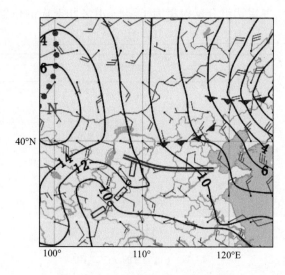

图 4.459 2010 年 6 月 22 日 08 时
700 hPa 风场和温度场

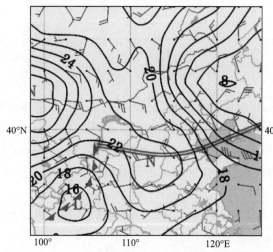

图 4.460 2010 年 6 月 22 日 08 时
850 hPa 风场和温度场

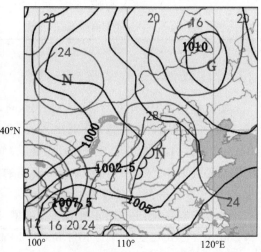

图 4.461 2010 年 6 月 22 日 08 时
地面气压场和温度场

表 4.179 2010 年 6 月 22 日 08 时冰雹中尺度天气系统表

系统	500 hPa	700 hPa	850 hPa	地面
干线	干侵入线	干侵入线	—	干线
温度槽	有	有	有	—
温度脊	—	—	—	有
湿舌	—	—	—	—
干舌	—	—	有	—

续表

系统	500 hPa	700 hPa	850 hPa	地面
暖式切变线辐合区	—	—	—	—
冷式切变线辐合区	—	有	有	—
槽线	有	—	—	—
急流	—	—	—	—
显著气流	—	—	—	—
地面中尺度切变线	—	—	—	有(提前 10 h)
径向速度场中尺度辐合线	—	—	—	径向速度≥15 m·s^{-1}

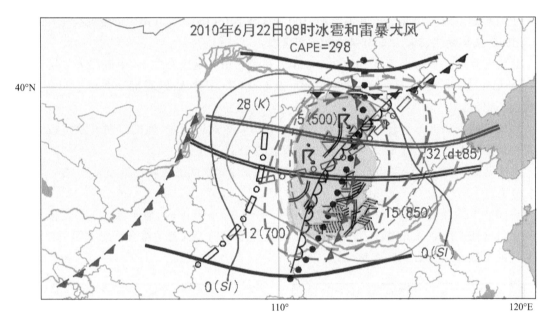

图 4.462　2010 年 6 月 22 日 08 时横槽型冰雹综合分析图

表 4.180　2010 年 6 月 22 日 08 时冰雹特征物理量表

特征物理量	数值
K 指数/℃	28
SI 指数/℃	0
CAPE/(J·kg^{-1})	298
dt85/℃	32
500 hPa 的 $T-T_d$/℃	5
700 hPa 的 $T-T_d$/℃	12
850 hPa 的 $T-T_d$/℃	15
云顶亮温/K	220

续表

特征物理量	数值
组合反射率因子/dBZ	50
0 ℃层高度/km	4.0
−20 ℃层高度/km	7.0

4.5.4　2011 年 8 月 9 日 12—20 时

实况描述:2011 年 8 月 9 日 12—20 时,受横槽南压影响,山西省 72 个县(市)出现雷暴天气,其中 3 个县伴有冰雹,分别出现在:五台山(12:44,直径 8 mm)、神池县(15:21,直径 6 mm)、五寨县(15:23,直径 5 mm);6 个县(市)伴有雷暴大风。

主要影响系统:500 hPa 槽和温度槽、500 hPa 和 700 hPa 及 850 hPa 干侵入线、地面干线、850 hPa 冷式切变线、850 hPa 和 700 hPa 温度脊。

系统配置:500 hPa 温度槽叠加在 700 hPa 和 850 hPa 温度脊之上,中低层大气层结不稳定,850 hPa 冷式切变线、500 hPa 和 700 hPa 及 850 hPa 干侵入线、地面干线位于 500 hPa 温度槽前不稳定区。

触发机制:850 hPa 干侵入线、地面干线、850 hPa 冷式切变线、地面自动气象站极大风速风场中尺度切变线。见图 4.463~图 4.467 及表 4.181。

冰雹落区:冰雹位于 850 hPa 干侵入线与 850 hPa 冷式切变线之间,850 hPa $T-T_d \leqslant 12$ ℃、700 hPa $T-T_d \leqslant 10$ ℃、500 hPa $T-T_d \leqslant 40$ ℃、$K \geqslant 26$ ℃、$SI \leqslant 0$ ℃、dt85$\geqslant 29$ ℃相重叠的区域内,850 hPa 干侵入线 0~50 km、地面干线 0~100 km 范围内,地面自动气象站极大风速风场中尺度切变线 20 km 附近,云顶亮温$\leqslant 240$ K 与多普勒天气雷达组合反射率因子$\geqslant 45$ dBZ 相对应的位置。见图 4.467 及表 4.182。

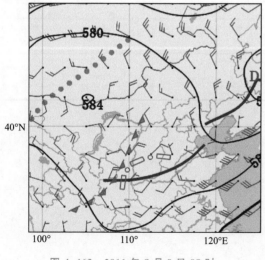

图 4.463　2011 年 8 月 9 日 08 时
500 hPa 高度场和风场

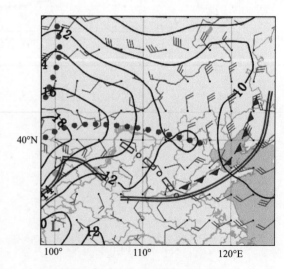

图 4.464　2011 年 8 月 9 日 08 时
700 hPa 风场和温度场

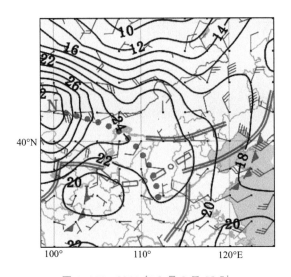

图 4.465　2011 年 8 月 9 日 08 时
850 hPa 风场和温度场

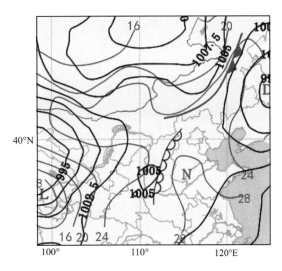

图 4.466　2011 年 8 月 9 日 08 时
地面气压场和温度场

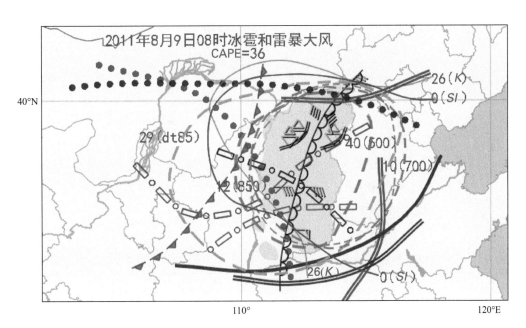

图 4.467　2011 年 8 月 9 日 08 时横槽型冰雹综合分析图

表 4.181　2011 年 8 月 9 日 08 时冰雹中尺度天气系统表

系统	500 hPa	700 hPa	850 hPa	地面
干线	干侵入线	干侵入线	干侵入线	干线
温度槽	有	—	—	—
温度脊	—	有	有	有
湿舌	—	—	—	—

续表

系统	500 hPa	700 hPa	850 hPa	地面
干舌	有	—	—	—
暖式切变线辐合区	—	—	—	—
冷式切变线辐合区	—	—	有	—
槽线	有	—	—	—
急流	—	—	—	—
显著气流	—	—	—	—
地面中尺度切变线	—	—	—	有(提前 11 h)
径向速度场中尺度辐合线	—	—	—	径向速度≥14 m·s⁻¹

表 4.182 2011 年 8 月 9 日 08 时冰雹特征物理量表

特征物理量	数值
K 指数/℃	26
SI 指数/℃	0
CAPE/($J \cdot kg^{-1}$)	36
dt85/℃	29
500 hPa 的 $T-T_d$/℃	40
700 hPa 的 $T-T_d$/℃	10
850 hPa 的 $T-T_d$/℃	12
云顶亮温/K	240
组合反射率因子/dBZ	45
0 ℃层高度/km	4.5
−20 ℃层高度/km	7.5

4.5.5 2015 日 8 月 23 日 11—20 时

实况描述:2015 年 8 月 23 日 11—20 时,受横槽和干侵入线过境影响,山西省 83 个县(市)出现雷暴天气,其中 6 个县伴有冰雹,分别出现在:豆村(12:01,冰雹直径 5 mm)、宁武县(12:58,冰雹直径 6 mm)、陵川县(14:09,冰雹直径 7 mm)、寿阳县(14:26,冰雹直径 2 mm)、稷山县(15:15,冰雹直径 5 mm)和夏县(16:15,冰雹直径 3 mm);6 个县(市)伴有 7 级以上雷暴大风。

主要影响系统:500 hPa 槽和温度槽、500 hPa 和 850 hPa 干侵入线、地面干线、850 hPa 温度脊、700 hPa 和 850 hPa 冷式切变线及温度槽。

系统配置:500 hPa 温度槽叠加在 850 hPa 温度脊之上,中低层大气层结不稳定,500 hPa 和 850 hPa 干侵入线及地面干线、850 hPa 冷式切变线均位于 700 hPa 冷式切变线前不稳定区,地面自动气象站极大风速风场有中尺度切变线。

触发机制:500 hPa 和 850 hPa 干侵入线及地面干线、850 hPa 冷式切变线、地面自动气象站极大风速风场中尺度切变线。见图 4.468～图 4.472 及表 4.183。

冰雹落区:冰雹位于 500 hPa 干侵入线与 850 hPa 干侵入线之间,850 hPa $T-T_d \leq 13$ ℃、700 hPa $T-T_d \leq 8$ ℃、500 hPa $T-T_d \geq 13$ ℃、$K \geq 29$ ℃、$SI \leq 1$ ℃、dt85 ≥ 30 ℃ 相重叠的区域内,850 hPa 冷式切变线 0～60 km、500 hPa 干侵入线 0～100 km、850 hPa 干侵入线 0～60 km、地面干线 0～50 km 范围内,地面自动气象站极大风速风场中尺度切变线 10 km 附近,云顶亮温 ≤ 215 K 与多普勒天气雷达组合反射率因子 ≥ 45 dBZ 相对应的位置。见图 4.472 及表 4.184。

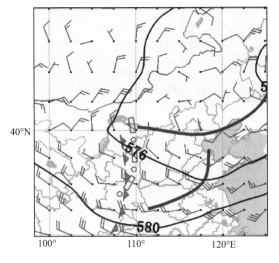

图 4.468　2015 年 8 月 23 日 08 时
500 hPa 高度场和风场

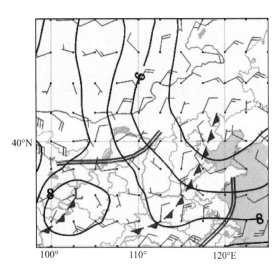

图 4.469　2015 年 8 月 23 日 08 时
700 hPa 风场和温度场

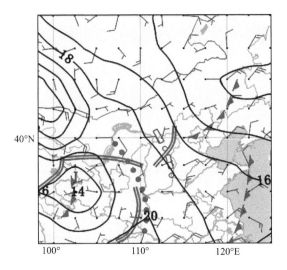

图 4.470　2015 年 8 月 23 日 08 时
850 hPa 风场和温度场

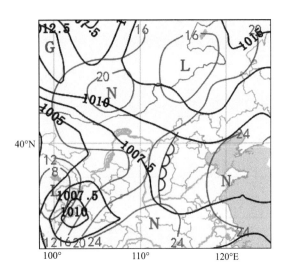

图 4.471　2015 年 8 月 23 日 08 时
地面气压场和温度场

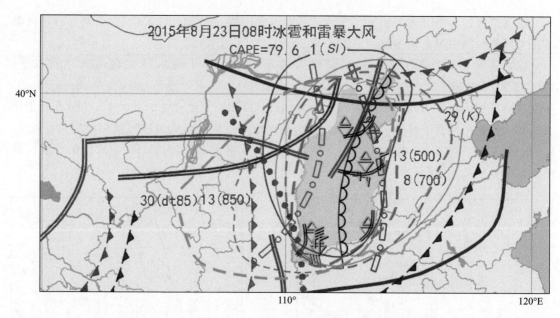

图 4.472　2015 年 8 月 23 日 08 时横槽型冰雹综合分析图

表 4.183　2015 年 8 月 23 日 08 时冰雹中尺度天气系统表

系统	500 hPa	700 hPa	850 hPa	地面
干线	干侵入线	—	干侵入线	干线
温度槽	有	有	有	—
温度脊	—	—	有	暖区
湿舌	—	—	—	—
干舌	—	—	—	—
暖式切变线辐合区	—	—	—	—
冷式切变线辐合区	—	有	有	—
槽线	有	—	—	—
急流	—	—	—	—
显著气流	—	—	—	—
地面中尺度切变线	—	—	—	有(提前 11 h)
径向速度场中尺度辐合线	—	—	—	径向速度≥15 m·s^{-1}

表 4.184　2015 年 8 月 23 日 08 时冰雹特征物理量表

特征物理量	数值
K 指数/℃	29
SI 指数/℃	1
CAPE/(J·kg^{-1})	79.6
dt85/℃	30

续表

特征物理量	数值
500 hPa 的 $T-T_d$/℃	13
700 hPa 的 $T-T_d$/℃	8
850 hPa 的 $T-T_d$/℃	13
云顶亮温/K	215
组合反射率因子/dBZ	45
0 ℃层高度/km	3.5
−20 ℃层高度/km	6.5

4.5.6 2015 年 8 月 30 日 11—23 时

实况描述:2015 年 8 月 30 日 11—23 时,受横槽影响,山西省 83 个县(市)出现雷暴天气,其中 3 个县伴有冰雹,分别出现在:长子县(14:09,冰雹直径 8 mm;22:11,冰雹直径 9 mm)、文水县(15:50,冰雹直径 20 mm)和安泽县(17:07,冰雹直径 2 mm);冰雹最大直径 20 mm,15:50 出现在文水县;7 个县(市)伴有 7 级以上雷暴大风。

主要影响系统:500 hPa 槽和温度槽、500 hPa 和 700 hPa 干侵入线、地面干线、700 hPa 和 850 hPa 温度脊、700 hPa 冷式切变线、850 hPa 暖式切变线。

系统配置:500 hPa 温度槽叠加在 700 hPa 和 850 hPa 温度脊之上,中低层大气层结不稳定,700 hPa 干侵入线及地面干线、850 hPa 暖式切变线、500 hPa 温度槽均位于 700 hPa 冷式切变线前不稳定区,地面自动气象站极大风速风场中有中尺度切变线。

触发机制:700 hPa 干侵入线及地面干线、500 hPa 温度槽、地面自动气象站极大风速风场中尺度切变线。见图 4.473~图 4.477 及表 4.185。

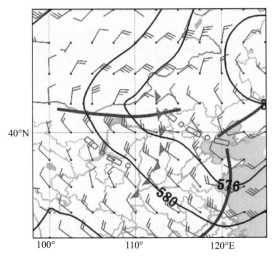

图 4.473　2015 年 8 月 30 日 08 时
500 hPa 高度场和风场

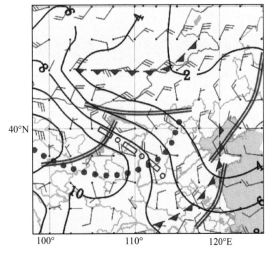

图 4.474　2015 年 8 月 30 日 08 时
700 hPa 风场和温度场

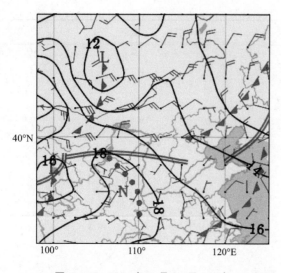

图 4.475　2015 年 8 月 30 日 08 时
850 hPa 风场和温度场

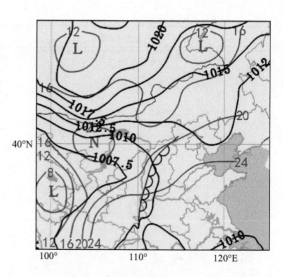

图 4.476　2015 年 8 月 30 日 08 时
地面气压场和温度场

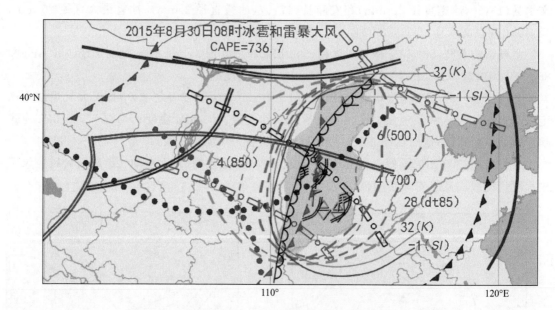

图 4.477　2015 年 8 月 30 日 08 时横槽型冰雹综合分析图

表 4.185　2015 年 8 月 30 日 08 时冰雹中尺度天气系统表

系统	500 hPa	700 hPa	850 hPa	地面
干线	干侵入线	干侵入线	—	干线
温度槽	有	—	—	—
温度脊	—	有	有	暖区
湿舌	—	有	有	—
干舌	—	—	—	—

续表

系统	500 hPa	700 hPa	850 hPa	地面
暖式切变线辐合区	—	—	有	—
冷式切变线辐合区	—	有	—	—
槽线	有	—	—	—
急流	—	—	—	—
显著气流	—	—	—	—
地面中尺度切变线	—	—	—	有（提前 11 h）
径向速度场中气旋	—	—	—	径向速度≥21 m·s^{-1}

冰雹落区：冰雹位于地面干线东侧不稳定湿区，850 hPa $T-T_d$≤4 ℃、700 hPa $T-T_d$≤4 ℃、500 hPa $T-T_d$≥6 ℃、K≥32 ℃、SI≤−1 ℃、dt85≥28 ℃相重叠的区域内，500 hPa 温度槽 0～50 km、700 hPa 干侵入线 0～80 km、地面干线 0～50 km 范围内，地面自动气象站极大风速风场中尺度切变线 10 km 附近，云顶亮温≤210 K 与多普勒天气雷达组合反射率因子≥55 dBZ 相对应的位置。见图 4.477 及表 4.186。

表 4.186　2015 年 8 月 30 日 08 时冰雹特征物理量表

特征物理量	数值
K 指数/℃	32
SI 指数/℃	−1
CAPE/(J·kg^{-1})	736.7
dt85/℃	28
500 hPa 的 $T-T_d$/℃	6
700 hPa 的 $T-T_d$/℃	4
850 hPa 的 $T-T_d$/℃	4
云顶亮温/K	210
组合反射率因子/dBZ	55
0 ℃层高度/km	3.8
−20 ℃层高度/km	6.8

4.5.7　2016 年 4 月 27 日 14—20 时

实况描述：根据气象站观测记录和民政厅灾情调查报告，2016 年 4 月 27 日 14—20 时，受中低空横槽下摆冷空气影响，山西省 51 个县（市）出现雷暴，其中 10 个县伴有冰雹，分别出现在隰县、永济县、新绛县、曲沃县、汾阳县、孝义县、临猗县、闻喜县、绛县、芮城县，冰雹最大直径为 20 mm，14:59 出现在新绛，降雹持续时间 30 min；11 个县（市）伴有 7 级以上雷暴大风。这是一次雷暴大风、冰雹、降水并存的强对流天气过程。

主要影响系统:500 hPa 横槽和温度槽、500 hPa 和 700 hPa 及 850 hPa 干侵入线、地面干线、700 hPa 冷式切变线和温度槽、地面中尺度切变线。

系统配置:700 hPa 至 500 hPa 系统垂直结构呈后倾,700 hPa 温度槽叠加在地面暖区之上,使得大气层结不稳定,700 hPa 温度槽、500 hPa 和 850 hPa 干侵入线、地面自动气象站极大风速风场中尺度切变线均位于不稳定湿区。

触发机制:700 hPa 温度槽、500 hPa 和 850 hPa 干侵入线、地面自动气象站极大风速风场中尺度切变线。见图 4.478～图 4.482 及表 4.187。

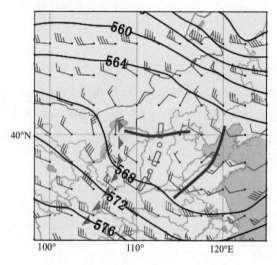

图 4.478　2016 年 4 月 27 日 08 时
500 hPa 高度场和风场

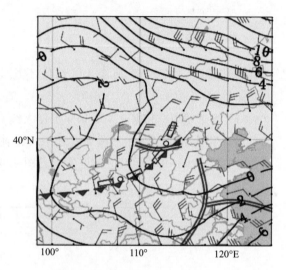

图 4.479　2016 年 4 月 27 日 08 时
700 hPa 风场和温度场

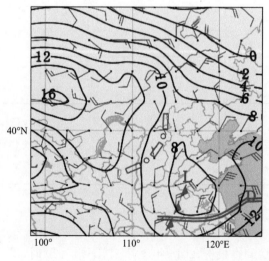

图 4.480　2016 年 4 月 27 日 08 时
850 hPa 风场和温度场

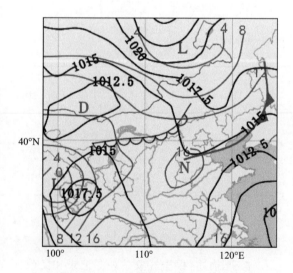

图 4.481　2016 年 4 月 27 日 08 时
地面气压场和温度场

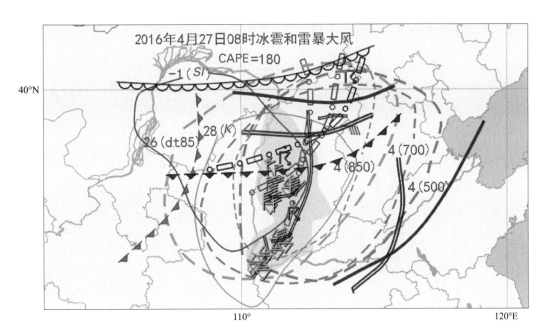

图 4.482　2016 年 4 月 27 日 08 时横槽型(横槽转竖)冰雹综合分析图

表 4.187　2016 年 4 月 27 日 08 时冰雹中尺度天气系统表

系统	500 hPa	700 hPa	850 hPa	地面
干线	干侵入线	干侵入线	干侵入线	干线
温度槽	有	有	—	—
温度脊	—	—	—	暖区
湿舌	有	有	有	—
干舌	—	—	—	—
暖式切变线辐合区	—	—	—	—
冷式切变线辐合区	—	有	—	—
槽线	有	—	—	—
急流	—	—	—	—
显著气流	—	—	—	—
地面中尺度切变线	—	—	—	有(提前 11 h)
径向速度场中尺度辐合线	—	—	—	径向速度≥20 m·s⁻¹

　　冰雹落区:冰雹位于 700 hPa 温度槽南部,500 hPa 干侵入线与 850 hPa 干侵入线之间,850 hPa $T-T_d \leqslant 4$ ℃、700 hPa $T-T_d \leqslant 4$ ℃、500 hPa $T-T_d \leqslant 4$ ℃、$K \geqslant 28$ ℃、$SI \leqslant -1$ ℃、dt85 $\geqslant 28$ ℃相重叠的区域内,500 hPa 干侵入线 0~50 km、850 hPa 干侵入线 0~50 km 范围

内,地面自动气象站极大风速风场中尺度切变线 10 km 附近,云顶亮温≤210 K 与多普勒天气雷达组合反射率因子≥55 dBZ 相对应的位置。见图 4.482 及表 4.188。

表 4.188　2016 年 4 月 27 日 08 时冰雹特征物理量表

特征物理量	数值
K 指数/℃	28
SI 指数/℃	-1
CAPE/$(J \cdot kg^{-1})$	180.0
dt85/℃	28
500 hPa 的 $T-T_d$/℃	4
700 hPa 的 $T-T_d$/℃	4
850 hPa 的 $T-T_d$/℃	4
云顶亮温/K	210
组合反射率因子/dBZ	55
0 ℃层高度/km	2.8
-20 ℃层高度/km	5.2

4.5.8　2016 年 9 月 10 日 12—20 时

实况描述:2016 年 9 月 10 日 12—20 时,受横槽南压影响,山西省 72 个县(市)出现雷暴天气,其中 5 个县(市)伴有冰雹,分别出现在:右玉县(12:33—12:39)、阳泉市(13:14—13:21)、怀仁市(14:02—14:07)、应县(14:57—14:59)、孟县(15:40—15:46),冰雹最大直径为 8 mm,12:33 出现在右玉县;2 个县(市)伴有 7 级以上雷暴大风。

主要影响系统:500 hPa 横槽和温度槽、850 hPa 和 700 hPa 冷式切变线、500 hPa 和700 hPa 及 850 hPa 干侵入线、700 hPa 和 850 hPa 及地面温度脊。

系统配置:500 hPa 温度槽叠加在 700 hPa 温度脊之上,中低层大气层结不稳定,850 hPa冷式切变线、850 hPa 干侵入线、地面自动气象站极大风速风场中尺度切变线均位于 500 hPa温度槽前不稳定区。

触发机制:850 hPa 干侵入线、850 hPa 冷式切变线、地面自动气象站极大风速风场中尺度切变线。见图 4.483～图 4.487 及表 4.189。

冰雹落区:冰雹位于 700 hPa 干侵入线前不稳定区,500 hPa $T-T_d$≤6 ℃、700 hPa $T-T_d$≤7 ℃、850 hPa $T-T_d$≤8 ℃、K≥26 ℃、SI≤2 ℃、dt85≥28 ℃相重叠的区域内,850 hPa干侵入线 0～50 km、850 hPa 冷式切变线 0～50 km 范围内、地面自动气象站极大风速风场中尺度切变线 10 km 附近、云顶亮温≤225 K 与多普勒天气雷达组合反射率因子≥45 dBZ 相对应的位置。见图 4.487 及表 4.190。

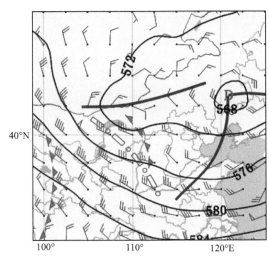

图 4.483   2016 年 9 月 10 日 08 时
500 hPa 高度场和风场

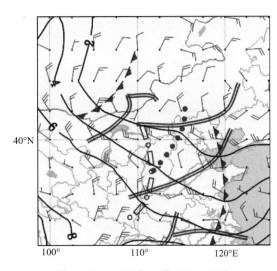

图 4.484   2016 年 9 月 10 日 08 时
700 hPa 风场和温度场

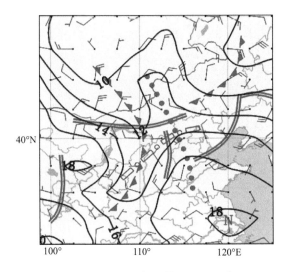

图 4.485   2016 年 9 月 10 日 08 时
850 hPa 风场和温度场

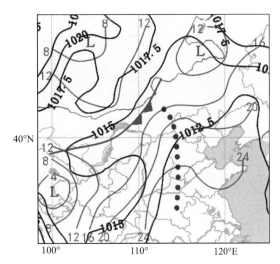

图 4.486   2016 年 9 月 10 日 08 时
地面气压场和温度场

表 4.189   2016 年 9 月 10 日 08 时冰雹中尺度天气系统表

系统	500 hPa	700 hPa	850 hPa	地面
干线	干侵入线	有	干侵入线	干线
温度槽	有	—	有	—
温度脊	—	有	有	有
湿舌	—	—	—	—
干舌	—	—	—	—
暖式切变线辐合区	—	—	—	—

系统	500 hPa	700 hPa	850 hPa	地面
冷式切变线辐合区	—	有	有	—
槽线	有	—	—	—
急流	—	—	—	—
显著气流	—	—	—	—
地面中尺度切变线	—	—	—	有(提前 8 h)
径向速度场中尺度辐合线	—	—	—	径向速度≥15 m·s⁻¹

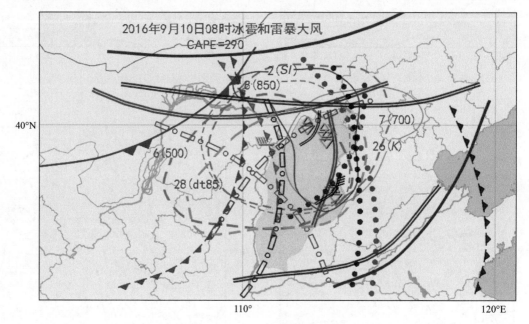

图 4.487　2016 年 9 月 10 日 08 时横槽型冰雹综合分析图

表 4.190　2016 年 9 月 10 日 08 时冰雹特征物理量表

特征物理量	数值
K 指数/℃	26
SI 指数/℃	2
CAPE/(J·kg⁻¹)	290
dt85/℃	28
500 hPa 的 $T-T_d$/℃	6
700 hPa 的 $T-T_d$/℃	7
850 hPa 的 $T-T_d$/℃	8
云顶亮温/K	225
组合反射率因子/dBZ	45
0 ℃层高度/km	3.1
−20 ℃层高度/km	6.3

4.6　副高与低空冷式切变线型冰雹中尺度分析

4.6.1　2013 年 8 月 11 日 13—20 时

实况描述:2013 年 8 月 11 日 13—20 时,受副高与低空冷式切变线影响,山西省 93 个县(市)出现雷暴,其中 5 个县(市)伴有冰雹,分别出现在:沁水县(14:30,直径 7 mm)、吉县(15:47,直径 8 mm)、稷山县(16:15,直径 5 mm)、榆次市(16:26,直径 8 mm)和阳城县(17:38,直径 4 mm);21 个县(市)伴有 7～11 级雷暴大风,瞬间最大风速达 31 m·s^{-1},17:00出现在太谷县(西风);8 个县(市)伴有短时强降水,分别出现在岚县、祁县、平定县、沁水县、高平县、潞城市、兴县和平遥县。

主要影响系统:500 hPa 槽、700 hPa 和 850 hPa 冷式切变线、700 hPa 和 850 hPa 温度槽、500 hPa和 850 hPa 干侵入线、地面干线、700 hPa 和 850 hPa 温度脊、500 hPa 和 700 hPa 西南急流。

系统配置:700 hPa 冷式切变线超前 850 hPa 冷式切变线,850 hPa 干侵入线超前地面干线,低层大气不稳定,850 hPa 干侵入线、地面干线、700 hPa 西南急流均位于 500 hPa 的 5880gpm 与 5840 gpm 线之间的不稳定湿区,地面自动气象站极大风速风场有中尺度切变线。

触发机制:850 hPa 干侵入线、地面干线、700 hPa 西南急流、地面自动气象站极大风速风场中尺度切变线。见图 4.488～图 4.492 及表 4.191。

冰雹落区:冰雹位于 5880 gpm 与 5840 gpm 线之间,850 hPa $T-T_d \leqslant 4$ ℃、700 hPa$T-T_d \leqslant 8$ ℃、500 hPa $T-T_d \geqslant 14$ ℃、$K \geqslant 35$ ℃、$SI \leqslant -1$ ℃、dt85$\geqslant 25$ ℃相重叠的区域内,5880 gpm 线 0～50 km、850 hPa 干侵入线 0～50 km、700 hPa 西南急流轴 0～50 km、地面干线 0～50 m、地面自动气象站极大风速风场中尺度切变线 0～20 km 范围内,云顶亮温$\leqslant 205$ K与多普勒天气雷达组合反射率因子$\geqslant 45$ dBZ 相对应的位置。见图 4.492 及表 4.192。

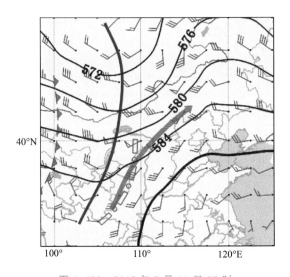

图 4.488　2013 年 8 月 11 日 08 时
500 hPa 高度场和风场

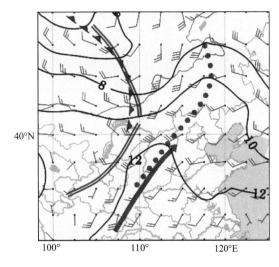

图 4.489　2013 年 8 月 11 日 08 时
700 hPa 风场和温度场

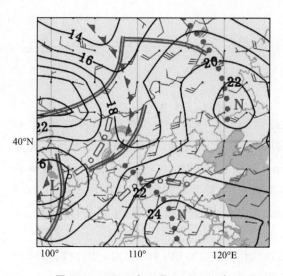

图 4.490　2013 年 8 月 11 日 08 时
850 hPa 风场和温度场

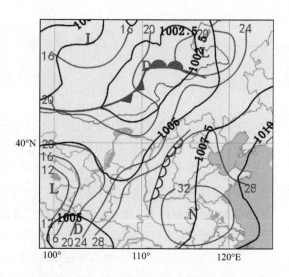

图 4.491　2013 年 8 月 11 日 08 时
地面气压场和温度场

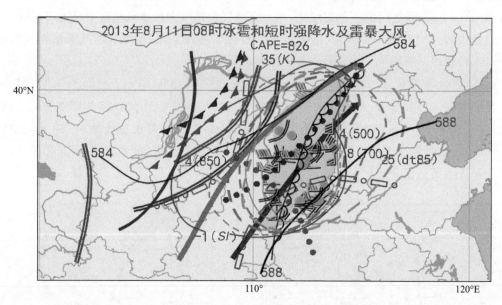

图 4.492　2013 年 8 月 11 日 08 时副高与低空冷式切变线冰雹综合分析图

表 4.191　2013 年 8 月 11 日 08 时冰雹中尺度天气系统表

系统	500 hPa	700 hPa	850 hPa	地面
干线	干侵入线	—	干侵入线	干线
温度槽	—	—	有	—
温度脊	—	有	有	暖区
湿舌	—	—	有	—
干舌	有	—	—	—

续表

系统	500 hPa	700 hPa	850 hPa	地面
暖式切变线辐合区	—	—	—	—
冷式切变线辐合区	—	有	有	—
槽线	有	—	—	—
急流	有	有	—	—
显著气流	—	—	—	—
地面中尺度切变线	—	—	—	有(提前 10 h)
径向速度场中气旋	—	—	—	径向速度≥19 m・s^{-1}

表 4.192　2013 年 8 月 11 日 08 时冰雹特征物理量表

特征物理量	数值
K 指数/℃	35
SI 指数/℃	−1
CAPE/(J・kg^{-1})	826
dt85/℃	25
500 hPa 的 $T-T_d$/℃	14
700 hPa 的 $T-T_d$/℃	8
850 hPa 的 $T-T_d$/℃	4
云顶亮温/K	205
组合反射率因子/dBZ	45
0 ℃层高度/km	4.5
−20 ℃层高度/km	7.4

4.6.2　2016 年 7 月 31 日 13—20 时

实况描述:2016 年 7 月 31 日 13—20 时,受副高与低空冷式切变线影响,山西省 42 个县(市)出现雷暴,其中 2 个县(市)伴有冰雹,分别出现在:大同市(16:57,直径 4 mm)、岢岚县(18:37,直径 6 mm);1 个县(市)伴有 7 级以上雷暴大风,18:46 出现在岢岚县,北风 18 m・s^{-1}。

主要影响系统:500 hPa 槽、700 hPa 和 850 hPa 冷式切变线、500 hPa 和 850 hPa 温度槽、500 hPa 和 700 hPa 及 850 hPa 干侵入线、地面干线、700 hPa 温度脊、700 hPa 显著气流。

系统配置:500 hPa 槽超前 700 hPa 和 850 hPa 冷式切变线,850 hPa 温度槽叠加在地面暖区之上,中低层大气不稳定,700 hPa 和 850 hPa 冷式切变线、地面干线、850 hPa 温度槽均位于 500 hPa 高度 5880 gpm 线附近不稳定湿区,地面自动气象站极大风速风场有中尺度切变线。

触发机制：700 hPa 和 850 hPa 冷式切变线、地面干线、850 hPa 温度槽、地面自动气象站极大风速风场中尺度切变线。见图 4.493～图 4.497 及表 4.193。

冰雹落区：冰雹位于 5880 gpm 线边缘不稳定湿区，850 hPa $T-T_d \leqslant 4$ ℃、700 hPa $T-T_d \leqslant 12$ ℃、500 hPa $T-T_d \geqslant 22$ ℃、$K \geqslant 36$ ℃、$SI \leqslant -1$ ℃、dt85 $\geqslant 24$ ℃ 相重叠的区域内，5880 gpm 线 0～50 km、850 hPa 温度槽 0～50 km、地面干线 0～50 km 范围内，地面自动气象站极大风速风场中尺度切变线 10 km 范围内，云顶亮温 $\leqslant 220$ K 与多普勒天气雷达组合反射率因子 $\geqslant 45$ dBZ 相对应的位置。见图 4.497 及表 4.194。

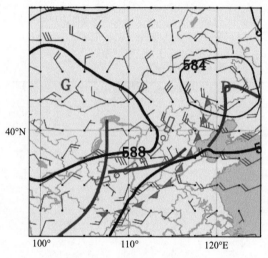

图 4.493 2016 年 7 月 31 日 08 时
500 hPa 高度场和风场

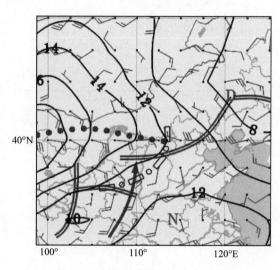

图 4.494 2016 年 7 月 31 日 08 时
700 hPa 风场和温度场

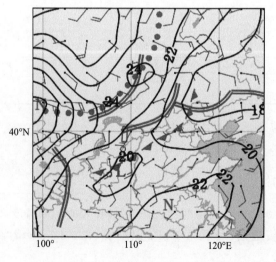

图 4.495 2016 年 7 月 31 日 08 时
850 hPa 风场和温度场

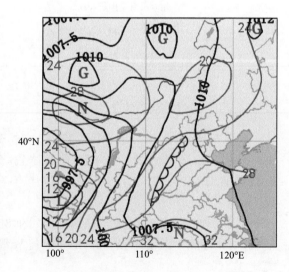

图 4.496 2016 年 7 月 31 日 08 时
地面气压场和温度场

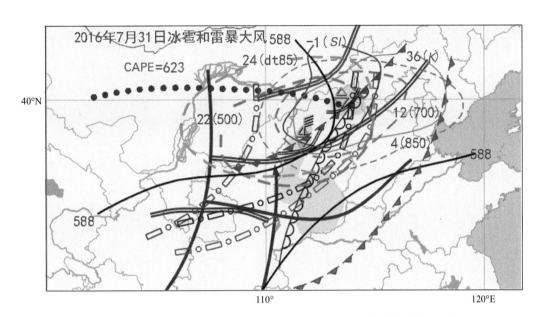

图 4.497　2016 年 7 月 31 日 08 时副高与低空冷式切变线冰雹综合分析图

表 4.193　2016 年 7 月 31 日 08 时冰雹中尺度天气系统表

系统	500 hPa	700 hPa	850 hPa	地面
干线	干侵入线	干侵入线	干侵入线	干线
温度槽	有	—	有	—
温度脊	—	有	—	暖区
湿舌	—	—	有	—
干舌	有	—	—	—
暖式切变线辐合区	—	—	—	—
冷式切变线辐合区	—	有	有	—
槽线	有	—	—	—
急流	—	—	—	—
显著气流	—	有	—	—
地面中尺度切变线	—	—	—	有(提前 11 h)
径向速度场中尺度辐合线	—	—	—	径向速度≥11 m·s⁻¹

表 4.194　2016 年 7 月 31 日 08 时冰雹特征物理量表

特征物理量	数值
K 指数/℃	36
SI 指数/℃	−1

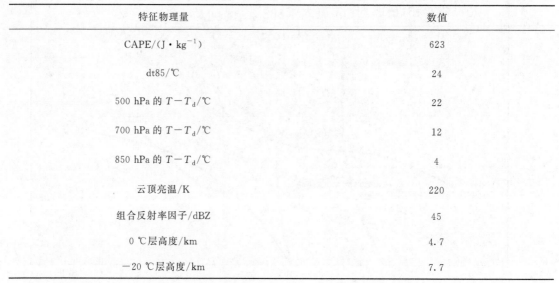

续表

特征物理量	数值
CAPE/(J·kg^{-1})	623
dt85/℃	24
500 hPa 的 $T-T_d$/℃	22
700 hPa 的 $T-T_d$/℃	12
850 hPa 的 $T-T_d$/℃	4
云顶亮温/K	220
组合反射率因子/dBZ	45
0 ℃层高度/km	4.7
−20 ℃层高度/km	7.7

4.7 西北气流型冰雹中尺度分析

4.7.1 2011 年 7 月 13 日 13—20 时

实况描述：2011 年 7 月 13 日 13—20 时，受东北冷涡后部西北气流影响，山西省 79 个县(市)出现雷暴天气，其中 4 个县(市)伴有冰雹，分别出现在：盂县(16:54，直径 5 mm)、平定县(17:16，直径 13 mm；20:00，直径 21 mm)、豆村(17:40，直径 3 mm)、阳泉市(17:46，直径 8 mm)；冰雹最大直径 21 mm，20:00 出现在平定县；14 个县(市)伴有 7～10 级雷暴大风。

主要影响系统：500 hPa 温度槽、500 hPa 干侵入线和 700 hPa 干侵入线及 850 hPa 干侵入线、地面干线、700 hPa 和 850 hPa 及地面温度脊。

系统配置：500 hPa 温度槽叠加 700 hPa 温度脊和 850 hPa 温度脊之上，中低层大气层结不稳定，500 hPa 干侵入线 和 700 hPa 干侵入线及 850 hPa 干侵入线、地面干线均位于 500 hPa 温度槽前不稳定区。

触发机制：500 hPa 和 850 hPa 干侵入线、地面干线、地面自动气象站极大风速风场中尺度切变线。见图 4.498～图 4.502 及表 4.195。

冰雹落区：冰雹位于 500 hPa 温度槽前不稳定区，850 hPa $T-T_d$≤8 ℃，700 hPa $T-T_d$≤15 ℃、500 hPa $T-T_d$≤27 ℃、K≥24 ℃、SI≤0 ℃、dt85≥28 ℃相重叠的区域内，500 hPa 干侵入线 0～50 km、地面干线 0～50 km 范围内，地面自动气象站极大风速风场中尺度切变线 10 km 附近，云顶亮温≤218 K 与多普勒天气雷达组合反射率因子≥55 dBZ 相对应的位置。见图 4.502 及表 4.196。

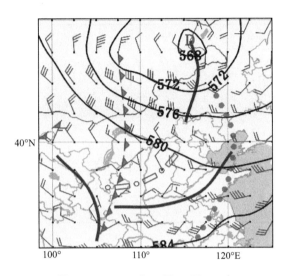

图 4.498　2011 年 7 月 13 日 08 时
500 hPa 高度场和风场

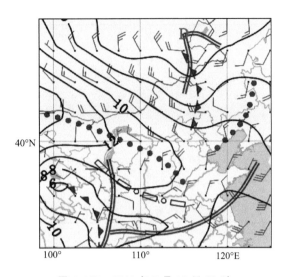

图 4.499　2011 年 7 月 13 日 08 时
700 hPa 风场和温度场

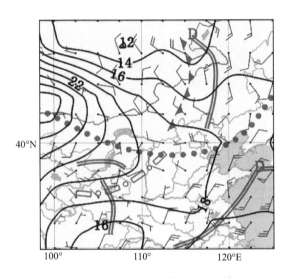

图 4.500　2011 年 7 月 13 日 08 时
850 hPa 风场和温度场

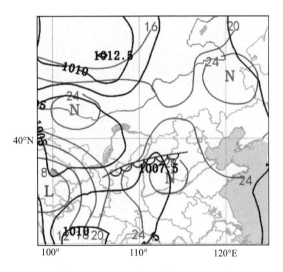

图 4.501　2011 年 7 月 13 日 08 时
地面气压场和温度场

表 4.195　2011 年 7 月 13 日 08 时冰雹中尺度天气系统表

系统	500 hPa	700 hPa	850 hPa	地面
干线	干侵入线	干侵入线	干侵入线	干线
温度槽	有	—	—	—
温度脊	—	有	有	有
湿舌	—	—	—	—
干舌	有	有	—	—

系统	500 hPa	700 hPa	850 hPa	地面
暖式切变线辐合区	—	—	—	—
冷式切变线辐合区	—	—	—	—
槽线	—	—	—	—
急流	—	—	—	—
显著气流	—	—	—	—
地面中尺度切变线	—	—	—	有(提前 7 h)
径向速度场中气旋	—	—	—	径向速度≥17 m·s⁻¹

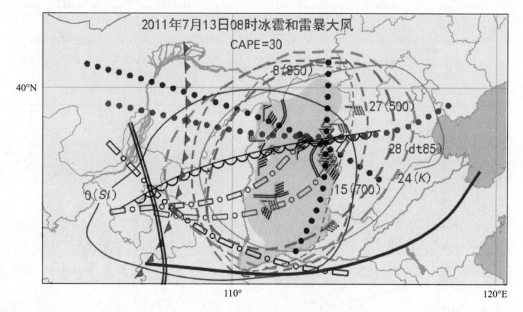

图 4.502　2011 年 7 月 13 日 08 时西北气流型冰雹综合分析图

表 4.196　2011 年 7 月 13 日 08 时冰雹特征物理量表

特征物理量	数值
K 指数/℃	24
SI 指数/℃	0
CAPE/$(\mathrm{J\cdot kg^{-1}})$	30
dt85/℃	28
500 hPa 的 $T-T_d$/℃	27
700 hPa 的 $T-T_d$/℃	15
850 hPa 的 $T-T_d$/℃	8
云顶亮温/K	218

续表

特征物理量	数值
组合反射率因子/dBZ	55
0 ℃层高度/km	4.1
−20 ℃层高度/km	6.8

4.7.2　2012 年 7 月 10 日 13—20 时

实况描述:2012 年 7 月 10 日 13—20 时,受西北气流影响,山西省 58 个县(市)出现雷暴天气,其中 3 个县(市)伴有冰雹,分别出现在:太原市小店区(16:53,冰雹直径 7 mm)、榆次市(18:14,冰雹直径 6 mm)和朔州市(20:00,冰雹直径 3 mm);冰雹最大直径 7 mm,16:53 出现在太原小店区;15 个县(市)伴有 7～10 级雷暴大风,。

主要影响系统:500 hPa 和 700 hPa 及 850 hPa 温度槽、500 hPa 和 700 hPa 及 850 hPa 干侵入线、地面干线、地面温度脊。

系统配置:700 hPa 和 850 hPa 温度槽叠加在地面温度脊之上,低层大气层结不稳定,500 hPa 和 700 hPa 及 850 hPa 干侵入线、地面干线均位于地面冷锋前不稳定湿区。

触发机制:700 hPa 和 850 hPa 干侵入线、地面干线、700 hPa 温度槽、地面自动气象站极大风速风场中尺度切变线。见图 4.503～图 4.507 及表 4.197。

冰雹落区:冰雹位于地面冷锋前不稳定湿区,850 hPa $T-T_d \leqslant 3$ ℃、700 hPa $T-T_d \leqslant 4$ ℃、500 hPa $T-T_d \geqslant 21$ ℃、$K \geqslant 32$ ℃、$SI \leqslant -2$ ℃、dt85 $\geqslant 21$ ℃相重叠的区域内,700 hPa 干侵入线 0～50 km、700 hPa 温度槽 0～50 km、地面温度脊线 0～50 km、地面干线 0～80 km 范围内,地面自动气象站极大风速风场中尺度切变线 10 km 附近,云顶亮温 $\leqslant 225$ K 与多普勒天气雷达组合反射率因子 $\geqslant 45$ dBZ 相对应的位置。见图 4.507 及表 4.198。

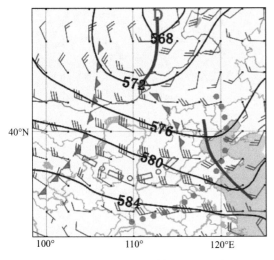

图 4.503　2012 年 7 月 10 日 08 时
500 hPa 高度场和风场

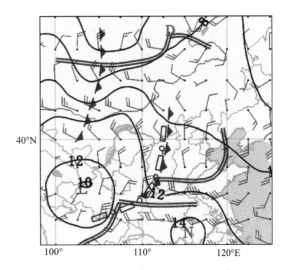

图 4.504　2012 年 7 月 10 日 08 时
700 hPa 风场和温度场

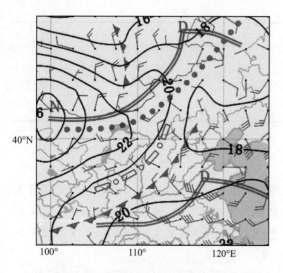

图 4.505 2012 年 7 月 10 日 08 时
850 hPa 风场和温度场

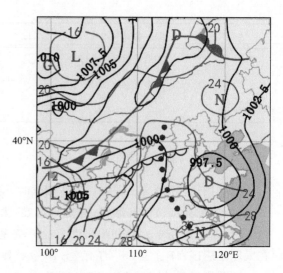

图 4.506 2012 年 7 月 10 日 08 时
地面气压场和温度场

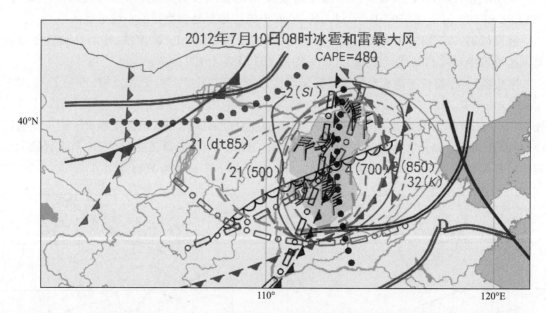

图 4.507 2012 年 7 月 10 日 08 时西北气流型冰雹综合分析图

表 4.197 2012 年 7 月 10 日 08 时冰雹中尺度天气系统表

系统	500 hPa	700 hPa	850 hPa	地面
干线	干侵入线	干侵入线	干侵入线	干线
温度槽	有	有	有	—
温度脊	—	—	—	有
湿舌	—	有	有	—
干舌	有	—	—	—

续表

系统	500 hPa	700 hPa	850 hPa	地面
暖式切变线辐合区	—	—	—	—
冷式切变线辐合区	—	有	—	—
槽线	—	—	—	—
急流	—	—	—	—
显著气流	—	—	—	—
地面中尺度切变线	—	—	—	有(提前 6 h)
径向速度场中尺度辐合线	—	—	—	径向速度≥14 m·s^{-1}

表 4.198　2012 年 7 月 10 日 08 时冰雹特征物理量表

特征物理量	数值
K 指数/℃	32
SI 指数/℃	-2
CAPE/(J·kg^{-1})	480
dt85/℃	21
500 hPa 的 $T-T_d$/℃	21
700 hPa 的 $T-T_d$/℃	4
850 hPa 的 $T-T_d$/℃	3
云顶亮温/K	225
组合反射率因子/dBZ	45
0 ℃层高度/km	4.2
−20 ℃层高度/km	7.0

第5章　山西省冰雹风险区划

5.1　资料和方法

5.1.1　资料

按照观测规范,1 d 内只要出现冰雹天气,无论次数多少和时间长短均记为 1 个降雹日,即 1 d。本研究统计分析的降雹日均为基于台站的站次降雹日,即若某日 1 次冰雹过程有数个台站均出现冰雹,则每个台站均记录为 1 个降雹日。

①月报表资料,即台站观测资料,记录了台站及周边的冰雹发生情况,包含冰雹发生的起止时间、冰雹的最大直径、平均重量、伴随灾害基本情况以及造成的损失等数据。全省 108 个国家气象站(109 个,去除了五台山实际使用 108 个)1980—2018 年的降雹日。该资料来自山西省气象信息中心。

②地理信息资料主要是山西省 1∶1000 的 DEM(全国数字高程模型)资料、山西省地理信息 shp 文件等。人口密度、GDP 密度、耕地面积比、人均 GDP 和河网密度均来自《山西统计年鉴 2017》。

③历史灾情数据来自《中国气象灾害大典(山西卷)》(中国气象局,2005),其中有山西省各地冰雹灾害的记录以及山西省灾害普查数据库灾情数据,此外还有山西省民政厅 1980—2012 年灾情统计数据及相关的文献记录,2020 年全国自然灾害普查数据等。

5.1.2　方法

山西省冰雹的综合风险区划主要采用了层次分析法。

5.1.2.1　层次分析法的概念

层次分析法(Analytic Hierarchy Process 简称 AHP)是将与决策有关的元素分解成目标、准则(指标)、方案(基础)等层次,在此基础上进行定性和定量分析的决策方法。

5.1.2.2　层次分析法的步骤

运用层次分析法建模一般分为 4 步:建立层次结构模型;构造判断(成对比较)矩阵;层次单排序及其一致性检验;层次总排序及其一致性检验。

(1)建立层次结构模型

应用层次分析法,首先构造山西省冰雹综合风险区划层次结构模型。表 5.1 为山西省冰雹综合风险区划层次结构。冰雹综合风险区划的指标体系均采用自右向左的分层评估指标结构,自右向左分别为:基础层、指标层和目标层。

表 5.1　山西省冰雹综合风险区划层次结构

目标层	指标层	基础层
	致灾因子危险性 B_1	年均冰雹日数 C_1
		冰雹强度 C_2
	孕灾环境敏感性 B_2	综合地形因子(高程和标准差)C_3
冰雹灾害综合风险区划 A		地质环境因子(地质灾害易发分区)C_4
		河网密度 C_5
	承载体易损性 B_3	人口密度 C_6
		GDP 密度 C_7
		耕地面积比 C_8
	防灾减灾能力 B_4	人均 GDP C_9

（2）构造判断（成对比较）矩阵

指标层中各指标在目标衡量中所占的比重并不一定相同,它们各占有一定的比例。引用数字 1～9 及其倒数作为标度(邓雪 等,2012),定义判断矩阵。

$A=(a_{ij})_{n \times n}$(表 5.2)。a_{ij} 表示要素 i 与要素 j 相对重要度之比,且有下述关系:

$$a_{ij}=1/a_{ji}$$
$$a_{ii}=1$$
$$i,j=1,2,\cdots,n$$

比值越大,要素 i 的重要度就越高。

表 5.2　判断矩阵标度定义

标度	含义
1	表示 2 个因素相比,具有相同重要性
3	表示 2 个因素相比,前者比后者稍重要
5	表示 2 个因素相比,前者比后者明显重要
7	表示 2 个因素相比,前者比后者强烈重要
9	表示 2 个因素相比,前者比后者极端重要
2,4,6,8	表示上述相邻判断的中间值
倒数	若因素 i 与因素 j 的重要性之比为 a_{ij},那么因素 j 与因素 i 重要性之比为 $a_{ji}=1/a_{ij}$

计算各个要素与 1980—2018 年山西省冰雹灾情普查数据的相关性,根据相关系数的大小来确定 2 个要素的重要性。以此构造的山西省冰雹综合风险区划 A,致灾因子 B_1,孕灾环境 B_2,承载体易损性 B_3 的判断矩阵分别为(Miao et al.,2021):

$$A=\begin{vmatrix} 1 & 2 & 2 & 3 \\ 1/2 & 1 & 1 & 2 \\ 1/2 & 1 & 1 & 2 \\ 1/3 & 1/2 & 1/2 & 1 \end{vmatrix}, B_1=\begin{vmatrix} 1 & 3 \\ 1/3 & 1 \end{vmatrix}, B_2=\begin{vmatrix} 1 & 2 & 3 \\ 1/2 & 1 & 2 \\ 1/3 & 1/2 & 1 \end{vmatrix}, B_3=\begin{vmatrix} 1 & 3 & 4 \\ 1/3 & 1 & 3 \\ 1/4 & 1/3 & 1 \end{vmatrix}$$

（3）层次单排序及其一致性检验

①采用求和法计算各判断矩阵的特征值和特征向量。

将判断矩阵 A 按列归一化(即列元素之和为 1):$b_{ij}=a_{ij}/\sum a_{ij}$;

将归一化的矩阵按行求和:$C_i=\sum b_{ij}$ $(i=1,2,\cdots,n)$;

将 C_i 归一化,得到特征向量 $W=(w_1,w_2,\cdots,w_n)^T$,$w_i=C_i/\sum C_i$;

求特征向量 W 对应的最大特征值使用(5.1)式:

$$\lambda_{\max}=\sum_{i=1}^{n}\left(\frac{(Aw)_i}{nw_i}\right) \tag{5.1}$$

②计算一致性指标 CI(consistency index)(邓雪 等,2012)使用(5.2)式:

$$CI=\frac{\lambda_{\max}-n}{n-1} \tag{5.2}$$

其中,$\lambda_{\max}$ 为判断矩阵的最大特征值。

③查找一致性指标 RI(表 5.3)(邓雪 等,2012)。

表 5.3 平均随机一致性指标

n	1	2	3	4	5	6	7	8	9	10	11	12	13	14
RI	0	0	0.52	0.89	1.12	1.24	1.36	1.41	1.46	1.49	1.52	1.54	1.56	1.58

④计算一致性比例 CR(consistency ration)。

$$CR=\frac{CI}{RI} \tag{5.3}$$

当 $CR<0.1$ 时,认为判断矩阵的一致性可接受,否则,应对判断矩阵进行适当修正。

依据(5.3)式计算山西省冰雹综合风险区划各个矩阵的权重系数,见表 5.4。

表 5.4 各矩阵权重系数和一致性检验参数

矩阵	W_1	W_2	W_3	W_4	$\lambda_{\max}$	CI	CR
A	0.423	0.227	0.227	0.123	4.009	0.003	0.0034
B_1	0.750	0.250	/	/	2.000	0.000	0.0000
B_2	0.539	0.297	0.163	/	3.010	0.005	0.0096
B_3	0.609	0.272	0.119	/	3.070	0.035	0.0670

由表 5.4 可知,各矩阵的 CR 均小于 0.1,满足层次单排序一致性要求。

(4)层次总排序及其一致性检验

①层次总排序

对层次结构模型中各层各元素的单排序结果,由左向右计算最低层(基础层)各元素对目标层的相对重要的排序值为层次总排序。设 2 级共有 m 个要素 $B_1,B_2,\cdots,B_m$,它们对总值的权重为 $w_1,w_2,\cdots,w_m$;设 3 级共有 n 个要素 $C_1,C_2,\cdots,C_n$,令要素 C_i 对 B_j 的权重为 v_{ij},则 3 级要素 C_i 的综合权重为:$w'_i=\sum_{j}w_j v_{ij}$。由此式计算可获得山西省冰雹综合风险区划层次总排序(表 5.5)。

表 5.5　层次总排序

层次 层次	B_1 0.423	B_2 0.227	B_3 0.227	B_4 0.123	层次 C 总排序权重
C_1	0.75				0.31725
C_2	0.25				0.10575
C_3		0.539			0.12235
C_4		0.297			0.06742
C_5		0.163			0.03700
C_6			0.609		0.138243
C_7			0.272		0.073984
C_8			0.119		0.027013
C_9					0.12300

②一致性检验

为确保层次总排序的一致性,对其进行一致性检验,使用(5.4)式计算。

$$CR = \frac{\sum_{i=1}^{n} b_i CI_i}{\sum_{i=1}^{n} b_i RI_i} \tag{5.4}$$

(5.4)式中,CR 表示层次总排序的随机一致性指标;b_i 为 B 层中元素 B_i 对应的权重;CI_i 与 RI_i 分别为 b_i 相对应层次 C 中各判断矩阵的一致性指标和随机一致性指标。

由(5.4)式计算 $CR=0.054<0.1$,满足层次总排序一致性要求。此外,在 ArcGIS 作图中还利用了自然断点法。自然断点法是用统计公式来确定属性值的自然聚类,是减少同一级中的差异,增加级间差异的方法。

5.2　影响冰雹风险区划的评价指标及分析

5.2.1　致灾因子危险性分析及区划

山西省冰雹致灾因子的危险性计算主要考虑冰雹发生的频次和强度 2 个因素。发生频次主要应用降雹日的资料通过统计分析获得,冰雹强度的计算是通过定义冰雹强度指数而获得。采用综合加权法来计算频次和强度等级从而获得冰雹的综合强度,再对冰雹的综合强度进行归一化处理,以获得各地致灾因子危险性指数。归一化方法为:

$$y_i = 0.5 + 0.5 \frac{x_i - \min(x)}{\max(x)} \quad (i = 1, 2, \cdots\cdots, n) \tag{5.5}$$

(5.5)式中,y_i 为 x_i 对应的归一化后的值,x_i 为观测值,$\max(x)$ 和 $\min(x)$ 分别为观测值 x_i 中的最大值和最小值。

(1)冰雹强度指数定义

为描述冰雹灾害的强度,将冰雹强度分为低、次低、中、次高、高5个等级。目前对冰雹强度的划分指标有直径以及直径和持续时间2种。本研究认为,冰雹灾害的强度取决于冰雹的直径、密度、降雹的持续时间等因子,考虑到目前气象台站主要记录冰雹的直径、起止时间,而密度则没有观测,因此冰雹强度主要考虑冰雹直径、持续时间2个因子。据此,定义冰雹强度指数(bb)为:

$$bb = d/\overline{d} + h/\overline{h} \tag{5.6}$$

(5.6)式中,d、h分别表示1次冰雹过程中记录的冰雹直径、持续时间,$\overline{d}$和$\overline{h}$则分别表示相应指标的多年平均值。(5.6)式实际是根据多年平均值将2个因子进行无量纲化处理,而获得冰雹强度的综合评价值。

经计算,山西省冰雹直径、持续时间的多年平均值分别为6.75 mm、5.94 min,见(5.7)式。

$$bb = d/6.75 + h/5.94 \tag{5.7}$$

(2)冰雹强度等级划分

将冰雹强度指数bb从大到小依次排序,用百分位法划分等级(表5.6)。表5.6中将前2%定为高强度,记为5级,占所有样本比重的2%;2%～7%定为次强,记为4级,占所有样本比重的5%;依次类推。由此划分得出各等级冰雹强度指数bb的阈值范围,如$bb \geq 8.0$,为5级,高强度。利用(5.7)式和表5.6即可对历次冰雹过程进行定量化评估并划分强度等级。以2011年7月16日和2013年6月25日山西省2次冰雹天气过程为例,交城县2013年6月25日冰雹直径平均为60 mm,持续时间约20 min,则冰雹强度指数为12.26,属于5级,高强度。平定县2011年7月16日冰雹直径25 mm,持续时间23 min,冰雹强度指数为7.57,属于4级,次高强度,对应时间里平定县1140户、293 hm² 农作物受灾,直接经济损失约570万元。沁源县2011年7月16日冰雹直径5 mm,持续时间6 min,冰雹强度指数为1.75,属于1级,低强度。

表5.6　用百分位法划分的冰雹强度等级

等级	比重/%	百分位/%	冰雹强度指数阈值范围	冰雹强度
5	2	2th	≥8.0	高强度
4	5	2th～7th	[4.29～8.00)	次高强度
3	10	7th～17th	[3.51～4.29)	中等强度
2	25	17th～42th	[2.80～3.51)	次低强度
1	60	100th	[0.00～2.80)	低强度

注:th为百分位数的一种表达方式。

(3)冰雹致灾因子危险性区划

利用不同冰雹强度等级以及发生的频次可以进一步评估台站历史上冰雹的综合强度。采用加权综合评价法计算各台站的冰雹综合强度指数(v_j),即

$$v_j = \sum_i^5 (w_i \cdot c_{ij}) \quad (j=1,2,3,\cdots,108) \tag{5.8}$$

(5.8)式中,c_{ij}为第j个台站i级强度冰雹日数,w_i是i级强度冰雹的权重,$w_i = i/15$,

$i=1,2,\cdots,5$，即权重按照 $1:2:3:4:5$ 的形式确定，即强度越强给定的权重越大。以山西省中东部的平定县站为例，冰雹强度等级为 1、2、3、4、5 级出现次数依次为 34 次、21 次、11 次、8 次、1 次，则平定县站冰雹综合强度指数 $v_j=(34\times1+21\times2+11\times3+8\times4+\times5)/15=9.733$。

利用 (5.8) 式获得各台站冰雹的综合强度指数，进一步利用 (5.5) 式对其结果进行归一化，v_j 归一化后值记为 p_j，即为致灾因子危险性指数。

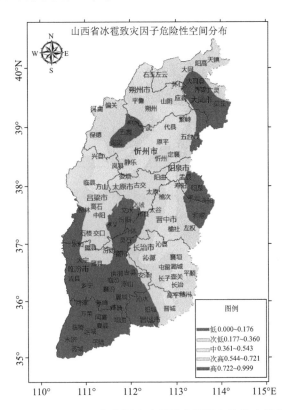

图 5.1　1980—2018 年山西省冰雹致灾因子危险性空间分布

在 GIS（地理信息系统）平台给出了冰雹致灾因子危险性指数 p_j 的空间分布图（图 5.1），亦即冰雹致灾因子危险性区划图。利用致灾因子危险性指数 p_j 将危险性划为 5 级，即：低危险区、次低危险区、中等危险区、次高危险区和高危险区。由图 5.1 可看出，冰雹致灾因子高危险区主要位于大同、忻州东部和西部的高寒地区以及阳泉和晋中东山等地区。次高危险区主要位于山西省北部和山西省中南部的东部县（市）。

5.2.2　孕灾环境敏感性分析及区划

针对冰雹灾害发生的特点，孕灾环境敏感性主要与地形（海拔高度、地形标准差）、水系以及土壤电导率等要素有关。土壤电导率是表征土壤导电能力强弱的指标，土壤电导率越大，越容易孕育雷电和冰雹灾害。但由于难以获取土壤导电率资料，故本研究从影响冰雹成灾的条件和机理出发，孕灾环境主要包括：地形、地质环境、河网密度、设施农业等因子。本研究重点关注地形因子、地质环境因子和河网密度因子。敏感性也主要考虑了地形、地质环境和河网密度对冰雹致灾的影响程度。

地形对冰雹灾害的影响主要体现在海拔高度及地形标准差,地势越高、标准差越大,越容易孕育雷电和冰雹。根据山西省实际情况及数字地面高程,在 GIS 中将全省海拔分为 5 级,地形标准差分为 3 级,按海拔越高,影响值越大,标准差越大,影响值越大的原则进行赋值,得到地形影响指数(表 5.7)。

表 5.7　地形因子赋值表

地形高程/m	高程标准差/m		
	一级(≤1)	二级(1~10)	三级(≥10)
一级(<600)	0.4	0.5	0.6
二级(600~1000)	0.5	0.6	0.7
三级(1000~1300)	0.6	0.7	0.8
四级(1300~1600)	0.7	0.8	0.9
五级(>1600)	0.8	0.9	1.0

由于自然水体是电导体,有水体或是距离水体较近的地方容易发生冰雹灾害。水系影响指数主要通过分析河网密度来实现。

河网密度,即:河流长度与河流面积的比。河网越稠密,距离河流、湖泊、大型水库等水体越近的地方遭受冰雹灾害的风险越大。河网密度(km·km^{-2})分布图是根据河流长度和河流流域面积,通过 ArcGIS 中栅格计算器计算而绘制(图 5.2a),其空间分辨率为 1 km×1 km。按河网密度大小可划分为低[0,0.21)、次低[0.21,0.41)、中[0.41,0.73)、次高[0.73,1.92)、高[1.92,∞)5 个级别,其值越大表示越容易遭受冰雹灾害。

在其他条件相同的情况下,不同的地质环境条件将导致不同程度的灾害发生。山西省国土资源部门根据山西省的地质环境条件,将山西省地质灾害分为低易发[0,0.33)、中易发[0.33,0.66)、高易发[0.66,0.99)3 个级别(图 5.2b)。

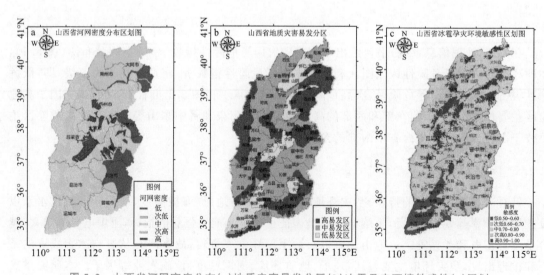

图 5.2　山西省河网密度分布(a)地质灾害易发分区(b)冰雹孕灾环境敏感性(c)区划

孕灾环境敏感性的计算综合考虑地形因子、河网密度因子和地质环境因子。应用表 5.4 计算出的权重比例,借助于 ArcGIS 软件,通过自然断点和加权平均法,依据造成冰雹灾害敏感性的大小,将孕灾环境敏感性划分为 5 个等级。分别为:低[0.50,0.60)、次低[0.60,0.70)、中[0.70,0.80)、次高[0.80,0.90)、高[0.90,1.00)。由此,得到空间分辨率为 1 km×1 km 的孕灾环境敏感性区划图(图 5.2c)。由图 5.2c 可以看出,山西省冰雹灾害孕灾环境高敏感区主要分布在山西省的北中部和东南部海拔在 1300 m 以上的山区,较高敏感区和中等敏感区主要位于丘陵地带;低敏感区位于临汾盆地和运城盆地;次低敏感区主要位于太原盆地、忻定盆地、上党盆地和晋城低海拔地区。

5.2.3　承灾体易损性分析及区划

承灾体的自然状况决定了冰雹造成的危害程度。评价区域内遭受冰雹的损失大小与该区域人口和财产的集中程度相关。人口和财产越集中,易损性越高,可能遭受冰雹灾害的风险就越大。因此,把人口密度(单位面积土地上居住的人口数)、GDP 密度(本区域生产总值(GDP)与生产这些 GDP 的土地面积比)和耕地面积(耕地面积占本区域国土面积的比)作为易损性分析的主要因子。由于 3 个因子对冰雹灾害的影响程度不同,故采用表 5.4 计算出的权重系数。在此基础上,依次采用 ArcGIS 叠加、自然断点法等获得空间分布率为 1 km×1 km 的承灾体易损性区划分析图。按照易损性大小划分为 5 个级别(表 5.8 和图 5.3a)。图 5.3a 表明:太原市南部、长治市东南部易损性最大,大同市、朔州东部、晋城、运城、长治东部、太原市东部和晋中西部易损性较大,忻州西部、吕梁北部及临汾西部易损性最小。

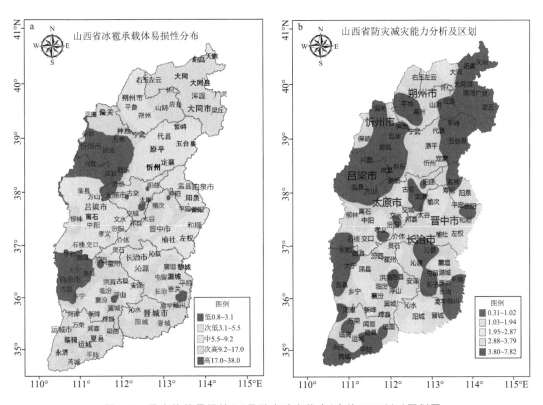

图 5.3　承灾体的易损性(a)及防灾减灾能力(人均 GDP)(b)区划图

表 5.8　山西省冰雹承灾体易损性区划的等级划分

承灾体易损性区划等级	1	2	3	4	5
数据	0.8~3.1	3.1~5.5	5.5~9.2	9.2~17.0	17.0~38.0

5.2.4　防灾减灾能力分析及区划

受灾区域对灾害的抵御能力以及在一定时间内能够从灾害中恢复的程度体现了该区域的防灾减灾能力。当冰雹引发的灾害不可避免时，人的主观能动性及防灾减灾措施的有效实施是非常重要的，此时防灾减灾能力的高低和大小决定着受灾区域在灾害中所受损失的大小。由于人均 GDP 值（人均国内生产总值（Real GDP per capita））间接或直接地影响着政府在防灾减灾工程等基础设施建设方面的投资，从而影响防灾减灾能力的强弱。因此，对防灾减灾能力的区划分析，应用《山西统计年鉴 2017》中的人均 GDP 值。图 5.3b 是分辨率为 1 km×1 km 的山西省人均 GDP 分布图，可以看出太原、朔州、临汾东部、运城西北部、吕梁东南部等县（市）人均 GDP 高，表明在遭受相同的冰雹灾害时，这些区域在防灾减灾能力方面相对较强；而忻州、大同东部、吕梁北部、临汾西北部、晋中东山、长治的中部和东南部、晋城东北部山区、运城等地，人均 GDP 不高，间接影响着防灾减灾能力。

5.2.5　综合风险分析及区划

5.2.5.1　风险指数评估模型

依据自然灾害数学公式（5.9），并根据冰雹灾害评价指标体系，建立山西省冰雹灾害风险指数模型——（5.10）式。

$$D = f(H, S, V, R) \tag{5.9}$$

（5.9）式中，D 为灾害风险；H、S、V、R 分别表示致灾因子危险性、孕灾环境敏感性、承灾体易损性和防灾减灾能力。

$$D = (VH^{wh})(VS^{ws})(VV^{wv})(VR^{wr}) \tag{5.10}$$

（5.10）式中，D 表示灾害风险；VH、VS、VV、VR 分别表示致灾因子危险性、孕灾环境敏感性、承灾体易损性和防灾减灾能力；wh、ws、wv、wr 分别表示相应的权重系数。由表 5.4 可知：wh、ws、wv、wr 分别为：0.423、0.227、0.227、0.123。

5.2.5.2　综合风险区划与分析

在山西省冰雹灾害风险评估模型建立的基础上，利用 ArcGIS10.0 软件，对致灾因子危险性、孕灾环境敏感性、承灾体易损性和防灾减灾能力 4 个因子，按照表 5.4 给出的权重系数大小进行栅格计算叠加和空间分析；采用自然断点法将冰雹灾害综合风险进行等级划分，根据冰雹灾害风险综合指数大小划分为 5 个级别（表 5.9），得到空间分辨率为 1 km×1 km 的山西省冰雹灾害综合风险区划图（图 5.4）。可以看出：山西省冰雹灾害高风险区和次高风险区主要集中在山西省北部和山西省中南部的东部县（市）；吕梁西南部及东部、临汾市西部、运城市南部是冰雹灾害综合风险区划的低风险区。

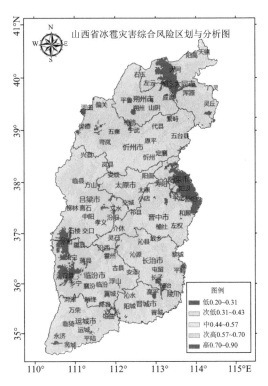

图 5.4　山西省冰雹综合风险区划图

表 5.9　山西省冰雹综合风险区划等级划分

综合风险区划等级	1	2	3	4	5
数据	0.20~0.31	0.31~0.44	0.44~0.57	0.57~0.70	0.70~0.90

5.3　冰雹风险区划检验

通过对近 39 年由冰雹造成的灾害统计及近 17 年的冰雹灾情报告分析,山西省冰雹灾害的发生区域与山西省冰雹综合风险区划的高风险区和次高风险区有很好的相关性。如:2020 年 5 月 29 日 13—20 时、2020 年 5 月 30 日 13—20 时、2020 年 6 月 5 日 13—20 时、2020 年 6 月 24 日 13—20 时,山西省境内出现的冰雹天气,均发生在山西省冰雹综合风险区划的高风险区和次高风险区。这些严重的冰雹灾害事件给当地社会经济建设和人民生命财产造成了严重损失。实践表明,山西省冰雹灾害综合风险区划结果具有较高的合理性,可以为防灾减灾建设提供一定的指导性参考依据。

由于造成冰雹灾害的影响因子很多,而且在不同的地方造成冰雹灾害的致灾因子、孕灾环境、承灾体易损性和防灾减灾能力所涉及的因素及其权重各不相同,甚至存在很大差异,故本研究建立的评价模型及其风险区划的准确性还有待进一步的研究,特别是孕灾环境敏感性的计算仅考虑了地形高程因子、地质环境因子和河网密度,实际上在不同的环流背景下地形的抬升作用对冰雹云的生成、发展以及冰雹的降落会产生不同的影响,但由于在不同的环境风影响下,迎风坡和背风坡是不确定的,因此在孕灾环境敏感性中加入迎风坡和背风坡因子困难很大;另外森林覆盖率、植被类型、土壤类型等对冰雹灾害的影响也还需深入研究。

第 6 章　冰雹灾害风险评估

冰雹是使工农业生产受到较大影响,城建设施、人民生命和财产等遭受损失的灾害。

冰雹灾害的综合评估指标是在分项评估指标的基础上,利用模糊综合关联度模型计算得到。各评估指标的数据均来自各级气象主管机构,其度量单位以提供数据的机构通用的度量单位为准。

6.1　冰雹灾害分项评估指标

冰雹灾害的分项评估指标为:冰雹强度极值指标(I_{pin})、冰雹持续时间指标(I_{tim})和冰雹的覆盖范围指标(I_{cov})。

6.2　冰雹灾害的评估指标计算方法

6.2.1　分项评估指标计算方法

①冰雹强度极值指标 I_{pin} 按照(6.1)式计算:

$$I_{hin} = \frac{Z_{max}}{100} + \frac{H_{max}}{16} \tag{6.1}$$

(6.1)式中,Z_{max} 为冰雹发生地区多普勒天气雷达观测最大反射率因子(单位:dBZ);H_{max} 为冰雹发生地区多普勒天气雷达观测最大回波顶高(单位:km)。

②冰雹持续时间指标 I_{tim} 按照(6.2)式计算:

$$I_{tim} = \max\left(0.1\frac{L}{V}, T_{rep}\right) \tag{6.2}$$

(6.2)式中,L 为多普勒天气雷达观测冰雹云水平尺度(单位:km);V 为多普勒天气雷达观测冰雹云移动速度(单位:km/h);T_{rep} 为人工观测冰雹持续时间(单位:h)。

③冰雹覆盖范围指标 I_{cov} 按照(6.3)式计算:

$$I_{cov} = \frac{n}{N} \tag{6.3}$$

(6.3)式中,n 为被评估区域内出现冰雹云回波云的下一级行政区域数;N 为区域内下一级行政区域总数。

6.2.2　综合评估指标计算方法

冰雹灾害的综合评估指标 I_{hai} 按照(6.4)式计算:

$$I_{hai} = I_{hin} \times 0.5 + I_{tim} \times 0.3 + I_{cov} \times 0.2 \tag{6.4}$$

6.3　冰雹灾害评估

6.3.1　冰雹灾害等级评估

冰雹灾害综合评估指标所隶属的级别即为该次冰雹灾害的评估等级。详见表 6.1。

表 6.1　冰雹灾害等级评估标准

等级	类型	冰雹灾害的综合评估指标(I_{hai})
一级冰雹灾害	特重	$I_{hai} \geqslant 1.0$
二级冰雹灾害	重度	$0.7 \leqslant I_{hai} < 1.0$
三级冰雹灾害	中度	$0.4 \leqslant I_{hai} < 0.7$
四级冰雹灾害	轻度	$0.2 \leqslant I_{hai} < 0.4$
五级冰雹灾害	轻微	$I_{hai} < 0.2$

6.3.2　冰雹灾害等级评估报告

对冰雹灾害进行评估后,应该给出书面的评估报告。该报告的主要内容应该包括对冰雹灾害的详细描述并填写冰雹灾害评估报告书,冰雹灾害评估报告书的样式和内容见附录一。

参考文献

邓雪,李家铭,曾浩健,等,2012. 层次分析法权重计算方法分析及其应用研究[J]. 数学的实践与认识,42(7):93-100.

苗爱梅,董春卿,王洪霞,等,2017."0613"华北飑线过程的多普勒雷达回波特征[J]. 干旱气象,35(6):1015-1026.

山西省统计局,国家统计局山西调查总队,2017. 山西统计年鉴 2017[M]. 北京:中国统计出版社.

俞小鼎,姚秀萍,熊廷南,等,2006. 多普勒天气雷达原理与业务应用[M]. 北京:气象出版社.

中国气象局,2005. 中国气象灾害大典(山西卷)[M].北京:气象出版社.

ATKINS N T,AMOTT J M,PRZYBYLINSKI R W,et al,2004. Vortex structure and evolution within bow echoes. Part Ⅰ:Single-Doppler and damage analysis of the 29 June 1998 derecho[J]. Monthly Weather Review,9(9):10275-10286.

ATKINS N T,BOUCHARD C S,PRZYBYLINSKI R W,et al,2005. Damaging surface wind mechanisms within the 10 June 2003 Saint Louis bow echo during BAMEX[J]. Monthly Weather Review,133(8):2275-2296.

FUJITA T T,1978. Manual of downburst identification for project Nimrod[J]. Satellite and Mesometeorology Research Paper No. 156,Department of the Geophysical Sciences at the University of Chicago:104.

MIAO A M,WANG H X,DONG C Q,et al,2021. Statistical characteristics and risk zoning of different duration heavy rainfall in Shanxi[J]. Natural Harards,106(3):2407-2436.

ORLANSKI I,1975. Arational subdiviSIon of scales for atmospheric processes[J]. Bull Amer Meteor Soc,56(5):527-530.

WAKIMOTO R M,MURPHEY H V,DAVIS C A,et al,2006. High winds generated by bow echoes. Part Ⅱ:The relationship between the mesovortices and damaging straight-line winds[J]. Mon Wea Rev,34(10):2813-2829.

YU R C,XU Y P,ZHOU T J,2007. Relation between rainfall duration and diurnal variation in the warm season precipitation over central eastern China[J]. Geophysical Research Letters,34:L13703.

附录一 冰雹灾害评估报告书

冰雹起止时间	开始:××××年××月××日××时	结束:××××年××月××日××时		
被评估区域	省　　　　　　市　　　　　　县			
评估指标	冰雹强度指标	冰雹持续时间指标	冰雹覆盖范围指标	综合评估指标
指标值				
评估等级				

填写:×××　　　　　　　　审核:×××